新手学
Word/Excel
文秘与行政应用宝典

—— 庞少召　张丽红　编著 ——

U0350988

北京日报出版社

图书在版编目（CIP）数据

新手学 Word/Excel 文秘与行政应用宝典 / 庞少召，
张丽红编著. -- 北京 ： 北京日报出版社，2015.10
　ISBN 978-7-5477-1799-8

　Ⅰ . ①新… Ⅱ . ①庞… ②张… Ⅲ. ①文字处理系统
②表处理软件 Ⅳ. ①TP391.1

中国版本图书馆 CIP 数据核字(2015)第 215434 号

新手学 Word/Excel 文秘与行政应用宝典

出版发行：北京日报出版社
地　　址：北京市东城区东单三条 8-16 号 东方广场东配楼四层
邮　　编：100005
电　　话：发行部：（010）65255876
　　　　　总编室：（010）65252135-8043
印　　刷：北京市燕山印刷厂
经　　销：各地新华书店
版　　次：2015 年 12 月第 1 版
　　　　　2015 年 12 月第 1 次印刷
开　　本：787 毫米×1092 毫米　1/16
印　　张：23
字　　数：525 千字
定　　价：58.00 元

Foreword 前言

本书导读

随着办公自动化在现代生活中的不断普及，作为 Microsoft Office 重要组件的 Word 和 Excel 得到越来越广泛和深入的应用，Word 可以帮助行政、文秘办公人员创建、编辑、排版和打印各类用途的文档，而 Excel 则可以完成表格制作、数据计算、绘制图表和辅助分析决策等工作。

本书以 Word 2010 和 Excel 2010 为主要工具，精选了各种日常文秘和行政办公案例，如企业招聘管理、会议管理、客户文档管理、行政规划管理、产品管理、人力资源管理，以及财务管理等典型案例，每个案例都是实际应用中的典型范例。通过这些案例的学习，读者能够快速掌握 Word 和 Excel 在文秘与行政办公方面的专业操作技能，并能迅速应用到实际工作中。

本书内容丰富全面，讲解详细透彻，共分为 14 章，其中包括：文档创建与编辑，文档版式设置与打印，文档表格与图形处理，办公常用文书制作，企业招聘管理，会议管理，客户文档管理，行政规划管理，Excel 的基本操作，图表的生成与美化，Excel 数据的操作，产品管理，人力资源管理，财务管理等知识。

本书特色

《电脑新课堂——新手学 Word/Excel 文秘与行政应用宝典》具有以下几大特色：

1. 内容精炼实用，轻松掌握

本书在内容和知识点的选择上非常精炼、实用与浅显易懂；在内容和知识点的结构安排上逻辑清晰、由浅入深，符合读者循序渐进、逐步提高的学习规律。

首先精选适合Word/Excel文秘与行政工作初学者快速入门、轻松掌握的必备知识与技能，再配合相应的实例操作与技巧说明，以使阅读轻松、易学易用，能起到事半功倍、一学必会的效果。

2. 全程图解教学，一看即会

本书使用"全程图解"的讲解方式，以图解方式将各种操作直观地表现出来，配以简洁的文字对内容进行说明，并在插图上进行步骤操作标注，更准确地对各个知识点进行演示讲解。形象地说，初学者只需"按图索骥"地对照图书进行操作练习和逐步推进，即可快速掌握Word/Excel文秘与行政工作的丰富技能。

3. 全新教学体例，赏心悦目

我们在编写本书时，非常注重初学者的认知规律和学习心态，每章都安排了"章前知识导读"、"本章学习重点"、"重点实例展示"、"精彩视频链接"和"知识点拨"等特色栏目，让读者可以在赏心悦目的教学体例下方便、高效地进行学习。

4. 精美排版，双色印刷

本书在版式设计与排版上更加注重适合阅读与精美实用，并采用全程图解的方式排版，重点突出图形与操作步骤，以便于读者进行查找与阅读。

本书使用双色印刷，完全脱离传统黑白图书的单调模式，既便于读者区分、查找与学习，又图文并茂、美观实用，让读者可以在一个愉快舒心的氛围中逐步完成整个学习过程。

5. 互动光盘，超长播放

本书配套交互式、多功能、超长播放的DVD多媒体教学光盘，精心录制了所有重点操作视频，并配有音频讲解，与图书相得益彰，成为绝对超值的学习套餐。

适用读者

本书主要讲解 Word/Excel 文秘与行政应用的操作知识与相关技巧，着重提高初学者实际操作与运用的能力，非常适合以下读者群体阅读：

（1）广大机关、企事业单位办公从业人员，尤其是文秘与行政办公人员。

（2）大中专院校文秘与行政等相关专业的学生。

（3）各种企业培训机构的学员。

（4）其他电脑爱好者和自学读者。

售后服务

如果读者在使用本书的过程中遇到问题或者有好的意见或建议，可以通过发送电子邮件（E-mail：zhuoyue@china-ebooks.com）或者通过网站：http：\\www.china-ebooks.com 联系我们，我们将及时予以回复，并尽最大努力提供学习上的指导与帮助。

希望本书能对广大读者朋友提高学习和工作效率有所帮助，由于编者水平有限，书中可能存在不足之处，欢迎读者朋友提出宝贵意见，我们将加以改进，在此深表谢意！

编　者

Contents 目录

第 1 章　文档创建与编辑

本章主要介绍文件的基本操作，如文件创建与保存等；文本的美化操作，包括设置字符字体格式、首字下沉、给字符加圈、加边框、加底纹等；段落的格式设置，包括段落的对齐方式、缩进、段间距、行间距等；以及加密操作。学会这些操作，文本的美化和排版工作就简单了。

第 2 章　文档版式设置与打印

通过前一章的学习，已经可以编辑简单的文档了，但这还远远不够。本章将学习文档版式的设置知识，其中包括页面设置技巧，页眉/页脚的使用，文档打印技巧，分隔符的使用和有选择地应用视图方式等。通过这些技巧美化文档页面，使之看上去更加漂亮和整齐。

第 3 章　文档表格与图形处理

在编辑文档的过程中，使用表格的方式组织和显示信息，可以给人一种清晰、简洁、明了的感觉。如果在文档中再适当地插入一些图片、艺术字和文本框等，此时文档就不再那么枯燥，而显得更加美观。

第4章 办公常用文书制作

文书一般多指公务文书，它对公司在生产经营管理和对外交往等事务中起着执行和指导等作用。本章将详细介绍一些与各种日常事务有关的办公常用文书的制作方法，读者应该熟练掌握。

第5章 企业招聘管理

员工招聘是企业人事部门重要的工作之一，在招聘工作中要根据岗位需求设计招聘的详细计划，制定相关的流程。在企业招聘过程中需要制作相关的文档，以便更好地完成招聘工作，本章将分别对员工招聘管理进行详细介绍。

Contents 目录

第 6 章　会议管理

在文秘与行政办公中，经常要制作详尽的会议安排表，并在会议前制作会议流程图、做好会议通知工作，制作会议中用到的各种文件及表格，会议结束后根据需要制作会议决策报告等。本章将详细介绍如何利用 Word 2010 迅速、高效地完成会议管理工作。

第 7 章　客户文档管理

公司要想提高市场竞争力，其中不可缺少的要素就是要拥有稳定且不断增长的客户资源。要维护好公司与客户之间的关系，就需要熟知客户的一些基本信息，并及时与客户进行交流与沟通，从而了解客户对公司的满意程度，并要定期对客户进行回访工作。本章将详细介绍客户文档管理的相关知识。

第 8 章　行政规划管理

企业要获得稳定的发展，就必须制定完善的管理制度，将管理制度的严格执行纳入公司的日常管理当中，并深入到每个员工的工作意识当中。本章将对公司行政管理层结构图和公司行政管理制度手册的制作方法进行详细介绍。

第 9 章　Excel 的基本操作

　　本章主要介绍 Excel 2010 的文档操作，如单元格的操作，表格的操作，工作表的基本操作，以及对数据的安全性操作等内容进行较为全面的讲解，其中包括不同的实现方法，以便读者灵活运用，从而提高工作效率。

第 10 章　图表的生成与美化

　　图表是直观表现数据的一种方式，根据数据生成图表用于公司事务分析、汇报演讲等是办公中常用的技巧。本章将详细介绍图表的生成与美化知识，其中包括创建并设计图表，修改图表布局，设置图表格式，以及如何使用数据透视表和数据透视图等。

Contents 目录

第 11 章　Excel 数据的操作

　　Excel 数据的操作包括对单元格内的数据设置不同的类型、填充数据、对数据进行排序与筛选，以及对数据使用函数与公式进行计算等操作。这是利用 Excel 进行文秘与行政办公应用的重要操作，因此读者应该熟练掌握。

第 12 章　产品管理

　　产品管理是以制造、运输、营销为经营业务的企业对产品统计、分析与决策的重要内容。本章将以制作产品发货单、产品差额分析表、产品销售表等为例进行详细介绍，读者应该熟练掌握。

电脑新课堂

第 13 章　人力资源管理

人力资源管理是企事业单位的重要管理内容之一，通过使用 Excel 2010 制作各种表格来记录、统计和分析各种信息，可以大大提高管理的工作效率。本章将详细介绍如何制作应聘统计表，如何进行员工档案管理、员工出勤管理、员工培训成绩统计等知识。

第 14 章　财务管理

财务管理是企业管理的重要组成部分，它是根据财经法规制度，按照财务管理的原则组织企业财务活动，处理财务关系的一项经济管理工作。本章将对差旅费报销单、往来账款表、员工工资表、企业总账表等常用财务表格的制作进行详细介绍。

Contents 目录

第1章 文档创建与编辑

本章主要介绍文件的基本操作，如文件创建与保存等；文本的美化操作，包括设置字符字体格式、首字下沉、给字符加圈、加边框、加底纹等；段落的格式设置，包括段落的对齐方式、缩进、段间距、行间距等；以及加密操作。学会这些操作，文本的美化和排版工作就简单了。

本章学习重点

1. 初识Word 2010
2. 文件的创建与保存
3. 文本的美化操作
4. 段落的设置技巧
5. 给文件加密

重点实例展示

文件的保存

本章视频链接

设置文本效果

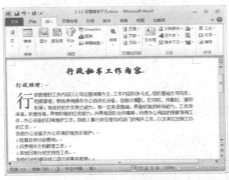

设置特殊字体效果

1.1 初识Word 2010

　　Word 2010 是美国微软公司推出的文字处理软件，它对办公应用中各种强大的功能进行了全面的强化和改善，同其他版本最主要的区别就是取消了传统的菜单操作方式，取而代之的是各种功能区。在 Word 2010 窗口上方是功能区的名称，当单击这些名称时就会切换到相应的功能面板中。

1.2 文件的创建与保存

　　文秘和行政工作者利用 Word 2010 可以制作各种文档文件，那么做好这些工作的前提就是要熟练掌握文档的基本操作，其中包括文件的创建、打开和保存等操作。

1.2.1 文件的创建

　　使用 Word 2010 对文档进行编辑操作，首先要学会如何新建文档，这是学习使用Word 2010 的第一步。Word 2010 提供了多种创建文档的方法，用户可以根据具体情况进行选择，以下是几种常用的方法。

方法一：启动Word 2010程序创建

Step 01 单击 Microsoft Word 2010 命令

　　单击"开始"|"程序"| Microsoft Office | Microsoft Word 2010 命令，如下图所示。

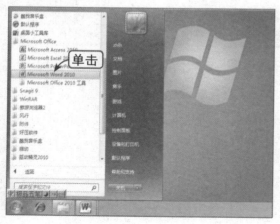

Step 02 创建空白文档

　　启动 Word 2010 应用程序后，默认会创建一个以"文档 1"命名的空白文档,如下图所示。

方法二：使用功能面板创建

　　如果是已经启动了 Word 2010 应用程序，那么可以使用如下方法进行创建：

Step01 选择"空白文档"选项

选择"文件"选项卡，在左窗格中选择"新建"选项，在右侧"可用模板"列表框中选择"空白文档"选项，然后单击"创建"按钮，如下图所示。

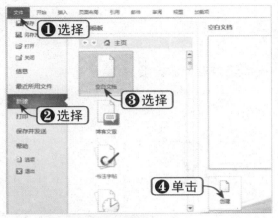

方法三：使用快捷菜单创建

在目标路径下右击，在弹出的快捷菜单中选择"新建"|"Microsoft Word 文档"选项，即可创建一个新文档，如右图所示。

Step02 创建空白文档

此时，即可创建一个以"文档1"命名的空白文档，如下图所示。

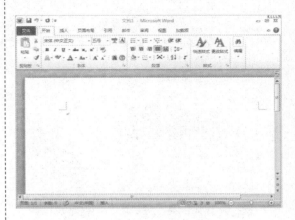

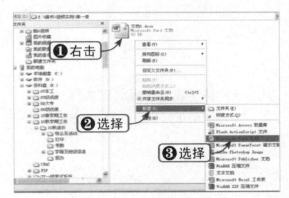

方法四：基于模板新建文档

除了创建空白文档外，还可以根据 Word 2010 提供的模板来新建基于模板的文档，通过编辑模板文档来应用到实际工作中。

Step01 选择"样本模板"选项

选择"文件"选项卡，在左窗格中选择"新建"选项，在"可用模板"列表框中选择"样本模板"选项，如下图所示。

知识点拨

用户还可以根据现有内容新建文档，在"新建"选项右侧单击"根据现有内容新建"按钮，在弹出的对话框中选择一个 Word 文档，单击"打开"按钮即可。

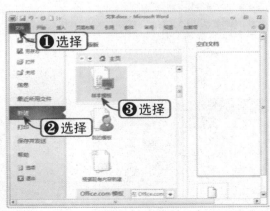

Step 02 选择模板样式

在样本模板所列样式列表中选择符合要求的一项模板样式，在右侧预览框中可以查看所选样式的名称和效果，如下图所示。

Step 03 单击"创建"按钮

在右侧单击右下角的"创建"按钮，如下图所示。

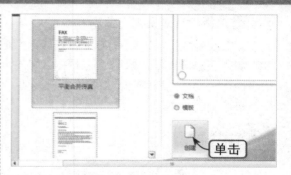

Step 04 查看创建效果

此时，即可创建出基于所选模板的文档，效果如下图所示。

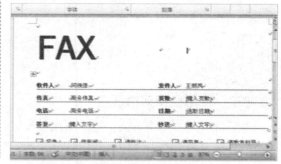

方法五：基于在线模板创建文档

Word 2010 提供了在线模板支持，用户可以在线查找自己需要的模板，具体操作步骤如下：

Step 01 选择在线模板

选择"文件"选项卡，在左窗格中选择"新建"选项，在"Office.com 模板"列表框中选择合适的选项，如下图所示。

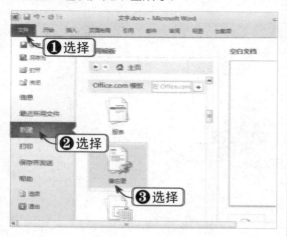

Step 02 使用在线模板

联机加载后，即可看到一系列模板，选择某一模板，可以在右侧预览效果，单击"下载"按钮即可下载，如下图所示。

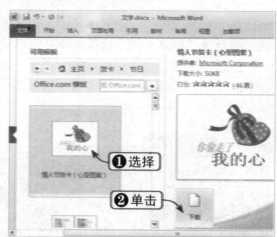

1.2.2 文件的保存

对于新建的文档或者编辑后的文档，在完成编辑操作后都应当将文档保存下来。如果在保存之前遇到突然断电等意外情况，用户所做的工作可能就会丢失，因此要及时对文件进行保存。

方法一：

单击快速工具栏中的"保存"按钮🔲，即可保存文件。

方法二：

按【Ctrl+S】组合键，可以快速保存文件。

方法三：

Step 01 选择"保存"选项

选择"文件"选项卡，在左窗格中选择"保存"选项，如下图所示。

Step 02 选择保存路径

弹出"另存为"对话框，选择保存路径，输入文件的名称，选择默认的"Word 文档 (*.docx)"类型，单击"保存"按钮即可，如下图所示。

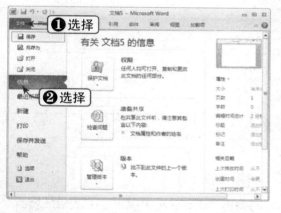

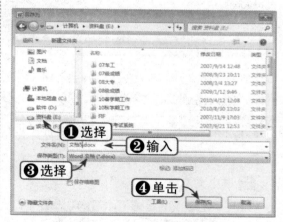

方法四：

如果想将文件转移路径进行保存，具体操作方法如下：

Step 01 选择"另存为"选项

选择"文件"选项卡，在左窗格中选择"另存为"选项，如右图所示。

知识点拨

用户也可以设置自动保存文档，选择"文件"选项卡，单击"选项"按钮，弹出"Word 选项"对话框，在左侧选择"保存"选项，在右侧设置相关参数。

Step 02 选择转移路径

在弹出的"另存为"对话框中选择转移路径，单击"保存"按钮即可，如右图所示。

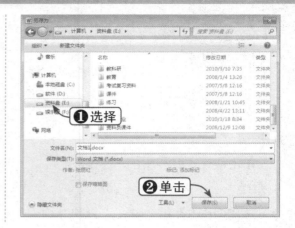

知识点拨

在保存文档时，用户可以根据需要更改保存类型，方法为：在"另存为"对话框中单击"保存类型"下拉按钮，在弹出的下拉列表中选择所需的类型（如PDF类型）。

1.3 文本的美化操作

编辑一篇满意的文档，不仅仅是对文本进行修改、复制和粘贴等操作，更重要的是对文本内容进行格式设置，使文档更加美观、大方。在 Word 2010 中，用户可以对字符设置字体、字号、字形、颜色、对齐方式等。

1.3.1 设置字体格式

在 Word 2010 中，可以通过浮动工具栏、功能区和快捷菜单来设置字体格式，字体格式的内容包括字体的字体、字号、字形和颜色等，具体操作方法如下：

素材文件	光盘：素材文件\第1章\1.3.1设置字符格式.docx

方法一：通过浮动工具栏设置

Step 01 选中文本

打开"素材文件\第 1 章\1.3.1 设置字符格式 .docx"，选中需要设置的文本，此时文字上方出现浮动工具栏，如下图所示。

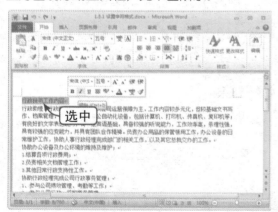

Step 02 选择字体

单击"字体"下拉按钮，在弹出的下拉列表中选择"华文行楷"，如下图所示。

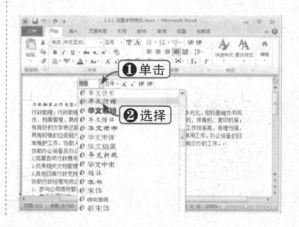

Step 03 选择字号

单击"字号"下拉按钮，在弹出的下拉列表中选择"二号"，设置后的效果如下图所示。

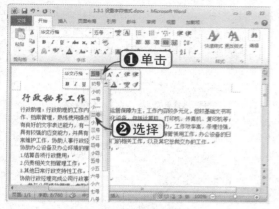

方法二：通过功能区设置

Step 01 选择文本

选中需要设置格式的文本，如下图所示。

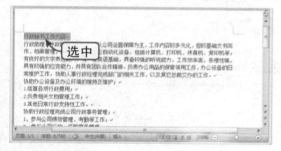

Step 02 选择字体

选择"开始"选项卡，单击"字体"下拉按钮，在弹出的下拉列表中选择"华文行楷"，如下图所示。

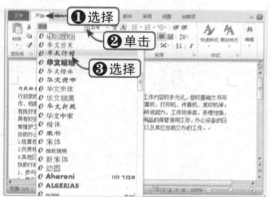

Step 04 设置加粗、居中

单击快捷工具栏中的"加粗"按钮，单击"对齐居中"按钮，查看设置后的效果，如下图所示。

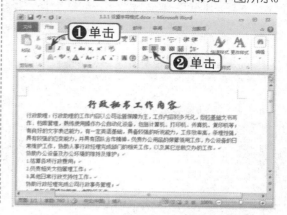

Step 03 选择字号

单击"字号"下拉按钮，在弹出的下拉列表中选择"二号"，如下图所示。

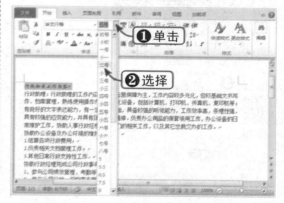

Step 04 设置加粗、居中

单击"字体"组中的"加粗"按钮，单击"段落"组中的文本"居中"对齐按钮，设置后的效果如下图所示。

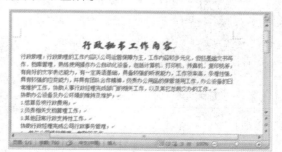

方法三：通过快捷菜单设置

Step 01 选中文本

选中要设置格式的文本，如下图所示。

Step 02 选择"字体"选项

在所选文本上右击，在弹出的快捷菜单中选择"字体"选项，如下图所示。

Step 03 设置字体格式

弹出"字体"对话框，选择"字体"选项卡，在"中文字体"下拉列表框中选择"华文楷体"，在"字形"列表框中选择"加粗"，在"字号"列表框中选择"四号"，单击"确定"按钮，如下图所示。

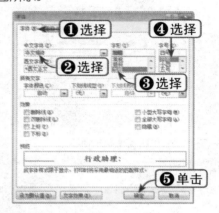

Step 04 查看文字效果

此时，即可查看设置字体格式后的效果，如下图所示。

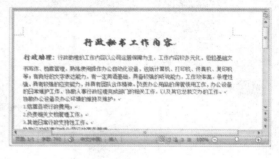

1.3.2 设置首字下沉

首字下沉是文档中常用的一种排版方式，就是将段落开头的第一个或若干个文字变成大号字，以使文档的版面出现跌宕起伏的变化，从而使文档更加美观，具体操作步骤如下：

	素材文件	光盘：素材文件\第1章\1.3.2设置首字下沉.docx

Step 01 选择"下沉"选项

打开"素材文件 \ 第 1 章 \1.3.2 设置首字下沉 .docx",选中第二段的第一个字符,选择"插入"选项卡,单击"文本"组中的"首字下沉"下拉按钮,在弹出的下拉列表中选择"下沉"选项,如下图所示。

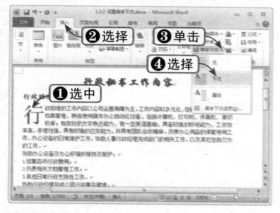

Step 02 查看首字下沉效果

此时,即可查看设置首字下沉后的效果,如下图所示。

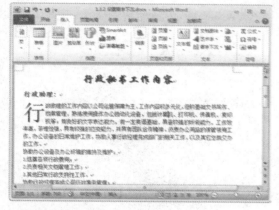

Step 03 选择下沉选项

若要具体设置首字格式,则单击"首字下沉"下拉按钮,在弹出的下拉列表中选择"首字下沉"选项,如下图所示。

Step 04 设置下沉选项

弹出"首字下沉"对话框,在"位置"选项区中选择"下沉"选项,在"字体"下拉列表框中选择"华文隶书",在"下沉行数"数值框中输入 3,单击"确定"按钮,如下图所示。

Step 05 查看首字下沉效果

此时,即可查看设置首字下沉格式后的效果,如下图所示。

1.3.3 给字符加圈

有一些特殊场合需要给字符加圈，以达到某种特殊的效果。Word 2010 提供了多种带圈字符的样式，给字符加圈的具体操作步骤如下：

素材文件	光盘：素材文件\第1章\1.3.3 给字符加圈.docx

Step 01 选中要加圈的字符

打开"素材文件\第 1 章\1.3.3 给字符加圈.docx"，选中要加圈的字符，如下图所示。

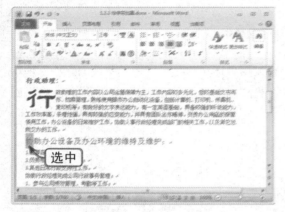

Step 02 选择圈号样式

选择"开始"选项卡，单击"带圈字符"按钮，弹出"带圈字符"对话框，在"样式"选项区中选择"增大圈号"，在"圈号"列表中选择圆圈，单击"确定"按钮，如下图所示。

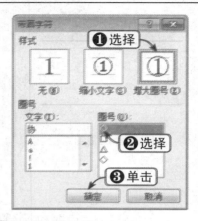

Step 03 查看加圈效果

采用同样的方法，将其他字符设置成带圈字符，设置后的效果如下图所示。

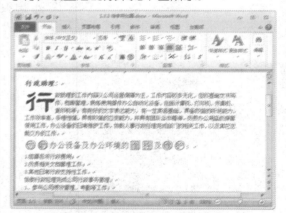

1.3.4 给字符加边框、底纹、阴影、发光效果

给文本加上边框、阴影、发光等效果有时会起到非常好的修饰效果，下面将分别对其进行详细介绍。

1. 给字符加边框

给字符添加边框的具体操作步骤如下：

素材文件	光盘：素材文件\第1章\1.3.4 给字符加边框效果.docx

Step 01 单击"字符边框"按钮

打开"素材文件\第1章\1.3.4给字符加边框效果 .docx",选中要加边框的文本,选择"开始"选项卡,单击"字体"组中的"字符边框"按钮,如下图所示。

Step 02 查看添加边框效果

此时,即可为选中的文本添加边框,设置后的效果如下图所示。

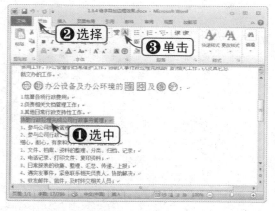

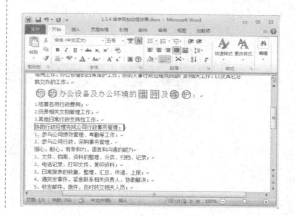

2.给字符加底纹

给字符添加底纹的具体操作步骤如下:

	素材文件	光盘:素材文件\第1章\1.3.4给字符加底纹效果.xlsx

Step 01 单击"字符底纹"按钮

打开"光盘:素材文件\第1章\1.3.4给字符加底纹效果 .docx",选中要添加底纹的文本,选择"开始"选项卡,单击"字体"组中的"字符底纹"按钮,如下图所示。

Step 02 查看添加底纹效果

此时,即可为选中的文本添加底纹,设置后的效果如下图所示。

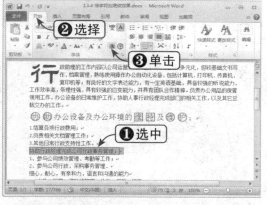

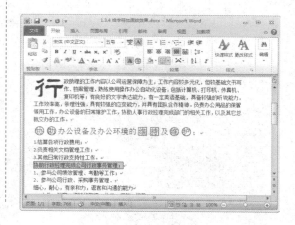

3.给字符加文本效果

文本效果包括轮廓、映像、阴影和发光等,给字符添加文本效果的具体操作步骤如下:

	素材文件	光盘:素材文件\第1章\1.3.4给字符加文本效果.docx

Step 01 选择文本效果样式

打开"光盘：素材文件\第1章\1.3.4给字符加文本效果.docx"，选中要添加效果的文本，选择"开始"选项卡，单击"文本效果"下拉按钮，在弹出的下拉列表中选择一种样式，如下图所示。

Step 02 查看设置效果

此时，即可查看设置文本效果后的文档效果，如下图所示。

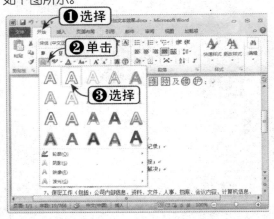

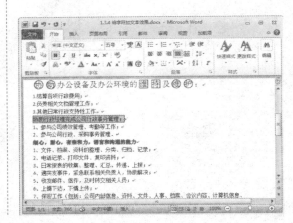

1.3.5 设置分栏效果

分栏是经常使用的一种版面设置方式，在报刊、杂志中被广泛使用。分栏就是将一栏文字分成两栏或多栏，具体操作步骤如下：

	素材文件	光盘：素材文件\第1章\1.3.5 设置分栏.docx

Step 01 选中文本

打开"素材文件\第1章\1.3.5 设置分栏.docx"，首先要选中要分栏的文本，如下图所示。

Step 02 选择分栏样式

选择"页面布局"选项卡，单击"页面设置"组中的"分栏"下拉按钮，在弹出的下拉列表中选择分栏样式中的"两栏"，如下图所示。

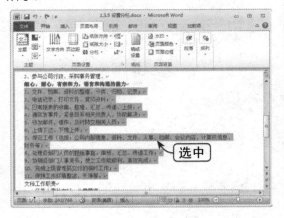

Step 03 选择"更多分栏"选项

　　若要具体设置栏宽，则在"分栏"下拉列表中选择"更多分栏"选项，如下图所示。

Step 04 设置分栏参数

　　弹出"分栏"对话框，在"预设"选项区选择"两栏"，选中"栏宽相等"和"分隔线"复选框，在"应用于"下拉列表框中选择"所选文字"选项，然后单击"确定"按钮，如下图所示。

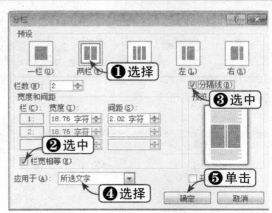

Step 05 查看分栏效果

　　此时，即可查看分栏后的文档效果，如下图所示。

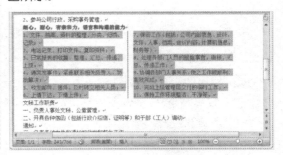

1.4 段落的设置技巧

　　段落是以回车键结束的一段文本。设置段落格式是指设置段落的属性，其中包括段落对齐、缩进、行间距和段间距等。设置某一段落格式时，可以将光标定位到该段落中；若设置多个段落格式，则首先要选中这些要设置格式的段落。下面将详细介绍段落的设置技巧。

1.4.1 设置段落对齐方式

素材文件	光盘：素材文件\第1章\1.4.1 设置段落对齐方式.docx

方法一：利用功能面板设置对齐方式

　　功能区通常包含的是使用频率比较高的操作按钮。下面将介绍如何利用功能面板设置对其方式，具体操作方法如下：

Step 01 单击"居中"按钮

打开"素材文件\第1章\1.4.1 设置段落对齐方式 .docx",将光标定位到要设置格式的段落中或选中该段文字,选择"开始"选项卡,在"段落"组中单击"居中"按钮,如下图所示。

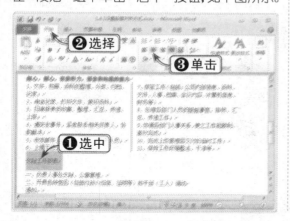

Step 02 查看居中对齐效果

此时,即可查看设置居中对齐后的文档效果,如下图所示。

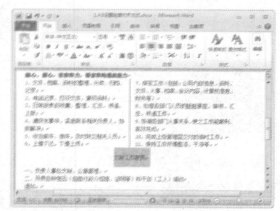

方法二:通过快捷菜单设置对齐方式

Step 01 选择"段落"选项

选中要设置格式的段落,在所选文字上右击,在弹出的快捷菜单中选择"段落"选项,如下图所示。

Step 02 选择居中对齐

弹出"段落"对话框,在"对齐方式"下拉列表框中选择"居中"选项,然后单击"确定"按钮即可,如下图所示。

方法三:使用对话框启动器设置

选择"开始"选项卡,单击"段落"组右下角的对话框启动器,此时也可以打开"段落"对话框进行对齐方式设置,在此不再赘述。

1.4.2 设置段落缩进

段落缩进可以调整段落与页面边界（线）之间的距离。设置段落缩进可以更清晰地显示出段落的层次，以方便阅读。缩进分为左缩进、右缩进、首行缩进和悬挂缩进，设置段落缩进的具体操作步骤如下：

 | **素材文件** | 光盘：素材文件\第1章\1.4.2 设置段落缩进方法一.docx

方法一：使用工具栏设置段落缩进

Step 01 增加缩进量

打开"素材文件\第1章\1.4.2 设置段落缩进方法一.docx"，选中要设置缩进的段落，选择"开始"选项卡,在"段落"组中单击"增加缩进量"按钮6次，如下图所示。

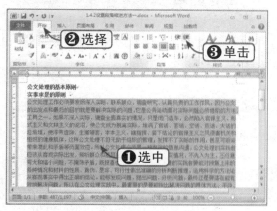

Step 02 查看设置段落缩进效果

此时，即可查看设置段落缩进后的效果，如下图所示。

知识点拨

从设置效果中可以看出，使用"增加缩进量"按钮的作用相当于进行"左缩进"。

方法二：使用快捷菜单设置段落缩进

 | **素材文件** | 光盘：素材文件\第1章\1.4.2 设置段落缩进方法二.docx

Step 01 选择"段落"选项

打开"素材文件\第1章\1.4.2 设置段落缩进方法二.docx"，选中要设置格式的段落并右击,在弹出的快捷菜单中选择"段落"选项，如右图所示。

知识点拨

用户也可以通过快捷键来设置对齐方式：【Ctrl+L】为左对齐，【Ctrl+E】为居中对齐，【Ctrl+R】为右对齐，【Ctrl+J】为两端对齐，【Ctrl+Shift+J】为分散对齐。

Step 02 设置段落缩进

弹出"段落"对话框，在"左侧"数值框中设置"4 字符"，在"右侧"数值框中设置"4字符"，在"特殊格式"下拉列表框中选择"首行缩进"，"磅值"为"2 字符"，单击"确定"按钮，如下图所示。

Step 03 查看缩进效果

此时，可以查看设置首行缩进后的文档效果，如下图所示。

知识点拨

在"段落"对话框的"缩进"选项区的"特殊格式"下拉列表框中还可以设置悬挂缩进。

方法三：使用对话框启动器设置段落缩进

选择"开始"选项卡，单击"段落"组右下角的对话框启动器，此时也会弹出"段落"对话框，在其中可以进行缩进设置，在此不再赘述。

1.4.3 设置段落行间距、段间距

行间距是指段落中行与行之间的距离，段间距是指光标所在段与前一段落或后一段落之间的距离。用户可以根据需要设置文本的行间距和段间距，使段落之间区分更加明显，从而体现出层次感。

1. 设置行间距

设置行间距的具体操作步骤如下：

方法一：使用功能面板设置行间距

 | **素材文件** | 光盘：素材文件\第1章\1.4.3 设置段落行间距.docx

Step 01 选中段落并定位光标

打开"素材文件\第 1 章\1.4.3 设置段落行间距 .docx"，选中该段落或将光标定位在该段落中，如右图所示。

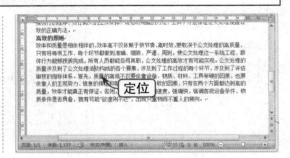

Step 02 设置行间距

选择"开始"选项卡,在"段落"组中单击"行和段落间距"下拉按钮,在弹出的下拉列表中选择 2.5,如下图所示。

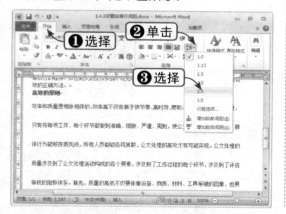

方法二:使用快捷菜单设置行间距

Step 01 选择"段落"选项

在所选段落上右击,在弹出的快捷菜单中选择"段落"选项,如下图所示。

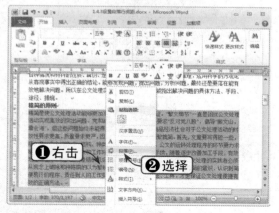

Step 02 设置行距

弹出"段落"对话框,在"间距"选项区的"行距"下拉列表框中选择"2 倍行距"选项,单击"确定"按钮,如下图所示。

Step 03 查看设置效果

此时,即可查看设置行间距后的文档效果,如下图所示。

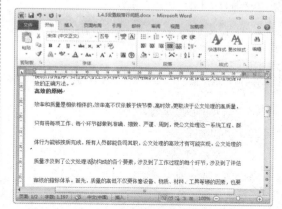

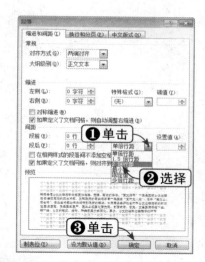

Step 03 查看设置效果

此时,即可查看设置行间距后的文档效果,如下图所示。

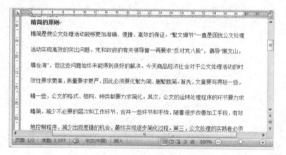

方法三：使用对话框启动器设置行间距

选择"开始"选项卡，单击"段落"组右下角的对话框启动器，此时也会弹出"段落"对话框，在其中可以进行行间距设置，在此不再赘述。

2．设置段间距

通常文档标题与正文之间的距离常常大于正文段落间距，设置段间距的具体操作步骤如下：

	素材文件	光盘：素材文件\第1章\1.4.3 设置段间距.docx

方法一：使用快捷菜单设置段间距

Step 01 定位光标

打开"素材文件\第1章\1.4.3 设置段间距.docx"，选中要设置间距的段落或将光标定位在该段落中，如下图所示。

Step 02 选择"段落"选项

在该段落中右击，在弹出的快捷菜单中选择"段落"选项，如下图所示。

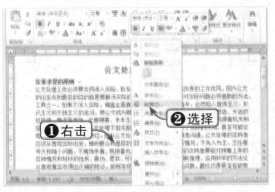

Step 03 设置段间距

弹出"段落"对话框，在"间距"选项区中设置"段前"为"2 行"，"段后"为"3 行"，然后单击"确定"按钮，如下图所示。

Step 04 查看设置效果

此时，即可查看设置段间距后的文档效果，如下图所示。

方法二：使用对话框启动器设置段间距

单击"开始"选项卡"段落"组中的对话框启动器，也会弹出"段落"对话框，在其中可以进行段间距设置，在此不再赘述。

1.5 给文件加密

为了保证文档内容的安全性，我们可以给 DOCX 文件设置打开或修改时的密码，没有打开密码就不可以打开该文件，没有修改密码也不可以对该文件进行修改。给文件加密的具体操作步骤如下：

	素材文件	光盘：素材文件\第1章\1.5 给文件加密.docx

Step 01 打开素材文件

打开"素材文件\第 1 章\1.5 给文件加密.docx"文件，如下图所示。

Step 02 选择"常规选项"选项

单击"文件"|"另存为"命令，弹出"另存为"对话框，单击"工具"下拉按钮，在弹出的下拉列表中选择"常规选项"选项，如下图所示。

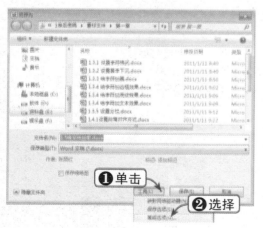

Step 03 设置打开时的密码

弹出"常规选项"对话框，在"打开文件时的密码"文本框中输入 123456，然后单击"确定"按钮，如下图所示。

Step 04 设置确认密码

弹出"确认密码"对话框，再次输入打开时的密码，然后单击"确定"按钮即可，如下图所示。

知识点拨

采用相同的方法，可以设置修改时的密码。如果想取消设置的密码，则采用设置密码时的方法，将密码选中并删除即可。

第 **2** 章 文档版式设置与打印

　　通过前一章的学习，已经可以编辑简单的文档了，但这还远远不够。本章将学习文档版式的设置知识，其中包括页面设置技巧，页眉页脚的使用，文档打印技巧，分隔符的使用和有选择地应用视图方式等。通过这些技巧美化文档页面，使之看上去更加漂亮和整齐。

本章学习重点

1. 页面设置技巧
2. 页眉/页脚设置
3. 分隔符的使用
4. 不同视图的应用
5. 文档的打印

重点实例展示

文档纸张的设置

本章视频链接

页眉/页脚的设置

阅读版式下的视图

2.1 页面设置技巧

在 Word 2010 中完成文档编辑后，可以通过"打印预览"选项查看页面将被打印出的效果。如果对打印的效果不满意，还可以通过页面设置来调整每页的行数和字符数、纸张的大小、纸张方向及页边距等，使之调整后更加美观。

2.1.1 设置纸张大小

Word 2010 中提供了多种预定义的纸张，系统默认是 A4 纸，用户可以根据需要选择纸张大小，还可以自定义纸张大小，具体操作步骤如下：

素材文件	光盘：素材文件\第2章\2.1.1设置纸张大小.docx	

方法一：使用功能面板设置纸张大小

Step 01 选择纸张

打开"素材文件\第 2 章\2.1.1 设置纸张大小 .docx"，选择"页面布局"选项卡，单击"页面设置"组中的"纸张大小"按钮，在弹出的下拉列表中选择"16 开"选项，如下图所示。

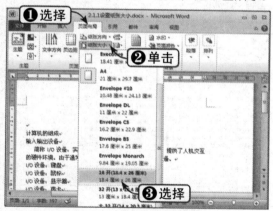

Step 02 查看页面设置效果

此时，可以查看选择纸张类型后的页面效果，如下图所示。

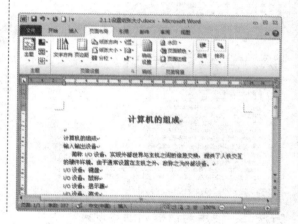

方法二：使用对话框启动器设置

Step 01 单击对话框启动器按钮

选择"页面布局"选项卡，然后单击"页面设置"组右下角的对话框启动器，如右图所示。

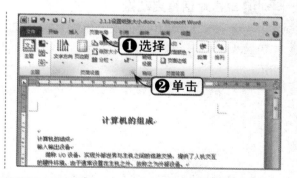

新手学Word/Excel文秘与行政应用宝典

Step 02 选择纸张大小

弹出"页面设置"对话框，选择"纸张"选项卡，在"纸张大小"下拉列表框中选择"16开"选项，然后单击"确定"按钮即可，如右图所示。

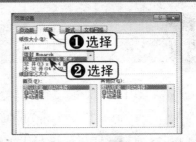

2.1.2　设置纸张方向

用户可以根据文档的需要选择合适的文档页面方向，如横向或纵向，默认为纵向，具体操作步骤如下：

素材文件	光盘：素材文件\第2章\ 2.1.2设置纸张方向.docx

方法一：使用功能面板设置纸张方向

Step 01 设置纸张方向

打开"素材文件\第2章\2.1.2设置纸张方向.docx"，选择"页面布局"选项卡，单击"页面设置"组中的"纸张方向"按钮，在弹出的下拉列表中选择"横向"选项，如下图所示。

Step 02 查看页面设置效果

此时，可以查看设置页面方向后的页面效果，如下图所示。

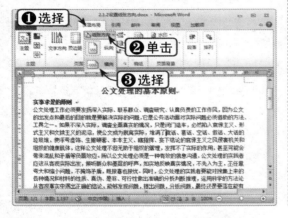

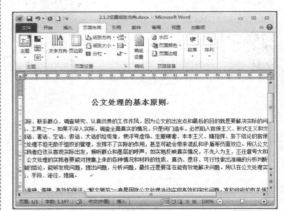

方法二：使用对话框启动器设置

Step 01 单击对话框启动器

选择"页面布局"选项卡，然后单击"页面设置"组右下角的对话框启动器，如右图所示。

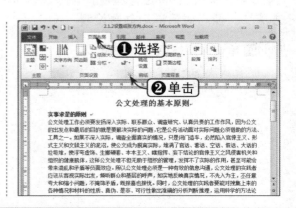

Step 02 选择横向

弹出"页面设置"对话框,选择"页边距"选项卡,在"纸张方向"选项区中选择"横向"选项,单击"确定"按钮,如右图所示。

知识点拨

在"页面设置"对话框中,设置不同的纸张方向,页边距也会跟着相应变化,用户还可以将其只应用于插入点之后。

2.1.3 设置页边距

页边距是正文和页面边缘之间的距离,为文档设置合适的页边距可以使打印出的文档更加美观,具体操作步骤如下:

素材文件	光盘:素材文件\第2章\2.1.3设置页边距.docx

方法一:使用功能面板设置页边距

Step 01 选择页边距

打开"素材文件\第 2 章\2.1.3 设置页边距.docx",选择"页面布局"选项卡,单击"页面设置"组中的"页边距"按钮,在弹出的下拉列表中选择"适中"选项,如下图所示。

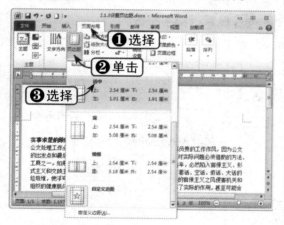

Step 02 自定义边距

用户也可以根据需要对文档的页边距进行设置,在弹出的下拉列表中选择"自定义边距"选项,如下图所示。

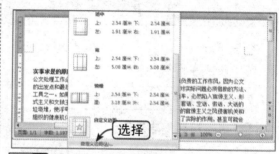

Step 03 设置上下左右边距

弹出"页面设置"对话框,选择"页边距"选项卡,将页边距"上"、"下"、"左"、"右"数值框都设置为 2 厘米,然后单击"确定"按钮,如下图所示。

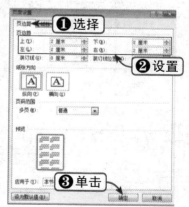

方法二：使用对话框启动器设置

Step 01 单击对话框启动器

选择"页面布局"选项卡，然后单击"页面设置"组右下角的对话框启动器，如下图所示。

Step 02 设置边距

弹出"页面设置"对话框，选择"页边距"选项卡，将页边距"上"、"下"、"左"、"右"的数值框设置为2厘米，单击"确定"按钮，如下图所示。

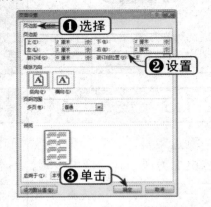

2.1.4　设置每页行数

在 Word 2010 中，可以根据用户的需要设置文档每页显示的行数及每行显示的字符数，具体操作步骤如下：

素材文件	光盘：素材文件\第2章\2.1.4设置每页行数.docx

Step 01 单击对话框启动器

打开"素材文件\第2章\2.1.4设置每页行数.docx"，选择"页面布局"选项卡，单击"页面设置"组右下角的对话框启动器，如下图所示。

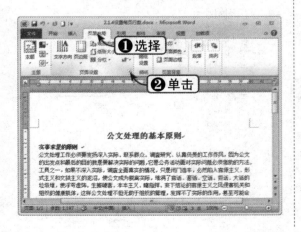

Step 02 设置行数字符数

弹出"页面设置"对话框，选择"文档网格"选项卡，在"网格"选项区中选中"指定行和字符网格"单选按钮，在"字符数"选项区中指定每行 30 个字符，在"行数"选项区中指定每页 40 行，单击"确定"按钮，如下图所示。

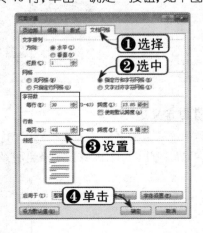

2.2 页眉/页脚设置

页眉和页脚是指在文档的顶端和底端出现的文字，用于标识文档的信息。这些信息可以是文字或图形形式，内容可以是文件名、标题名、日期、页码和公司名称等。用户可以将首页的页眉和页脚设置成与其他页面不同的形式，也可以为奇数页和偶数页设置不同的页眉页脚。

2.2.1 设置页眉

在页眉中可以输入文档的章节号、书名等，这些资料通常对文档作一个辅助说明或进行资料的标注。如果为文档定义了页眉，它将会出现在文档的每一页上。设置页眉的具体操作步骤如下：

素材文件	光盘：素材文件\第2章\2.2.1设置页眉.docx

Step 01 选择页眉样式

打开"素材文件\第2章\2.2.1设置页眉.docx"，选择"插入"选项卡，单击"页眉和页脚"组中的"页眉"按钮，在弹出的下拉列表中选择一种内置的页眉样式，如下图所示。

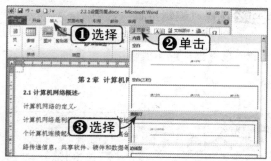

Step 02 编辑页眉

用户也可以根据需要自定义页眉，在弹出的下拉列表中选择"编辑页眉"选项，如下图所示。

知识点拨

用户可以根据需要编辑 Word 自带的页眉样式，只需在"页眉"列表中右击要更改的样式，在弹出的快捷菜单中选择"编辑属性"选项即可。

Step 03 输入页眉内容

进入页眉编辑状态，同时打开"设计"选项卡，此时正文文字颜色变淡，在光标的位置可以输入页眉内容，如下图所示。

Step 04 设置页眉格式

也可以对页眉内容进行格式设置。选中页眉中的内容，选择"开始"选项卡，在"字体"组中设置字体格式，如下图所示。

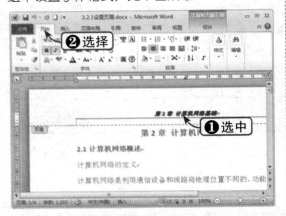

Step 05 完成页眉编辑

页眉编辑完毕后，双击正文位置，即可完成页眉编辑。此时，正文文字颜色恢复，页眉文字变淡，如下图所示。

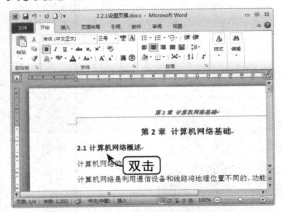

2.2.2 设置页脚

页脚位于页面底部，主要显示一些辅助性标识信息。如果设置了页脚，它将出现在所有的页面中。设置页脚的具体操作步骤如下：

🔵	素材文件	光盘：素材文件\第2章\2.2.2设置页脚.docx

Step 01 选择页脚样式

打开"素材文件\第2章\2.2.2设置页脚.docx"，选择"插入"选项卡，单击"页眉和页脚"组中的"页脚"按钮，在弹出的下拉列表中选择一种内置的页脚样式，如下图所示。

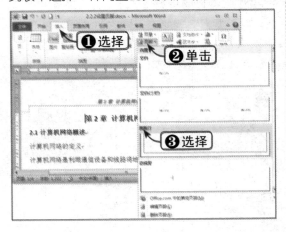

Step 02 选择"编辑页脚"选项

用户也可以根据需要自定义页脚，在弹出的下拉列表中选择"编辑页脚"选项，如下图所示。

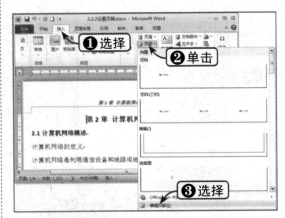

Step 03 编辑页脚

进入页脚编辑状态，同时打开"设计"选项卡，此时正文文字颜色变淡，在光标的位置可以输入页脚内容，如下图所示。

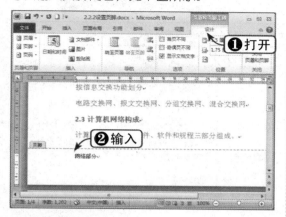

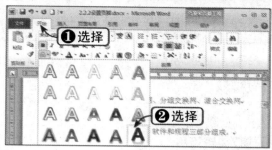

Step 05 查看页脚设置效果

页脚编辑完毕后，双击正文位置，完成页脚编辑。此时正文文字颜色恢复，页脚文字变淡，如下图所示。

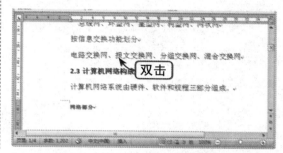

Step 04 设置页脚格式

也可以对页脚内容进行格式设置。选中页脚中的内容，选择"开始"选项卡，在"字体"组中设置字体格式，如下图所示。

2.2.3 设置页眉/页脚首页不同

有的文档首页是比较特殊的，是文档封面或图片简介，在这种情况下出现页眉页脚就有可能影响到版面的美观，此时可以设置不显示页眉和页脚，具体操作步骤如下：

 | **素材文件** | 光盘：素材文件\第2章\2.2.3设置页眉页脚首页不同.docx

Step 01 选择页脚样式

打开"素材文件\第2章\2.2.3设置页眉页脚首页不同.docx"，将光标定位在首页，在页眉位置双击，进入页眉编辑模式，在"设计"选项卡中选中"首页不同"复选框，如下图所示。

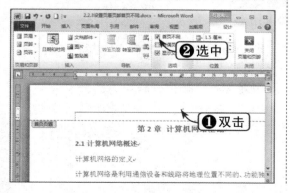

Step 02 查看设置效果

设置后首页的页眉页脚消失，将从第二页出现页眉页脚，如下图所示。

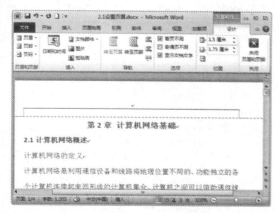

2.2.4 设置页眉/页脚奇偶页不同

有时需要文档的奇数页和偶数页显示不同的页眉和页脚，在双面文档中这种页眉和页脚最为常见，设置的具体操作步骤如下：

素材文件	光盘：素材文件\第2章\2.2.3设置页眉页脚奇偶页不同.docx

Step 01 编辑页眉

打开"素材文件\第2章\2.2.3设置页眉页脚奇偶页不同.docx"，选择"插入"选项卡，单击"页眉和页脚"组中的"页眉"按钮，在弹出的下拉列表中选择"编辑页眉"选项，如下图所示。

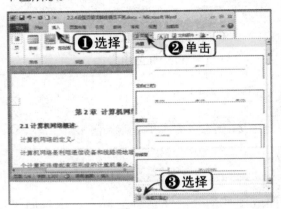

Step 02 选中"奇偶页不同"复选框

进入页眉编辑模式，在"设计"选项卡中选中"选项"组中的"奇偶页不同"复选框，如下图所示。

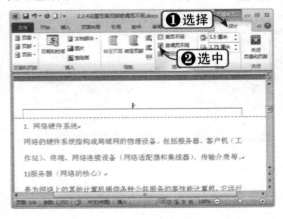

Step 03 输入页眉内容

在"奇数页页眉"编辑区中输入"奇数页页眉"，然后单击"导航"组中的"转至页脚"按钮，进入页脚编辑模式，如下图所示。

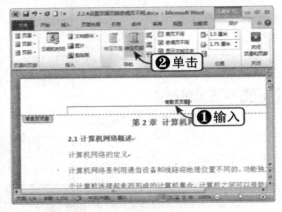

Step 04 输入页脚内容

在"奇数页页脚"编辑区中输入"奇数页页脚"，如下图所示。

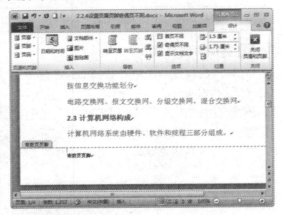

Step 05 输入偶数页页眉

在"偶数页页眉"编辑区中输入"偶数页页眉"，如下图所示。

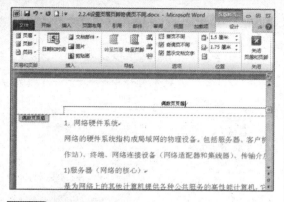

Step 06 输入偶数页页脚

单击"导航"组中的"转至页脚"按钮，进入页脚编辑模式，在"偶数页页脚"编辑区中输入"偶数页页脚"，如下图所示。

Step 07 完成页眉/页脚编辑

双击正文文字部分，或单击"设计"选项卡下"关闭"组中的"关闭页眉页脚"按钮，即可完成页眉/页脚的设置，如下图所示。

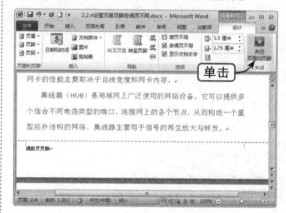

知识点拨

在实际应用过程中，要根据文档的内容确定奇偶页的页眉和页脚，使之更符合阅读习惯。

2.3 分隔符的使用

分隔符分为分页符和分节符，在编辑文档时可以利用分页符与分节符来调整文档的页面，可以利用分栏排版为文档设置多种不同的版式，还可以通过给文档添加不同的页眉/页脚，使文档更加具有吸引力。

2.3.1 分页符

一般情况下，用户在编辑文档时系统会自动分页，但自动分页不一定能满足用户的实际工作需求，这时可以通过插入分页符在指定位置进行强制分页，具体操作步骤如下：

素材文件	光盘：素材文件\第2章\2.3.1分页符.docx

Step 01 定位进行分页的位置

打开"素材文件\第2章\2.3.1分页符.docx"，将光标定位在要进行分页的位置，如下图所示。

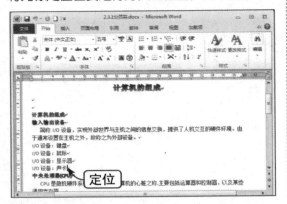

Step 02 选择"分页符"选项

选择"页面布局"选项卡，单击"页面设置"组中的"分隔符"按钮 ，在弹出下拉列表的"分页符"栏中选择"分页符"选项，如下图所示。

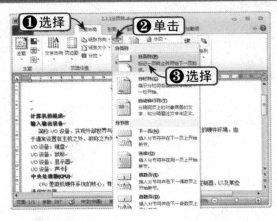

Step 03 查看分页效果

此时，光标后面的文字将从下一页开始，光标将定位在下一页的开头位置，如下图所示。

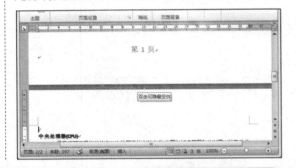

2.3.2 分栏符

有的文档对文字进行了分栏，还可以插入分栏符，使分栏符后面的字符从下一栏开始，具体操作步骤如下：

素材文件	光盘：素材文件\第2章\2.3.2分栏符.docx

Step 01 定位光标

打开"素材文件\第2章\2.3.2分栏符.docx"，将光标定位在要进行分栏的位置，如右图所示。

知识点拨

在 Word 中插入分隔符时，首先要先定位光标的位置才行。不可以先选择文本然后再插入分隔符，否则所选文本将被删除。

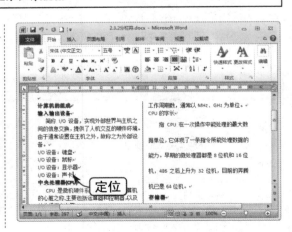

Step 02 选择"分栏符"选项

选择"页面布局"选项卡，单击"页面设置"组中的"分隔符"按钮 ┃ 分隔符▾ ，在弹出下拉列表的"分页符"栏中选择"分栏符"选项，如下图所示。

Step 03 查看设置效果

此时，分栏符后面的文字将从下一栏开始，光标将定位在下一栏的开头位置，效果如下图所示。

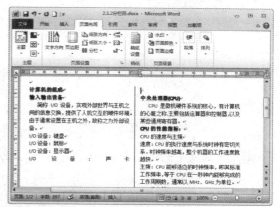

2.3.3 分节符

用户可以把一篇长文档分成不同的节，每一节可以根据需要设置不同的版式，并可以对页边距、页眉/页脚内容等进行不同的设置，具体操作步骤如下：

素材文件	光盘：素材文件\第2章\2.3.3分节符.docx

Step 01 选择"下一页"选项

打开"素材文件\第2章\2.3.3分节符.docx"，将光标定位在第一页的末尾处，选择"页面布局"选项卡，单击"页面设置"组中的"分隔符"按钮 ┃ 分隔符▾ ，在弹出下拉列表的"分节符"栏中选择"下一页"选项，如下图所示。

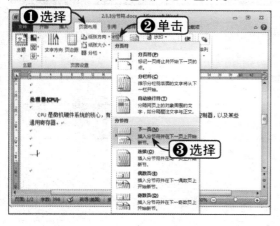

Step 02 查看分节符

选择"视图"选项卡，在"文档视图"组中单击"草稿"按钮，在草稿视图中可以查看刚才插入的分节符，如下图所示。

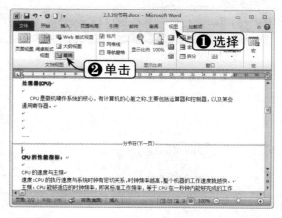

Step 03 选择"分栏符"选项

将视图方式切换回页面视图，选择"插入"选项卡，在"页眉和页脚"组中单击"页眉"

按钮，在弹出的下拉列表中选择"编辑页眉"选项，如下图所示。

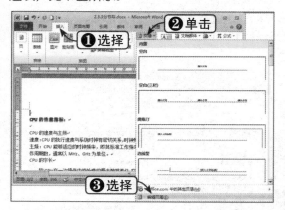

Step 04 编辑第1节页眉内容

在第1节页眉编辑区中输入内容"第1节页眉内容"，并对其进行格式设置，如下图所示。

Step 05 编辑第2节页眉内容

选择"设计"选项卡，在"导航"组中单击"链接到前一条页眉"按钮，此时光标定位到第2节页眉的编辑区，输入页眉内容为"第2节页眉内容"，编辑完成后单击"关闭页眉和页脚"按钮完成操作，如下图所示。

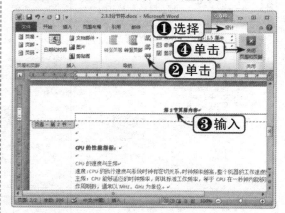

知识点拨

分隔符在页面视图中是看不到的，在草稿视图中可以看到，呈一条水平的虚线显示，并在中间标有"分页符"或"分节符"等字样。将光标定位在分隔符的前面，按【Delete】键即可将其删除。

2.4 不同视图的应用

在文档窗口中显示文档的方式称为视图方式。Word 2010 提供了五种视图方式：页面视图、阅读版式视图、Web 版式视图、大纲视图和草稿视图。用户可以选择合适的视图方式来查看文档，下面将具体介绍每种视图方式的应用方法。

2.4.1 页面视图

页面视图是最常用的视图方式，也是启动 Word 后的默认视图方式。由于在页面视图中所显示的文档和打印出来的效果几乎是完全一样的，所以又被称为"所见即所得"的视图方式，因此页面视图常被用来对文档进行编辑排版操作。

 | **素材文件** | 光盘：素材文件\第2章\2.4.1页面视图.docx

Step 01 打开素材文件

打开"素材文件\第 2 章\2.4.1 页面视图 .docx",如下图所示。

Step 02 单击"页面视图"按钮

选择"视图"选项卡,单击"文档视图"组中的"页面视图"按钮即可,如下图所示。

知识点拨

也可以单击任务栏中的"页面视图"按钮来切换到页面视图,在页面视图中可以看到页眉 / 页脚的内容,能够显示出水平标尺和垂直标尺,并直接显示页边距。

2.4.2 阅读版式视图

阅读版式视图的作用是方便用户阅读,进入阅读版式状态可以批注文本、用色笔标记文本。这种阅读方式比较贴近于自然习惯,具体设置步骤如下:

素材文件	光盘:素材文件\第2章\2.4.2阅读版式视图.docx

Step 01 选择阅读版式视图

打开"素材文件\第 2 章\2.4.2 阅读版式视图 .docx",选择"视图"选项卡,在"文档视图"组中单击"阅读版式视图"按钮,或单击任务栏中的"阅读版式视图"按钮,文档将全屏显示,如下图所示。

Step 02 调整文本字号

在阅读版式视图中,单击"视图选项"按钮,在弹出的下拉列表中可以选择"增大文本字号"或"减小文本字号"选项来调整视图中字体的大小,如下图所示。

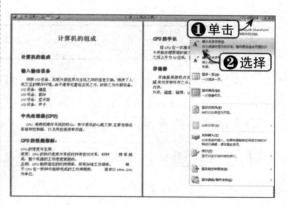

Step 03 同时显示两页内容

在"视图选项"下拉列表中选择"显示两页"选项，在阅读时可以一次阅读两页内容，如右图所示。

2.4.3 Web版式视图

Web 版式视图是创建与编辑网页时使用的一种视图方式，适用于发送电子邮件和创建网页。它在日常工作中较少使用，在这种视图方式下文本将自动折行以适应窗口大小，具体设置步骤如下：

	素材文件	光盘：素材文件\第2章\2.4.3Web版式视图.docx

Step 01 打开素材文件

打开"素材文件\第 2 章\2.4.3 Web 版式视图 .docx"，如下图所示。

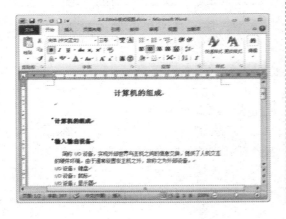

Step 02 选择 Web 版式视图

选择"视图"选项卡，在"文档视图"组中单击"Web 版式视图"按钮，或单击任务栏中的"Web 版式视图"按钮即可，如下图所示。

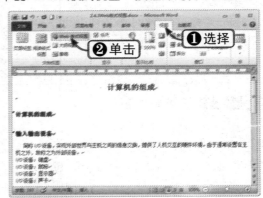

2.4.4 大纲视图

在大纲视图中能够查看文档的组织结构，可以通过折叠文档来查看文档的主要标题，或者展开文档以查看标题下的正文，以及通过移动标题来重新安排大量文本等操作，适合文档结构的重组，具体设置步骤如下：

	素材文件	光盘：素材文件\第2章\2.4.4大纲视图.docx

Step 01 选择大纲视图

打开"素材文件\第2章\2.4.4大纲视图.docx",选择"视图"选项卡,在"文档视图"组中单击"大纲视图"按钮,或单击任务栏中的"大纲视图"按钮,此时标题项前面会出现"+",如下图所示。

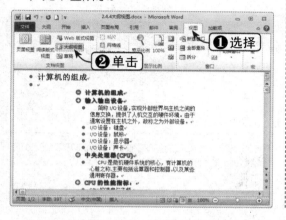

Step 02 展开与折叠内容

选中正文中的"输入输出设备"标题,选择"大纲"选项卡,单击"大纲工具"组中的 选项,可以展开该标题下的正文内容;单击 选项,可以折叠该标题下的正文内容,如下图所示。

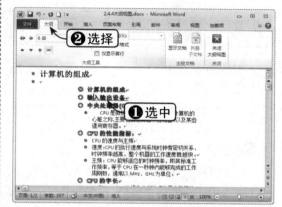

2.4.5 草稿视图

草稿视图中取消了页面边距、分栏、页眉页脚和图片等元素,仅显示标题和正文,它是最节省系统硬件资源的视图方式。当然,现在电脑硬件配置都比较高,基本上不存在由于硬件配置偏低而使 Word 2010 运行遇到障碍的问题。设置草稿视图的具体操作步骤如下:

 素材文件 | 光盘:素材文件\第2章\2.4.5草稿.docx

Step 01 打开素材文件

打开"素材文件\第2章\2.4.5草稿.docx",如下图所示。

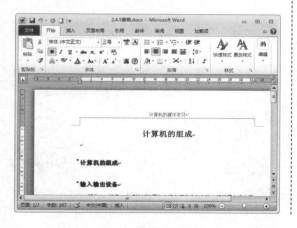

Step 02 选择草稿视图

选择"视图"选项卡,在"文档视图"组中单击"草稿"按钮,或单击任务栏中的"草稿"按钮即可,如下图所示。

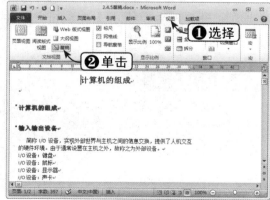

2.5 文档的打印

当文档编辑好了之后，可能需要将其打印出来，下面将简要介绍文档的打印方法和技巧。

2.5.1 打印范围的选取

用户可以根据需要选择打印范围，如只打印当前页、某几页、奇数页和偶数页等，具体操作步骤如下：

素材文件	光盘：素材文件\第2章\2.5.1打印范围的选取.docx

Step 01 选择"打印"选项

打开"素材文件 \ 第 2 章 \2.5.1 打印范围的选取 .docx"，选择"文件"选项卡，在左窗格中选择"打印"选项，如下图所示。

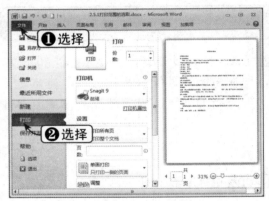

Step 02 选择打印范围

单击"打印所有页"下拉按钮，如果打印整个文档，则选择"打印所有页"选项；如果仅打印当前页，则选择"打印当前页面"选项，如下图所示。

知识点拨

如果在数据透视表字段列表中未看到要使用的字段，则刷新数据透视表即可。

Step 03 输入打印页数

如果想自定义打印页码，则在"页数"文本框中输入要打印的页码，不连续的页用"，"隔开即可，如下图所示。

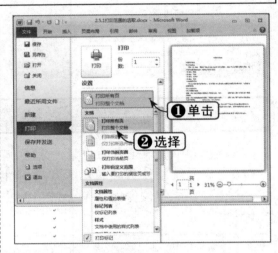

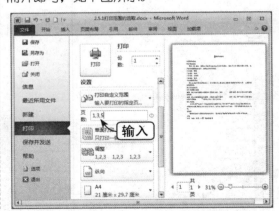

2.5.2 手动双面打印文档

利用打印机也可以进行双面打印,先打印 1,3,5……页,然后打印 2,4,6……页,具体操作步骤如下:

素材文件	光盘:素材文件\第2章\2.5.2手动双面打印文档.docx

Step01 打开素材文件

打开"素材文件\第 2 章 \2.5.2 手动双面打印文档 .docx",如下图所示。

Step02 选择手动双面打印

选择"文件"选项卡,在左窗格中选择"打印"选项,在右侧"设置"选项区中单击"单面打印"下拉按钮,在弹出的下拉列表中选择"手动双面打印"选项即可,如下图所示。

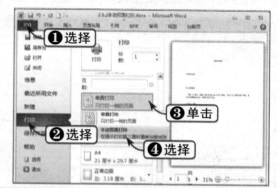

2.5.3 缩放打印

文档可以按照缩小或放大的比例进行打印,具体操作步骤如下:

素材文件	光盘:素材文件\第2章\2.5.3缩放打印.docx

Step01 单击"每版打印一页"下拉按钮

打开"素材文件\第 2 章 \2.5.3 缩放打印 .docx",选择"文件"选项卡,在左窗格中选择"打印"选项,在右侧"设置"选项区中单击"每版打印一页"下拉按钮,如下图所示。

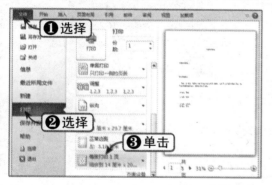

Step02 设置每页打印的版数

在弹出的下拉列表中可以设置每页纸上打印的版数,可以在每张纸上打印多页文件的内容,如下图所示。

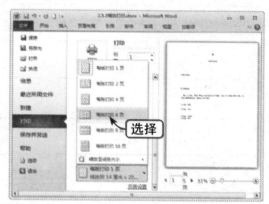

Step 03 设置缩放打印

在下拉列表中选择"缩放至纸张大小"选项，在弹出的级联菜单中可以选择打印文件的纸型，可以使文件按照纸张大小缩放后进行打印，如右图所示。

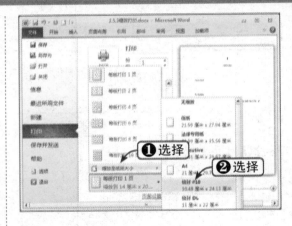

知识点拨

在"打印"选项中，单击最下方的"页面设置"超链接，在弹出的"页面设置"对话框中可以对页边距、纸张方向、纸张大小、版式等参数进行设置。

● 读书笔记

第**3**章 文档表格与图形处理

在编辑文档的过程中，使用表格的方式组织和显示信息，可以给人一种清晰、简洁、明了的感觉。如果在文档中再适当地插入一些图片、艺术字和文本框等，此时文档就不再那么枯燥，而显得更加美观。

 本章学习重点

1. 创建表格
2. 调整表格
3. 表格的美化
4. 单元格的合并与拆分
5. 文本框的灵活使用
6. 插入图片
7. 创建艺术字

 重点实例展示

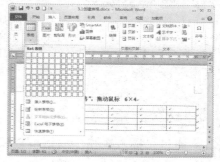

创建多行多列的表格

本章视频链接

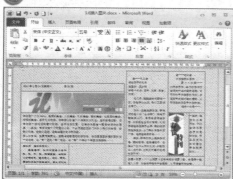

在表格中插入图片

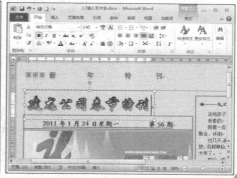

在表格中插入艺术字

3.1 创建表格

创建表格的方法有以下三种，用户可以根据需要选择合适的方法。

方法一：直接拖动窗格创建表格

⊙	素材文件	光盘：素材文件\第3章\3.1创建表格.docx

Step 01 定位光标

打开"素材文件\第3章\3.1创建表格.docx"，首先将光标定位到要插入表格的位置，如下图所示。

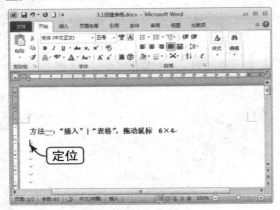

Step 02 选择表格

选择"插入"选项卡，在"表格"组中单击"表格"下拉按钮，拖动鼠标选中"6×4表格"即可，如下图所示。

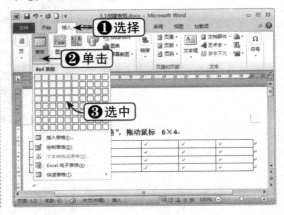

方法二：通过"插入表格"对话框创建表格

Step 01 定位光标

将光标定位在要插入表格的位置，如下图所示。

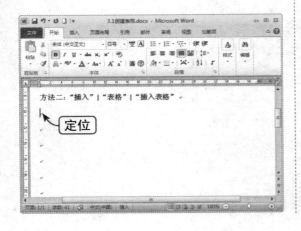

Step 02 选择"插入表格"选项

选择"插入"选项卡，在"表格"组中单击"表格"下拉按钮，在弹出的下拉列表中选择"插入表格"选项，如下图所示。

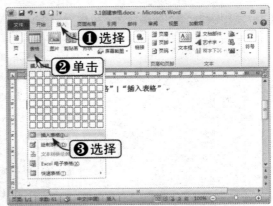

Step 03 设置行列数

弹出"插入表格"对话框，设置"列数"为 6，"行数"为 4，然后单击"确定"按钮即可，如右图所示。

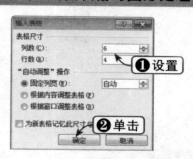

方法三：直接绘制表格

Step 01 定位光标

将光标定位在要插入表格的位置，如下图所示。

Step 02 选择"绘制表格"选项

选择"插入"选项卡，在"表格"组中单击"表格"下拉按钮，在弹出的下拉列表中选择"绘制表格"选项，如下图所示。

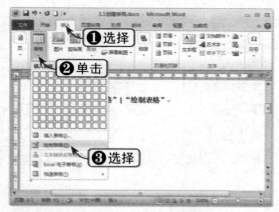

Step 03 选择"绘制表格"选项

此时鼠标指针变成了铅笔状，拖动鼠标可以绘制出一个表格外边框，如下图所示。

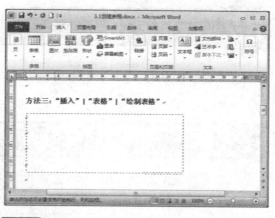

Step 04 绘制横线

用鼠标在表格内部绘制横线，就会出现行，如下图所示。

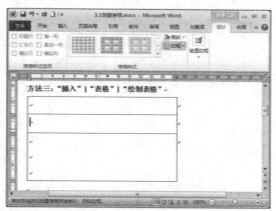

Step 05 绘制竖线

用鼠标在表格内部绘制竖线，就会出现列，如下图所示。

知识点拨

在绘制横线和竖线时，如果线不是水平或竖直的，将绘制成框而不是线，因此要多加练习，灵活选择与使用每种方法。

3.2 调整表格

创建完一个表格后，如果不能满足实际需要，可以对其进行调整，如调整表格的位置、大小、行高和列宽等。

3.2.1 调整表格的位置

有时创建完表格之后，表格在页面顶端，没有空间输入表格标题，此时需要移动表格的位置，具体操作步骤如下：

素材文件	光盘：素材文件\第3章\3.2.1调整表格的位置.docx

Step 01 定位光标

打开"素材文件\第3章\3.2.1调整表格的位置.docx"，把光标定位在表格内的任一单元格内，或将鼠标指针移动到表格上，此时表格左上角会出现 ⊞ 标志，如下图所示。

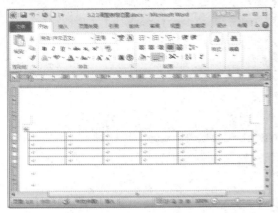

Step 02 移动表格

用鼠标拖动这个标志往下移动，到合适的位置松开鼠标即可，如下图所示。

Step 03 输入标题

在表格的上方将会出现空行，此时就可以在空行中输入标题了，如下图所示。

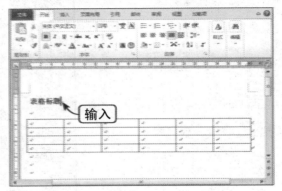

3.2.2 调整表格的大小

有时插入的表格大小不合适，需要对其进行调整，具体操作步骤如下：

	素材文件	光盘：素材文件\第3章\3.2.2调整表格的大小.docx

Step 01 定位光标

打开"素材文件 \ 第 3 章 \3.2.2 调整表格的大小 .docx"，将光标定位在需要进行缩放的表格中，如下图所示。

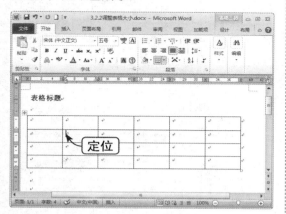

Step 02 进行缩放操作

将鼠标指针停放在该表格的右下角，直到出现缩放标记（向左倾斜的双向箭头），然后进行拖动，如下图所示。

Step 03 查看缩放效果

鼠标指针停留的位置即为缩放后的位置，缩放后的效果如下图所示。

3.2.3 调整表格行高与列宽

表格创建完成后，要向表格内输入文字，但有时效果并不能满足实际要求，需要调整行高和列宽，具体操作步骤如下：

	素材文件	光盘：素材文件\第3章\3.2.3调整表格行高列宽.docx

方法一：通过功能面板调整

Step 01 选中表格

打开"素材文件 \ 第 3 章 \3.2.3 调整表格行高列宽 .docx"，单击表格左上角的表格标志 ⊞，选中整个表格，如右图所示。

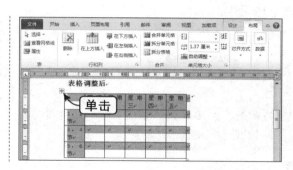

Step 02 设置行高和列宽数值

选择"布局"选项卡，在"单元格大小"组中的"行高"数值框中输入1厘米，在"列宽"数值框中输入1.5厘米，如下图所示。

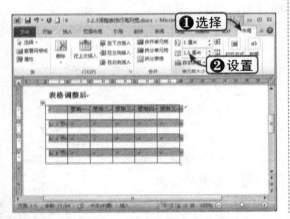

方法二：通过"表格属性"对话框调整

Step 01 选择整个表格

单击左上角的表格标志 ✛，选中整个表格，如下图所示。

Step 02 选择"表格属性"选项

在选中的表格上右击，在弹出的快捷菜单中选择"表格属性"选项，如下图所示。

知识点拨

选中表格，然后选择"布局"选项卡，在"表"组中单击"属性"按钮，也可以打开"表格属性"对话框。

Step 03 自动调整表格

选择"布局"选项卡，单击"单元格大小"组中的"自动调整"下拉按钮，在弹出的下拉列表中选择"根据内容自动调整表格"选项，表格将根据内容自动调整；选择"根据窗口自动调整表格"选项，将根据窗口大小调整表格，如下图所示。

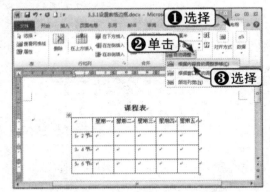

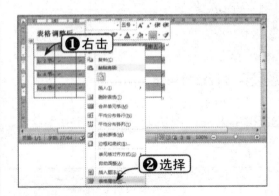

Step 03 设置行高

弹出"表格属性"对话框，选择"行"选项卡，对尺寸指定高度为1厘米，如下图所示。

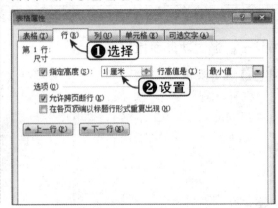

Step 04 设置列宽

选择"列"选项卡,对尺寸指定宽度为 1.5 厘米,单击"确定"按钮,如下图所示。

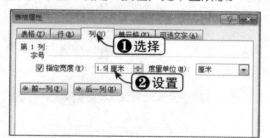

知识点拨

也可以只设置某一行的行高或某一列的列宽,在设置前只需选中某一行或某一列即可。

3.3 表格的美化

创建好表格之后,用户可以对其线条的颜色、粗细、底纹的颜色等进行设置,让其变得更加美观。

3.3.1 设置表格边框

设置表格边框的具体操作步骤如下:

素材文件	光盘:素材文件\第3章\3.3.1设置表格边框.docx

方法一:使用绘图边框

Step 01 定位光标

打开"素材文件\第 3 章\3.3.1 设置表格边框 .docx",将光标定位在表格中,如下图所示。

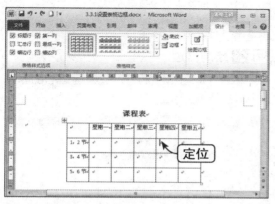

Step 02 单击"绘图边框"下拉按钮

选择"设计"选项卡,单击"绘图边框"

下拉按钮,打开下拉列表,如下图所示。

Step 03 选择笔样式

在"笔样式"下拉列表框中选择线条类型,在此选择实线,如下图所示。

Step 04 设置笔画粗细

在"笔画粗细"下拉列表框中选择 2.25 磅，如下图所示。

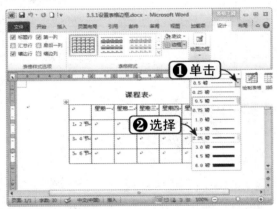

Step 05 选择笔颜色

单击"笔颜色"下拉按钮，在弹出的下拉列表中选择标准色中的"紫色"，如下图所示。

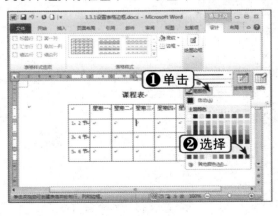

Step 06 绘制描边

此时，鼠标指针变成笔形状，并带有刚才设置的颜色及线型，在表格外边框线上绘制描边，如下图所示。

Step 07 更改线型

若要更改线性，则单击"绘图边框"下拉按钮，在弹出的列表的"笔画粗细"下拉列表框中选择 1.5 磅，在"笔颜色"下拉列表框中选择"深红色"，如下图所示。

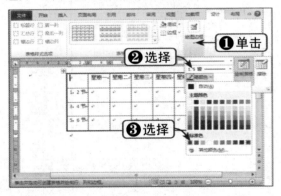

Step 08 绘制描边

此时，即可绘制描边，查看描边后的表格效果，如下图所示。

方法二：使用对话框设置边框

Step 01 选中整个表格

单击表格左上角标志 ⊞，选中整个表格，如下图所示。

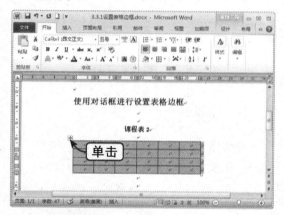

Step 02 选择"边框和底纹"选项

选择"设计"选项卡，单击"表格样式"组中的"边框"下拉按钮，在弹出的下拉列表中选择"边框和底纹"选项，如下图所示。

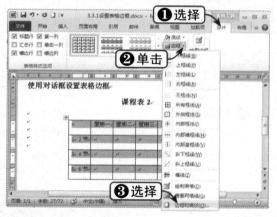

Step 03 设置边框样式

弹出"边框和底纹"对话框，选择"边框"选项卡，在"设置"选项区中选择"全部"选项，如下图所示。

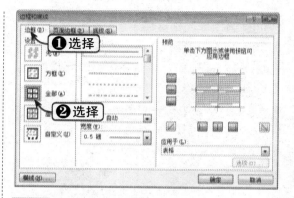

Step 04 选择颜色、粗细

在"颜色"下拉列表框中选择"紫色"，在"宽度"下拉列表框中选择"2.25磅"，如下图所示。

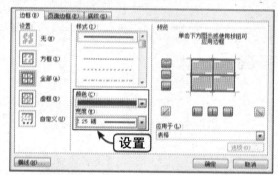

Step 05 查看表格边框效果

此时，即可查看设置表格边框后的效果，如下图所示。

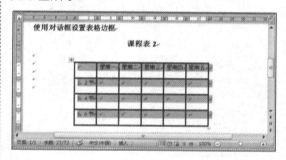

3.3.2 设置表格底纹

设置表格底纹的具体操作步骤如下：

	素材文件	光盘：素材文件\第3章\3.3.2设置表格底纹.docx

方法一：通过"底纹"按钮设置

Step 01 选择单元格区域

打开"素材文件 \ 第 3 章 \3.3.2 设置表格底纹 .docx"，选择要设置底纹的单元格区域，如下图所示。

Step 02 选择底纹

选择"设计"选项卡，单击"表格样式"组中的"底纹"下拉按钮，在弹出的下拉列表中选择"蓝色、深色 50%"，如下图所示。

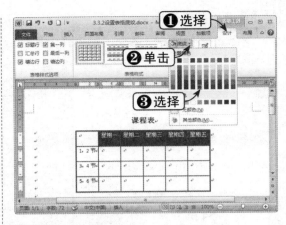

Step 03 查看底纹效果

此时，即可查看设置底纹后的表格效果，如下图所示。

方法二：使用对话框设置底纹

Step 01 选择"边框和底纹"选项

选择要设置底纹的单元格区域，选择"设计"选项卡，单击"表格样式"组中的"边框"下拉按钮，在弹出的下拉列表中选择"边框和底纹"选项，如下图所示。

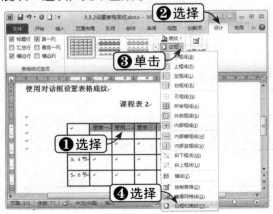

Step 02 设置底纹

弹出"边框和底纹"对话框，选择"底纹"选项卡，在"填充"下拉列表框中选择"紫色"，单击"确定"按钮，如下图所示。

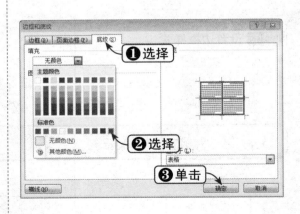

Step 03 查看底纹效果

此时，即可查看设置底纹后的表格效果，如右图所示。

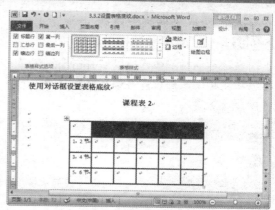

知识点拨

在"底纹"选项卡中，还可以根据需要选择图案样式。若要取消底纹，只需选择"无颜色"选项即可。

3.4 单元格的合并与拆分

在制作复杂的表格时，需要将多个单元格合并成一个单元格，或将一个单元格拆分成多个单元格。下面将详细介绍单元格合并与拆分的具体方法。

3.4.1 单元格的合并

若将多个单元格合并成一个大的单元格，具体操作步骤如下：

素材文件	光盘：素材文件\第3章\3.4.1单元格的合并.docx

方法一：通过工具栏按钮合并

Step 01 单击"合并单元格"按钮

打开"素材文件\第3章\3.4.1单元格的合并.docx"，选择要合并的单元格区域，选择"布局"选项卡，单击"合并"组中的"合并单元格"按钮，如下图所示。

Step 02 查看单元格合并效果

此时，即可查看合并单元格后的表格效果，在此单元格中输入文字"照片"，如下图所示。

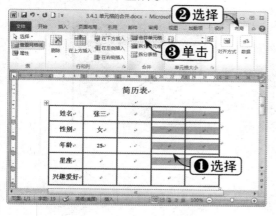

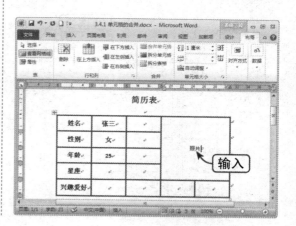

方法二：通过快捷菜单合并

Step 01 单击"合并单元格"选项

选择要合并的单元格区域并右击，在弹出的快捷菜单中选择"合并单元格"选项，如下图所示。

Step 02 查看单元格合并效果

此时，即可查看合并单元格后的表格效果，在此单元格中输入文字"照片"，如下图所示。

3.4.2 单元格的拆分

若将一个单元格拆分成多个单元格，具体操作步骤如下：

	素材文件	光盘：素材文件\第3章\3.4.2单元格的拆分.docx

方法一：通过工具栏按钮拆分

Step 01 选择"拆分单元格"选项

打开"素材文件\第3章\3.4.2单元格的拆分.docx"选中要拆分的单元格，或将光标定位在要拆分的单元格中，选择"布局"选项卡，单击"合并"组中的"拆分单元格"按钮，如下图所示。

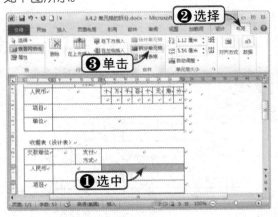

Step 02 设置行列数

弹出"拆分单元格"对话框，在"行数"数值框中输入2，在"列数"数值框中输入8，单击"确定"按钮，如下图所示。

Step 03 查看单元格拆分效果

此时,即可查看单元格拆分后的表格效果,如右图所示。

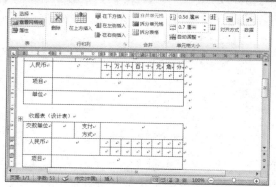

知识点拨

用户还可以根据使用绘制表格的方法,将表格拆分成所需的样式。

方法二：通过快捷菜单设置

Step 01 选择"拆分单元格"选项

选择要合并的单元格并右击,在弹出的快捷菜单中选择"拆分单元格"选项,如下图所示。

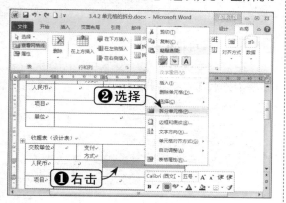

Step 02 设置行列数

弹出"拆分单元格"对话框,在"列数"数值框中输入8,在"行数"数值框中输入2,单击"确定"按钮即可,如下图所示。

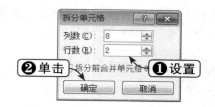

3.5 文本框的灵活使用

在对文档进行排版时,有时想把某些文字或图片等独立于正文进行放置并方便地定位,这时可以使用文本框来进行编辑操作。

3.5.1 绘制文本框

下面以制作刊物为例,利用文本框确定其结构框架。绘制文本框的具体操作步骤如下:

素材文件	光盘：素材文件\第3章\3.5.1绘制文本框.docx

Step 01 打开素材文件

打开"素材文件\第3章\3.5.1 绘制文本框.docx",如下图所示。

Step 02 选择"绘制文本框"选项

将光标定位到要绘制文本框的位置,选择"插入"选项卡,单击"文本"组中的"文本框"下拉按钮,在弹出的下拉列表中选择"绘制文本框"选项,如下图所示。

Step 03 绘制文本框

此时鼠标指针变成十字形状,按住鼠标左键不放,向右下方拖动鼠标绘制文本框,此时即可看到绘制的文本框效果,如下图所示。

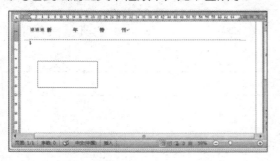

Step 04 改变大小

将鼠标指针移至文本框的某个控制点上,然后按住鼠标左键并拖动,可以改变文本框的大小,如下图所示。

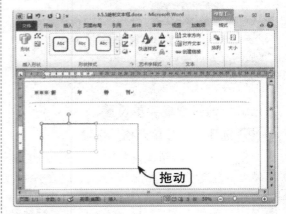

Step 05 完成刊物框架制作

在文档中插入其他的文本框,即可完成刊物框架的制作,如下图所示。

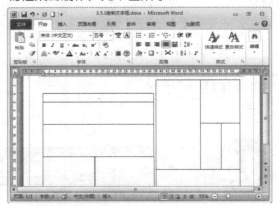

Step 06 输入内容

安排好框架后,在各文本框中输入具体的内容,然后进行保存,如下图所示。

3.5.2 设置文本框效果

默认情况下，绘制的文本框带有边线，并且有白色的填充颜色，有时会影响版面的美观，用户可以通过设置文本框的边框颜色、线型、粗细来改变边框的显示效果。

素材文件	光盘：素材文件\第3章\3.5.2设置文本框效果.docx

1. 填充页面背景

首先设置页面的背景颜色，具体操作步骤如下：

Step 01 选择"页面颜色"选项

打开"素材文件\第3章\3.5.2设置文本框效果.docx"，选择"页面布局"选项卡，单击"页面设置"组中的"页面颜色"下拉按钮，在弹出的下拉列表中选择"填充效果"选项，如下图所示。

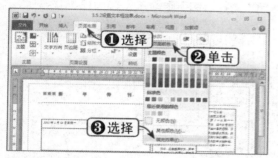

Step 02 选择背景颜色

弹出"填充效果"对话框，选择"图案"选项卡，单击"背景"下拉按钮，在弹出的下拉列表中选择"其他颜色"选项，如下图所示。

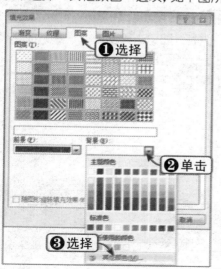

Step 03 设置颜色

弹出"颜色"对话框，选择"自定义"选项卡，分别在"红色"、"绿色"、"蓝色"数值框中分别输入230，然后单击"确定"按钮，如下图所示。

Step 04 选择图案

返回"填充效果"对话框，在"图案"列表中选择5%选项，单击"确定"按钮，如下图所示。

Step 05 查看设置效果

此时，可以查看设置页面背景后的效果，如右图所示。

知识点拨

设置图案填充时，用户可以根据需要设置图案的前景色，即图案上纹理的颜色。

2. 设置文本框填充效果

文本框默认的填充颜色为纯色填充（即白色），下面来更改其填充颜色，具体操作步骤如下：

Step 01 选中所有文本框

在文本框内单击鼠标左键，然后按住【Shift】键不放单击其他的文本框，选中所有的文本框，如下图所示。

Step 02 选择"设置对象格式"选项

在选中的文本框上右击，在弹出的快捷菜单中选择"设置对象格式"选项，如下图所示。

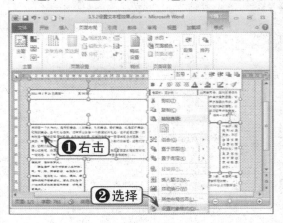

Step 03 设置无填充

弹出"设置形状格式"对话框，在"填充"选项区选中"无填充"单选按钮，然后单击"关闭"按钮，如下图所示。

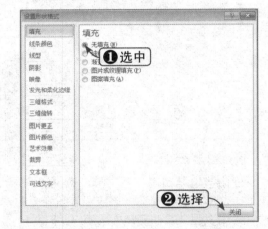

Step 04 查看设置效果

此时，即可查看文本框设置无填充颜色后的效果，如下图所示。

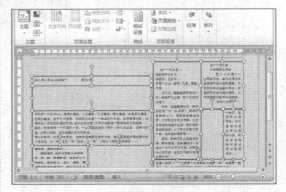

3. 设置文本框边框样式

默认的边框颜色为黑色、单实线，用户可以通过设置线条颜色、线型对其进行更改，具体操作步骤如下：

Step 01 选择"设置对象格式"选项

在文本框上右击，在弹出的快捷菜单中选择"设置对象格式"选项，如下图所示。

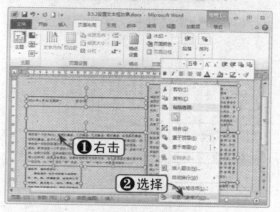

Step 02 设置线条颜色

弹出"设置形状格式"对话框，在左侧选择"线条颜色"选项，在右侧"颜色"下拉列表中选择"水绿色"，如下图所示。

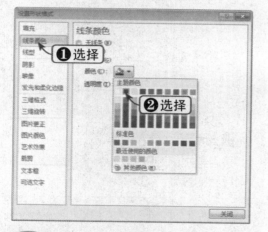

Step 03 设置线型

在左侧选择"线型"选项，在右侧"宽度"数值框中输入 2.25 磅，在"复合类型"下拉列表中选择"双线"，然后单击"关闭"按钮，如下图所示。

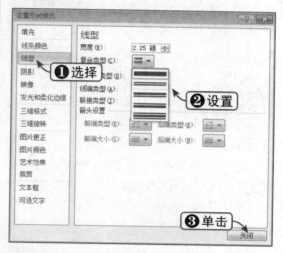

Step 04 查看设置边框效果

此时，即可查看设置边框样式后的文本框效果，如下图所示。

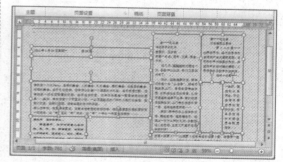

3.6 插入图片

有的文档只有文字，看起来很生硬，可以插入一些图片来进行修饰，看起来会更加漂亮，具体操作步骤如下：

素材文件	光盘：素材文件\第3章\3.6插入图片.docx

Step 01 定位光标

打开"素材文件\第3章\3.6插入图片.docx",将光标定位到要插入图片的文本框中,选择"插入"选项卡,单击"图片"按钮,如下图所示。

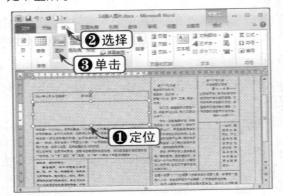

Step 02 选择图片

弹出"插入图片"对话框,根据存放路径找到并选中本实例素材文件"1.jpg",然后单击"插入"按钮即可,如下图所示。

Step 03 查看插入图片效果

此时,即可查看插入图片后的文档效果,如下图所示。

Step 04 调整图片大小

选择"格式"选项卡,在"大小"组中的"宽度"数值框中输入14.01厘米,如下图所示。

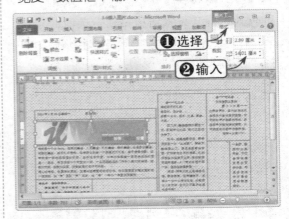

Step 05 查看调整效果

此时,即可查看图片调整到合适大小后的效果,如下图所示。

Step 06 查看图片插入效果

采用相同的方法插入另一张图片,查看插入图片后的效果,如下图所示。

3.7 创建艺术字

使用 Word 2010 可以创建出各种各样的艺术字，在刊物中插入合适的艺术字，不仅可以使刊物富有活力，而且可以突出刊物的主题，具体操作步骤如下：

素材文件	光盘：素材文件\第3章\3.7创建艺术字.docx

1. 创建艺术字

向刊物中插入合适的艺术字文字，具体操作步骤如下：

Step 01 定位光标

打开"素材文件\第 3 章\3.7 创建艺术字.docx"，在需要插入艺术字的位置定位光标，如下图所示。

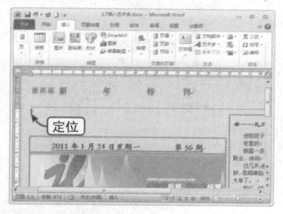

Step 02 选择艺术字样式

选择"插入"选项卡，单击"文本"组中的"艺术字"下拉按钮，在弹出的下拉列表中选择第一列第 3 种样式，如下图所示。

知识点拨

一旦输入艺术字文字后，就要选择艺术字才能对其进行编辑，而不是选中艺术字所在的图形。

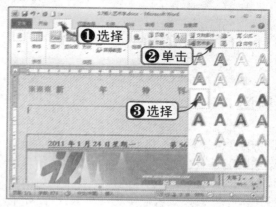

Step 03 输入文字并设置字体

在艺术字框中输入要设置艺术字样式的文字，并设置文字字体为"华文行楷"，效果如下图所示。

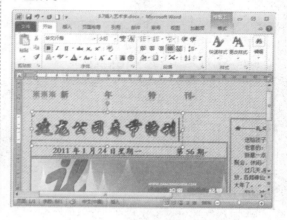

2. 设置艺术字格式

下面对艺术字的填充效果、边框线等进行设置，具体操作步骤如下：

Step 01 设置艺术字样式

选择刚创建的艺术字，选择"格式"选项卡，单击"艺术字样式"组右下角的对话框启动器，如下图所示。

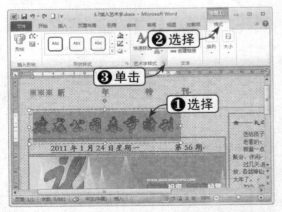

Step 02 设置文本效果格式

弹出"设置文本效果格式"对话框，在左侧选择"文本填充"选项，在右侧"文本填充"选项区中选中"渐变填充"单选按钮，在"预设颜色"下拉列表框中选择"彩虹出轴II"，在"类型"下拉列表框中选择"射线"，如下图所示。

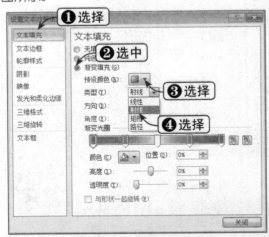

Step 03 设置边框颜色

在左侧选择"文本边框"选项，在右侧"文本边框"选项区中选中"实线"单选按钮，在"颜色"下拉列表中选择"红色"，如下图所示。

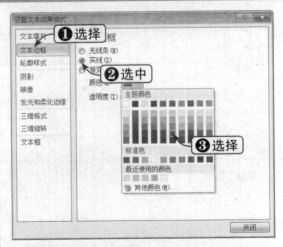

Step 04 设置轮廓样式

在左侧选择"轮廓样式"选项，在右侧的"宽度"数值框中输入 1.5 磅，然后单击"关闭"按钮，如下图所示。

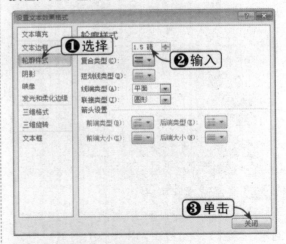

Step 05 查看艺术字效果

将艺术字移至合适的位置，此时可以查看艺术字设置后的效果，如下图所示。

第 4 章 办公常用文书制作

文书一般多指公务文书，它对公司在生产经营管理和对外交往等事务中起着执行和指导等作用。本章将详细介绍一些与各种日常事务有关的办公常用文书的制作方法，读者应该熟练掌握。

本章学习重点

1. 制作公文模板
2. 制作通讯录
3. 制作邀请函
4. 制作来访记录

重点实例展示

制作公文模板

本章视频链接

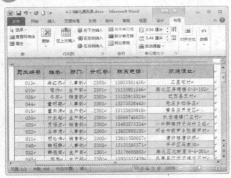

通讯录的制作

邀请函的制作

4.1 制作公文模板

任何一个机关、组织在日常工作活动中都需要通过公文这一工具来表达意图，处理公务，以及实施管理。例如，向上级汇报工作，则使用"报告"；向下级布置工作，则使用"指示"或"通知"；向有关单位联系公务，则使用"函"；记载会议议决事项，则使用"决议"或"会议纪要"等。

公文的格式一般包括标题、主送机关、正文、附件、发文机关（或机关用章）、发文时间、抄送单位、文件版头、公文编号、机密等级、紧急程度和阅读范围等项目。

4.1.1 公文页面设置

新建一个空白文档，并且设置每页的行及字符数，具体操作方法如下：

素材文件	光盘：效果文件\第4章\4.1.1制作公文模板.dotx

Step 01 新建公文文档

新建一个 Word 空白文档，并向文档中输入公文的内容，如下图所示。

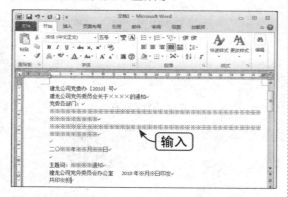

Step 02 单击对话框启动器按钮

选择"页面布局"选项卡，单击"页面设置"组右下角的对话框启动器按钮，如下图所示。

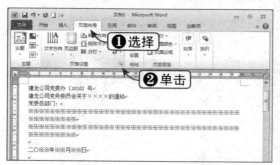

Step 03 设置行数和字符数

弹出"页面设置"对话框，选择"文档网格"选项卡，在"网格"选项区中选中"指定行和字符网格"单选按钮，在"字符数"选项区设置每行 28 个字符，在"行数"选项区指定每页 22 行，单击"确定"按钮，如下图所示。

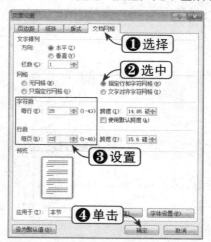

Step 04 查看文档效果

此时，即可查看设置行和字符网格后的效果，并将文档保存为"4.1.1 制作公文模板 .dotx"，如下图所示。

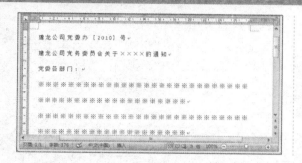

 知识点拨

调整字符间距也可以改变每行的字符数量，但仅限于所选的文本。

4.1.2 绘制公文头

下面利用文本框制作公文头框架，在文本框中输入发文的单位部门，并设置其格式，具体操作方法如下：

	素材文件	光盘：素材文件\第4章\4.1.2制作公文模板.dotx

1. 绘制文本框

将文件头文字放在文本框内，使其更好地定位，具体操作方法如下：

Step 01 打开素材文件

打开"素材文件\第4章\4.1.2制作公文模板.dotx"文件，在文档开头按三次【Enter】键，为公文头的制作预留位置，如下图所示。

Step 02 选择水平文本框

选择"插入"选项卡，单击"插图"组中的"形状"下拉按钮，在弹出的下拉列表中选择水平文本框，如下图所示。

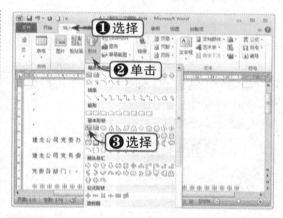

Step 03 绘制文本框

此时鼠标指针变成十字形状，拖动鼠标绘制出一个矩形框，如下图所示。

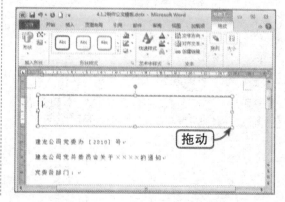

Step 04 输入文字

在文本框中输入文字"××省建龙公司"，另起一行输入文字"建龙公司党委文件"，如下图所示。

Step 05 设置文本框为无轮廓

选中文本框，选择"格式"选项卡，单击"形状样式"组中的"形状轮廓"下拉按钮，在弹出的下拉列表中选择"无轮廓"选项，如下图所示。

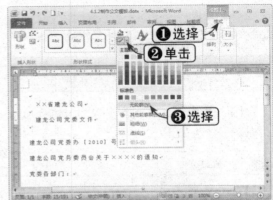

2. 设置字体格式

设置公文头字体格式的具体操作方法如下：

Step 01 设置字号

选中文字"××省建龙公司"，选择"开始"选项卡，单击"字体"组中的"加粗"按钮，单击"字号"下拉按钮，在弹出的下拉列表中选择"二号"，如下图所示。

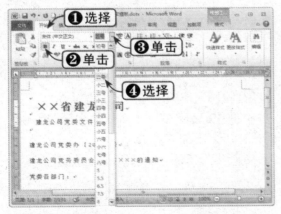

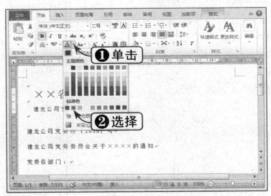

Step 02 选择字体颜色

单击"字体"组中的"颜色"下拉按钮，在弹出的下拉列表中选择红色，如下图所示。

Step 03 单击对话框启动器按钮

选择文字"建龙公司党委文件"，单击"字体"组右下角的对话框启动器按钮，如下图所示。

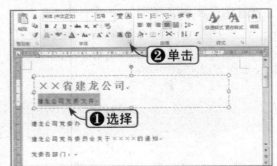

Step 04 设置字体格式

弹出"字体"对话框，将"中文字体"设置为"宋体"，"字形"设置为"加粗"，"字号"设置为"小初"，"字体颜色"设置为红色，单击"确定"按钮，如下图所示。

Step 05 设置对齐方式

选择文本框中的文字，单击"段落"组中的"居中对齐"按钮，查看设置后的效果，如下图所示。

Step 06 设置公文编号

根据需要将公文编号设置为"仿宋"、"四号"、"加粗"、"居中"，设置后的效果如下图所示。

4.1.3 美化公文

用户可以通过对公文中的文本、段落进行格式设置，并插入直线，使公文看起来更加正规、完美，具体操作方法如下：

	素材文件	光盘：素材文件\第4章\4.1.3制作公文模板.dotx

1. 设置字体格式

下面以正文标题为例进行介绍，具体操作方法如下：

Step 01 设置标题字体

打开"素材文件\第4章\4.1.3制作公文模板.dotx"，选中标题文字"建龙公司党务委员会关于××××的通知"，选择"开始"选项卡，然后单击"字体"组中的"字体"下拉按钮，在弹出的下拉列表中选择"仿宋"，如右图所示。

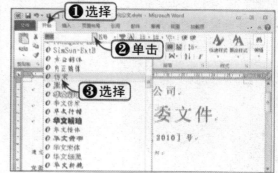

Step 02 设置字号

单击"字体"组中的"加粗"按钮,单击"字号"下拉按钮,在弹出的下拉列表中选择"小二",如下图所示。

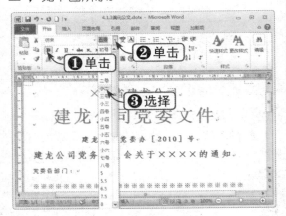

Step 03 设置正文字号

根据需要将正文文字设置为"四号",设置后的效果如下图所示。

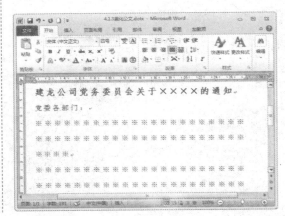

2. 设置段落格式

设置完公文的文本格式后,还可以对公文进行段落格式设置,具体操作方法如下:

Step 01 设置对齐方式

将光标定位在正文标题中,单击"段落"组中的"居中"对齐按钮,此时标题呈居中状态显示,如下图所示。

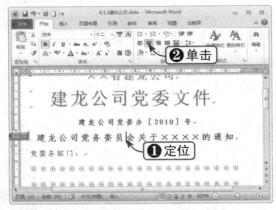

Step 02 设置段落间距

单击"段落"组中的"行和段落间距"下拉按钮,在弹出的下拉列表中选择2.0,如下图所示。

Step 03 查看设置效果

此时,可以查看通知标题设置段落格式后的效果,如下图所示。

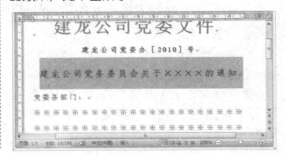

Step 04 单击对话框启动器按钮

将光标定位在正文第一段中,单击"段落"组右下角的对话框启动器按钮,如下图所示。

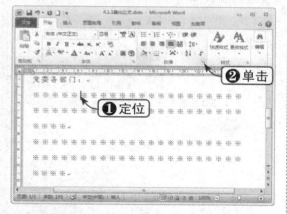

Step 05 设置首行缩进

弹出"段落"对话框,在"缩进"选项区的"特殊格式"下拉列表框中选择"首行缩进"选项,设置"缩进"为"2个字符",单击"确定"按钮,如下图所示。

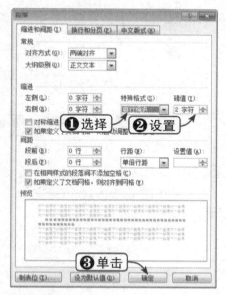

Step 06 选择格式刷

返回文档,然后单击"剪贴板"组中的"格式刷"按钮,如下图所示。

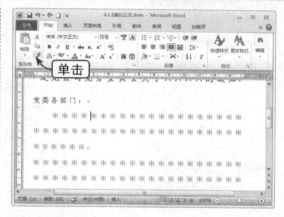

Step 07 应用格式刷

此时鼠标指针呈形状显示,在正文第二段任意位置单击鼠标左键,即可将正文第一段的格式应用到第二段中,如下图所示。

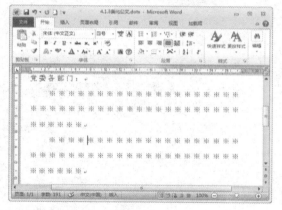

Step 08 设置其他段落格式

根据需要设置其他段落格式,设置后的效果如下图所示。

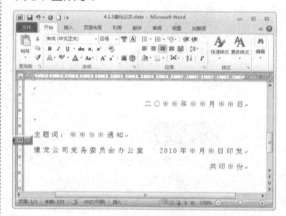

3. 红线制作

下面制作公文标题与正文间的红线，具体操作方法如下：

Step 01 选择直线

选择"插入"选项卡，单击"插图"组中的"形状"下拉按钮，在弹出的下拉列表中选择直线，如下图所示。

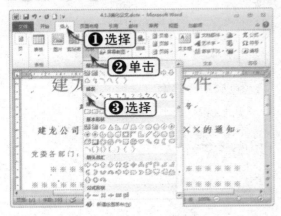

Step 02 绘制直线

按住【Shift】键，从左到右拖动鼠标，绘制出一条直线，如下图所示。

Step 03 设置线条颜色

单击"形状样式"组中的"形状轮廓"下拉按钮，在弹出下拉列表的标准色中选择红色，如下图所示。

> **知识点拨**
>
> 选中直线后，单击"形状效果"下拉按钮，从中可以为直线添加阴影、映像、发光、柔化边缘、棱台、三维旋转等效果。

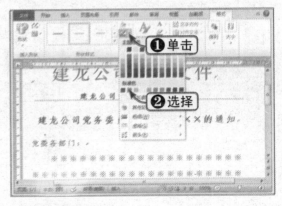

Step 04 设置线条粗细

在"形状轮廓"下拉列表中选择"粗细"选项，在弹出的列表框中选择"2.25 磅"，如下图所示。

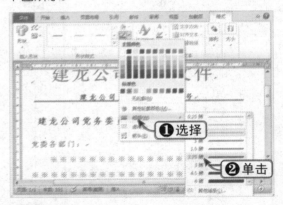

Step 05 查看设置效果

此时，可以查看设置直线后的效果，如下图所示。

Step 06 绘制直线

根据需要在版尾绘制直线，并设置直线颜色为黑色，设置"粗细"为"1.5磅"，如下图所示。

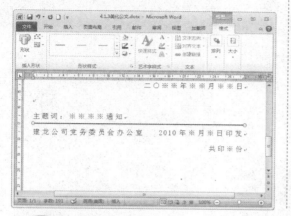

Step 07 复制直线

选中刚绘制的直线，按住【Ctrl】键的同时向下拖动鼠标，复制两条直线并放到合适的位置，如下图所示。至此，一份公文模板制作完成，使用时只需将文字替换即可。

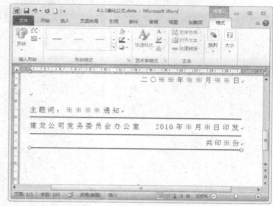

4.2 制作通讯录

由于公司业务和发展的需要，因此需要制作公司人员的通讯录。因为员工存在流动情况，所以上基本3个月就要重新制作员工的通讯录，以方便员工之间的沟通和交流。下面将学习利用表格制作通讯录的方法。

4.2.1 通讯录页面效果设计

制作通讯录首先要新建一个空白文档，然后对页面进行美化，设置页面边距，创建页眉和页脚，并在页眉和页脚中插入文本框、艺术字、剪贴画等来美化页面。

素材文件	光盘：效果文件\第五章\4.2.1通讯录页面效果设计.docx

1．设置页边距

设置通讯录页边距的具体操作方法如下：

Step 01 选择"自定义边距"选项

新建空白文档，选择"页面布局"选项卡，单击"页面设置"组中的"页边距"下拉按钮，在弹出的下拉列表中选择"自定义边距"选项，如右图所示。

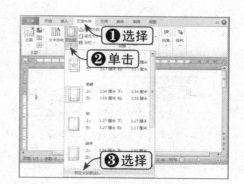

Step 02 设置页边距

弹出"页面设置"对话框,选择"页边距"选项卡,将"上"、"下"、"左"、"右"数值均设置为"1.5 厘米",单击"确定"按钮即可,如下图所示。

> **知识点拨**
>
> 实际打印或印刷时,还要在页边距的基础上多留出一部分,在印刷上称为出血。

2. 创建页眉

下面创建页眉,并在页眉中插入文本框、剪贴画和艺术字等对象。

(1)使用文本框

在页眉中使用文本框,并设置其填充颜色,使页眉更具活力,具体操作方法如下:

Step 01 选择"编辑页眉"选项

选择"插入"选项卡,单击"页眉和页脚"组中的"页眉"下拉按钮,在弹出的下拉列表中选择"编辑页眉"选项,如下图所示。

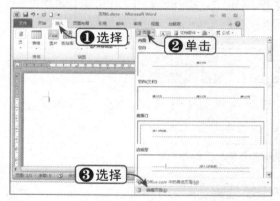

Step 02 进入页眉编辑状态

进入页眉编辑状态,且有光标在闪动,虚线以上的区域即为页眉,如下图所示。

> **知识点拨**
>
> 用户可以在"页眉"下拉列表中选择所需的页眉样式,如果要编辑页眉,可以直接在文档的页眉区域双击鼠标左键。

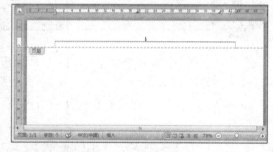

Step 03 选择"绘制文本框"选项

选择"插入"选项卡,单击"文本"组中的"文本框"下拉按钮,在弹出的下拉列表中选择"绘制文本框"选项,如下图所示。

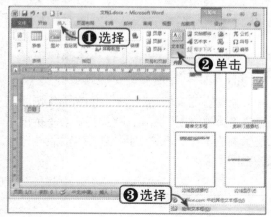

Step 04 绘制文本框

此时鼠标指针呈十字形状，向右下方拖动鼠标，即可绘制出一个矩形文本框，如下图所示。

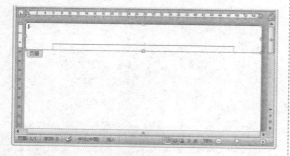

Step 05 选择"其他填充颜色"选项

选择"格式"选项卡，单击"形状样式"组中的"形状填充"下拉按钮，在弹出的下拉列表中选择"其他填充颜色"选项，如下图所示。

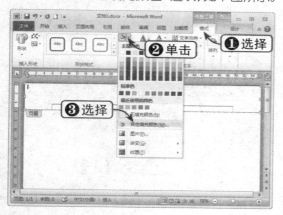

Step 06 设置填充颜色

弹出"颜色"对话框，选择"自定义"选项卡，在"红色"、"绿色"、"蓝色"数值框中分别输入 125、200、220，单击"确定"按钮，如下图所示。

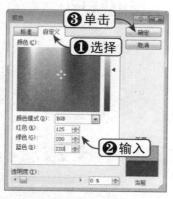

Step 07 查看文本框效果

此时，可以查看设置填充颜色后的文本框效果，如下图所示。

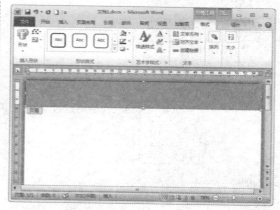

Step 08 设置无轮廓

单击"形状样式"组中的"形状轮廓"下拉按钮，在弹出的下拉列表中选择"无轮廓"选项，如下图所示。

Step 09 查看设置效果

此时，即可看到文本框设置无轮廓后的效果，如下图所示。

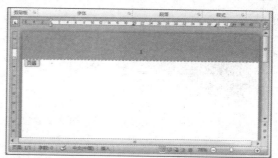

（2）使用剪贴画

在 Word 2010 中提供了许多剪贴画，在页眉中插入剪贴画可以使页眉更加引人注目，具体操作方法如下：

Step 01 单击"剪贴画"按钮

将光标定位在文本框中，选择"插入"选项卡，单击"插图"组中的"剪贴画"按钮，如下图所示。

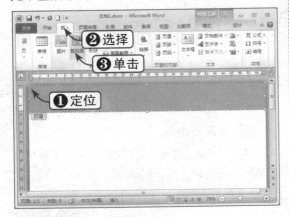

Step 02 显示剪贴画

在文档右侧弹出剪贴画任务窗格，单击"搜索"按钮，即可显示出所有的剪贴画，如下图所示。

Step 03 插入剪贴画

选择合适的剪贴画，单击插入到文本框中，如下图所示。

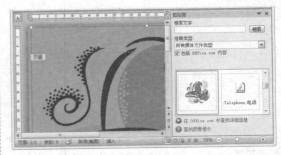

Step 04 单击对话框启动器按钮

选择"格式"选项卡，单击"大小"组右下角的对话框启动器按钮，如下图所示。

Step 05 调整剪贴画大小

弹出"布局"对话框，选择"大小"选项卡，在"缩放"选项区中将"高度"和"宽度"均设置为24%，单击"确定"按钮，如下图所示。

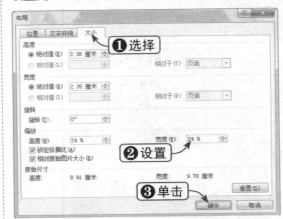

Step 06 查看缩放效果

此时，即可查看剪贴画缩放后的效果，如下图所示。

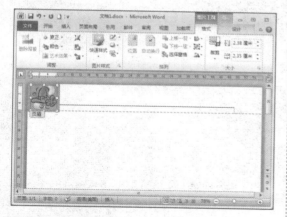

Step 07 调整文本框大小

将文本框调整到原来的大小，效果如下图所示。

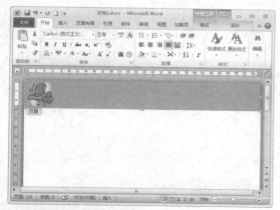

Step 08 设置对齐方式

选中剪贴画，选择"开始"选项卡，单击"段落"组中的"右对齐"按钮，如下图所示。

知识点拨

在"格式"选项卡的"调整"组中单击"更正"下拉按钮，在弹出的下拉面板中可以更改剪贴画的亮度和对比度。

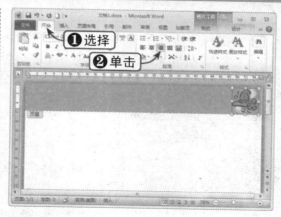

Step 09 重新着色

选择"格式"选项卡，单击"调整"组中的"颜色"下拉按钮，在弹出下拉列表中的"重新着色"选项区中选择"黑白25%"效果，如下图所示。

Step 10 查看重新着色效果

此时，即可查看剪贴画重新着色后的效果，如下图所示。

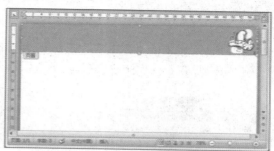

3. 创建艺术字

在文档中插入适当的艺术字，不仅可以使文档富有活力，而且可以突出文档的主题，具体操作方法如下：

Step 01 选择艺术字样式

选择"插入"选项卡,单击"文本"组中的"艺术字"下拉按钮,在弹出的下拉列表中选择"填充白色投影"样式,如下图所示。

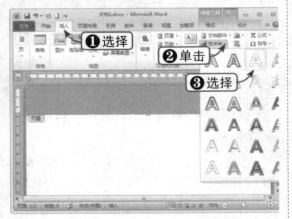

Step 02 输入文字

弹出艺术字编辑框,在此框内输入艺术字文字"建龙公司员工通讯录",如下图所示。

Step 03 设置字体

选中艺术字文字,选择"开始"选项卡,单击"字体"组中的"字体"下拉按钮,在弹出的下拉列表中选择"华文行楷",如下图所示。

知识点拨

选中艺术字,然后选择"格式"选项卡,在"艺术字样式"组中可以更改艺术字的文本填充颜色和文本轮廓颜色。

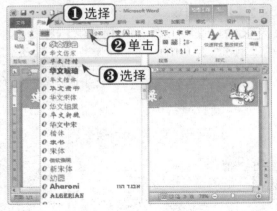

Step 04 移动艺术字

将鼠标指针放在艺术字边框线上,当出现四个方向箭头形状时按住鼠标左键并拖动,将艺术字移至合适的位置,如下图所示。

Step 05 查看页眉编辑效果

双击正文位置,即可完成页眉编辑操作,效果如下图所示。

4. 创建页脚

为了使页脚和页眉相对称，下面在页脚位置也绘制文本框，使页面效果更加美观，具体操作方法如下：

Step 01 选择"编辑页脚"选项

选择"插入"选项卡，单击"页眉和页脚"组中的"页脚"下拉按钮，在弹出的下拉列表中选择"编辑页脚"选项，如下图所示。

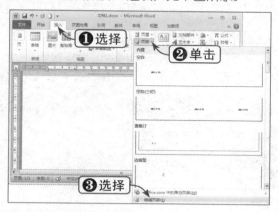

Step 02 绘制文本框

根据需要绘制文本框，并设置文本框的填充颜色和线条颜色，如下图所示。

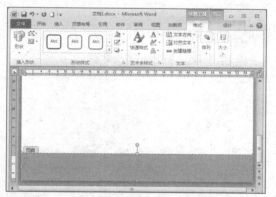

Step 03 完成页脚编辑

双击正文位置，即可完成页脚编辑操作，效果如下图所示。

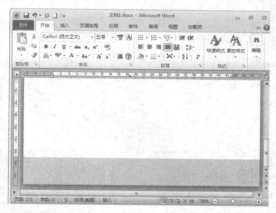

Step 04 查看整体页面效果

将文档保存为"4.2.1通讯录页面效果设计.docx"，此时可以查看页面设计后的整体效果，如下图所示。

4.2.2 创建通讯录

在通讯录页面效果设计好之后，下面利用表格制作通讯录的框架，具体操作方法如下：

素材文件	光盘：素材文件\第4章\4.2.2创建通讯录.docx

1. 创建表格

创建通讯录表格的具体操作方法如下：

Step 01 定位光标

打开"素材文件 \ 第 4 章 \4.2.2 创建通讯录 .docx",并在要插入表格的位置定位光标,如下图所示。

Step 02 选择"插入表格"选项

选择"插入"选项卡,单击"表格"组中的"表格"下拉按钮,在弹出的下拉列表中选择"插入表格"选项,如下图所示。

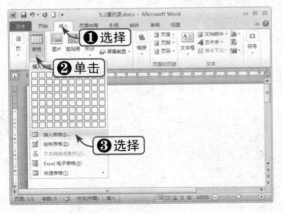

Step 03 设置行列数

弹出"插入表格"对话框,在"表格尺寸"选项区中设置"列数"为 6,"行数"为 3,然后单击"确定"按钮,如下图所示。

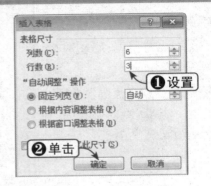

Step 04 查看表格效果

此时,可以查看刚刚插入的表格效果,如下图所示。

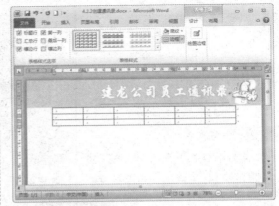

Step 05 输入表格内容

向表格中输入列标题及 2 行内容,如下图所示。

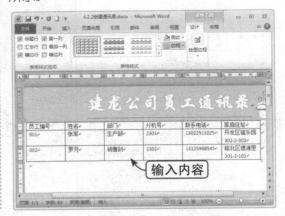

2. 调整列宽

由于插入表格时列宽是相同的,但要根据实际的内容来进行调整,具体操作方法如下:

Step 01 调整列宽

将鼠标指针放在两列之间的竖线上，当出现左右双箭头时按住鼠标左键并拖动，如下图所示。

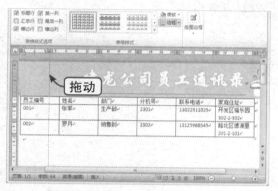

Step 02 查看调整效果

此时，即可看到调整列宽后的表格效果，如下图所示。

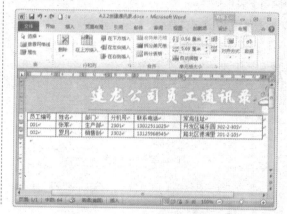

3．插入行

如果表格中的行数不够，则需要插入行，具体操作方法如下：

Step 01 定位光标

在插入行之前，首先将光标定位在表格右下方，如下图所示。

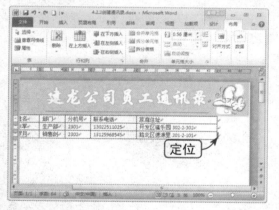

Step 02 插入空白行

按【Enter】键，即可在表格的最下方插入一个空白行，如下图所示。

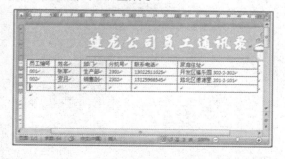

Step 03 调整列宽

采用相同的方法继续插入空白行，并向新插入的行中输入员工信息，输入后的效果如下图所示。

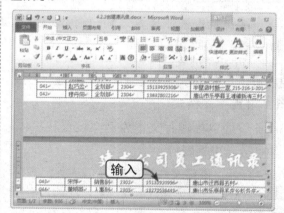

> **知识点拨**
>
> 右击表格，使用快捷菜单也可以插入新行。

新手学Word/Excel文秘与行政应用宝典

4．重复显示标题行

此员工通讯录出现了2页，但是第2页没有标题行，下面设置标题行重复显示，具体操作方法如下：

Step 01 选择"重复标题行"选项

将光标定位在标题行中，选择"布局"选项卡，单击"数据"下拉按钮，在弹出的下拉列表中选择"重复标题行"选项，如下图所示。

Step 02 查看设置效果

此时，即可查看设置重复标题行后的效果，如下图所示。至此，通讯录的表格框架已制作完成。

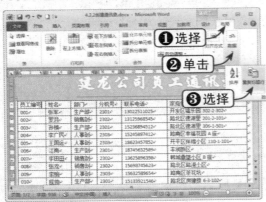

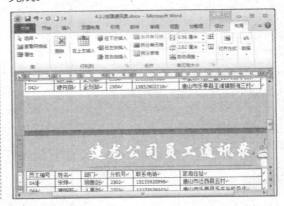

4.2.3 美化通讯录

通讯录框架制作好之后，可以通过对文本进行格式设置，对表格的边框和底纹进行设置，从而美化通讯录，具体操作方法如下：

素材文件	光盘：素材文件\第4章\4.2.3美化通讯录.docx

1．设置字体格式

下面以标题行文本为例，设置其字体格式，具体操作方法如下：

Step 01 选中标题行

打开"素材文件\第4章\4.2.3美化通讯录.docx"，将鼠标指针放在标题行左侧，当出现指向右上方白色箭头时单击鼠标左键，即可选中标题行，如下图所示。

Step 02 设置字体

选择"开始"选项卡，单击"字体"组中的"字体"下拉按钮，在弹出的下拉列表中选择"华文隶书"，如下图所示。

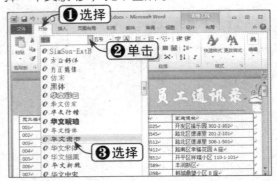

76

Step 03 设置字号

单击"字体"组中的"字号"下拉按钮，在弹出的下拉列表中选择"四号"，如下图所示。

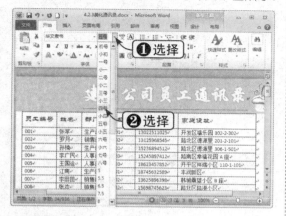

Step 04 设置居中对齐

单击"段落"组中的"居中"对齐按钮，设置对齐方式后的效果如下图所示。

Step 05 查看设置效果

根据需要对表格中其他行的文字进行格式设置，设置后的效果如下图所示。

2. 设置表格边框线

表格的边框线默认是黑色的，显得很生硬，用户可以对其颜色进行更改，具体操作方法如下：

Step 01 选中整个表格

单击表格左上方的表格小标志，选中整个表格，如下图所示。

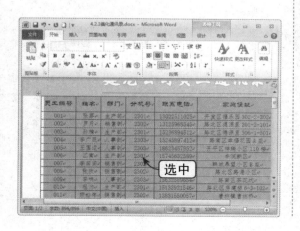

Step 02 选择"边框和底纹"选项

选择"设计"选项卡，单击"表格样式"组中的"边框"下拉按钮，在弹出的下拉列表中选择"边框和底纹"选项，如下图所示。

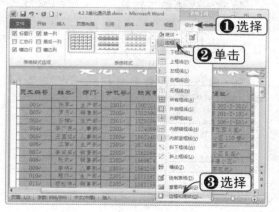

Step 03 设置边框

弹出"边框和底纹"对话框,选择"边框"选项卡,在"颜色"下拉列表框中选择水绿色,在"宽度"下拉列表框中选择"1.0磅",单击"确定"按钮,如下图所示。

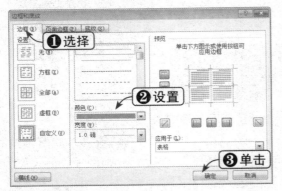

Step 04 查看设置效果

此时返回文档,即可查看设置边框后的表格效果,如下图所示。

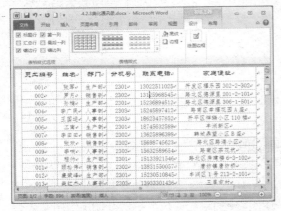

Step 05 单击"边框"按钮

选中整个表格,单击"表格样式"组中的"边框"按钮,如下图所示。

知识点拨

也可以单击"边框"下拉按钮,在弹出的下拉列表中选择"边框和底纹"选项。

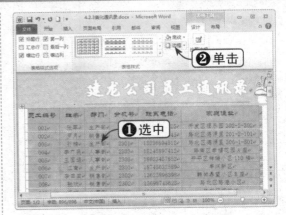

Step 06 更改线条颜色

弹出"边框和底纹"对话框,选择"边框"选项卡,在"设置"选项区选择"自定义"选项,将"颜色"设置为"自动",在"预览"框中单击左右竖线按钮,然后单击"确定"按钮,如下图所示。

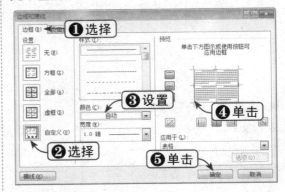

Step 07 更改线条颜色

此时,即可查看更改表格两侧线条颜色后的效果,如下图所示。

3. 设置底纹

设置表格底纹可以更加突出表格的主题,且更具有层次感,具体操作方法如下:

Step 01 选中标题行

将鼠标指针放在标题行左侧，当出现指向右上方白色箭头时单击鼠标左键，选中标题行，如下图所示。

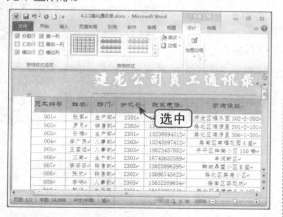

Step 02 设置底纹

选择"设计"选项卡，单击"表格样式"组中的"底纹"下拉按钮，在弹出的下拉列表中选择"水绿色, 淡色 60%"选项, 如下图所示。

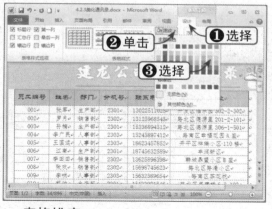

Step 03 查看设置效果

此时，即可查看设置底纹后的标题行效果，如下图所示。

Step 04 设置其他行的底纹

根据需要设置其他行的底纹，设置后的效果如下图所示。

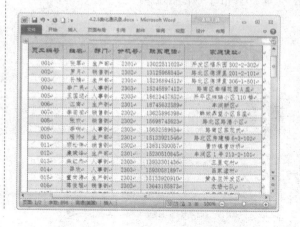

4．表格排序

现在表格是按员工编号排序的，为了方便进行查找，可以按姓名的拼音或部门进行排序，具体操作方法如下：

Step 01 选中整个表格

单击表格左上方的小标志，选中整个表格，如右图所示。

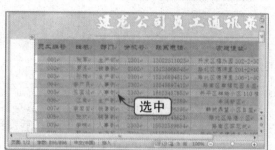

Step 02 选择"排序"选项

选择"布局"选项卡，单击"数据"下拉按钮，在弹出的下拉列表中选择"排序"选项，如下图所示。

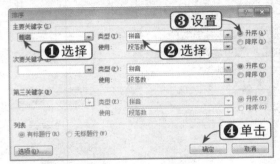

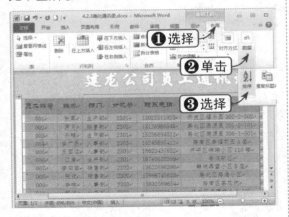

Step 03 设置排序参数

弹出"排序"对话框，在"主要关键字"下拉列表框中选择"姓名"选项，在"类型"下拉列表框中选择"拼音"选项，选中"升序"单选按钮，然后单击"确定"按钮，如下图所示。

Step 04 查看排序效果

此时，即可查看表格数据按照姓名拼音排序后的效果，如下图所示。

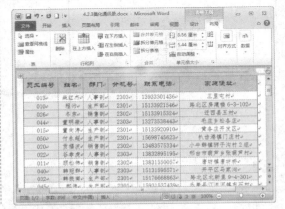

 4.3 制作邀请函

邀请函是商务礼仪中的一项重要活动，是主办方为了郑重邀请合作伙伴参加举行的礼仪活动而制作并发出的书面函件，它体现了活动主办方的礼仪愿望、友好盛情，反映了商务活动中的人际社交关系。

4.3.1 制作公司专用信笺

要省时、省力且完美地制作一份邀请函，首先要设计并制作公司专用的信笺，然后在设计好的信笺中输入邀请函的内容，具体操作方法如下：

素材文件	光盘：效果文件\第4章\4.3.1制作公司专用信笺.docx

1．页面设置

首先要对页面的方向、大小和边距等进行设置，具体操作方法如下：

Step 01 新建空白文档

按【Ctrl+N】组合键，新建一个空白文档，如下图所示。

Step 02 选择"自定义边距"选项

选择"页面布局"选项卡，单击"页面设置"组中的"页边距"下拉按钮，在弹出的下拉列表中选择"自定义边距"选项，如下图所示。

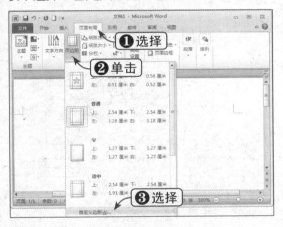

Step 03 输入边距值

弹出"页面设置"对话框，选择"页边距"选项卡，在"页边距"选项区的"上"、"下"、"左"、"右"数值框中依次设置为"3 厘米"、"2 厘米"、"2 厘米"、"1.5 厘米"，如下图所示。

知识点拨

在"页面布局"选项卡下"页面设置"组中，单击右下角的对话框启动器按钮也可以打开"页面设置"对话框。

Step 04 选择纸张大小

选择"纸张"选项卡，在"纸张大小"下拉列表框中选择"32 开"选项，然后单击"确定"按钮即可，如下图所示。

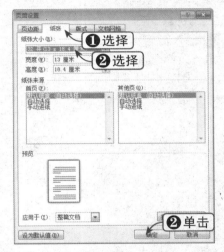

Step 05 查看页面设置效果

返回文档，此时可以查看页面设置后的效果，如下图所示。

2．创建页眉

在页眉中输入公司名称，以显示其为公司专用信笺，具体操作方法如下：

Step 01 选择"编辑页眉"选项

选择"插入"选项卡，单击"页眉和页脚"组中的"页眉"下拉按钮，在弹出的下拉列表中选择"编辑页眉"选项，如下图所示。

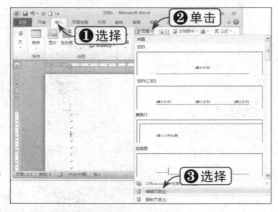

Step 02 输入页眉文字

进入页眉编辑状态，在光标处输入文字"建龙有限公司"，如下图所示。

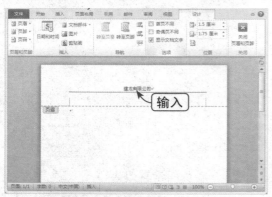

Step 03 单击对话框启动器按钮

选中文字，选择"开始"选项卡，单击"字体"组右下角的对话框启动器按钮，如下图所示。

知识点拨

选择要设置格式的文字后，按【Ctrl+D】组合键也可以打开"字体"对话框。

Step 04 设置字体

弹出"字体"对话框，设置"中文字体"为"华文新魏"，"字形"为"加粗"，"字号"为"五号"，"字体颜色"为"水绿色，深色25%"，单击"确定"按钮，如下图所示。

Step 05 设置右对齐

单击"段落"组中的"右对齐"按钮，此时可以查看设置文字格式后的效果，如下图所示。

3. 插入图片

在页眉中插入图片可以增加页眉的活力，使页眉更加美观，具体操作方法如下：

Step 01 单击"图片"按钮

将光标定位在前面输入文本的左侧，选择"插入"选项卡，单击"插图"组中的"图片"按钮，如下图所示。

Step 02 选择图片

弹出"插入图片"对话框，选中素材图片"1.jpg"，然后单击"插入"按钮即可，如下图所示。

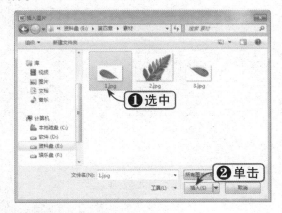

Step 03 查看插入图片效果

此时，即可查看插入图片后的效果，如下图所示。

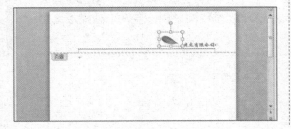

Step 04 选择"其他布局选项"选项

选择"格式"选项卡，单击"排列"组中的"位置"下拉按钮，在弹出的下拉列表中选择"其他布局选项"选项，如下图所示。

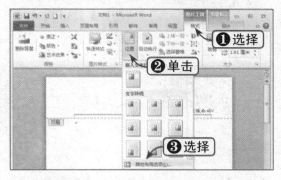

Step 05 设置环绕方式

弹出"布局"对话框，选择"文字环绕"选项卡，在"环绕方式"选项区中选择"浮于文字上方"选项，然后单击"确定"按钮，如下图所示。

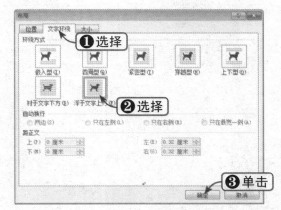

Step 06 查看调整效果

调整图片的大小，并将其移动到合适的位置，效果如下图所示。

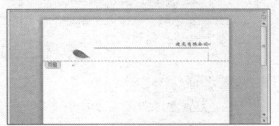

4. 设置页脚

下面在页脚中输入公司地址，并设置字体格式，具体操作方法如下：

Step 01 单击"转至页脚"按钮

选择"设计"选项卡，单击"导航"组中的"转至页脚"按钮，如下图所示。

Step 02 输入文字并设置格式

进入页脚编辑状态，并输入公司地址等，根据需要设置文字的格式，设置后的效果如下图所示。

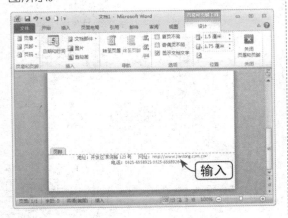

Step 03 完成页脚编辑

选择"设计"选项卡，单击"关闭"组中的"关闭页眉和页脚"按钮，完成页脚的编辑操作，如下图所示。

Step 04 查看页眉和页脚效果

返回文档后，即可看到刚设置好的页眉和页脚效果，如下图所示。

知识点拨

在编辑文档时，双击页眉或页脚位置，即可进入页眉和页脚编辑状态。编辑完成后双击正文位置，即可退出页眉和页脚编辑状态。在文档状态栏的右侧，向左拖动缩放比例滑块，即可查看页眉和页脚效果。

5. 设置水印

通过设置水印效果可以使页面看起来更加美观，具体操作方法如下：

Step 01 选择"自定义水印"选项

选择"页面布局"选项卡，单击"页面背景"组中的"水印"下拉按钮，在弹出的下拉列表中选择"自定义水印"选项，如下图所示。

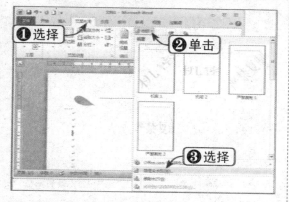

Step 02 选中"图片水印"单选按钮

弹出"水印"对话框，选中"图片水印"单选按钮，然后单击"选择图片"按钮，如下图所示。

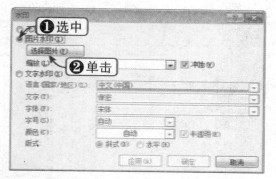

Step 03 选择插入图片

弹出"插入图片"对话框，选中素材图片"3.jpg"，然后单击"插入"按钮，如下图所示。

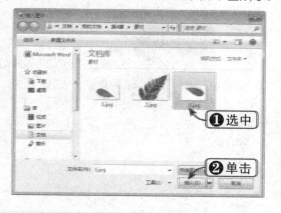

Step 04 设置缩放比例

返回"水印"对话框，在"缩放"下拉列表框中选择150%，然后单击"应用"按钮即可，如下图所示。

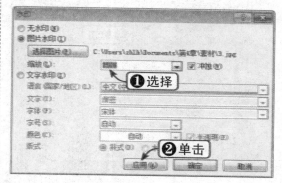

Step 05 查看水印效果

此时，即可查看刚插入的水印图片，如下图所示。

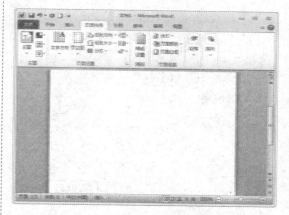

Step 06 调整水印图片

双击页眉位置，进入页眉页脚编辑状态。选中插入的水印图片，调整大小并将其移动到合适的位置，如下图所示。

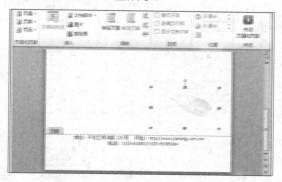

Step 07 切换到页脚编辑状态

选择"设计"选项卡,单击"导航"组中的"转至页脚"按钮,如下图所示。

Step 08 选择"自定义水印"选项

将光标定位到页脚编辑栏中,选择"页面布局"选项卡,单击"页面背景"组中的"水印"下拉按钮,在弹出的下拉列表中选择"自定义水印"选项,如下图所示。

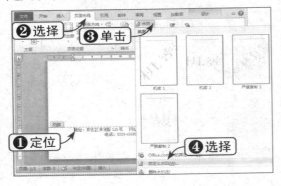

Step 09 选择水印图片

弹出"水印"对话框,选中"图片水印"单选按钮,单击"选择图片"按钮,选择素材图片"1.jpg",然后单击"确定"按钮,如下图所示。

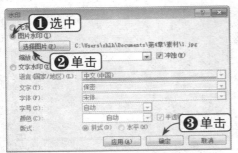

Step 10 查看水印图片效果

返回文档,即可查看刚插入的水印图片效果,如下图所示。

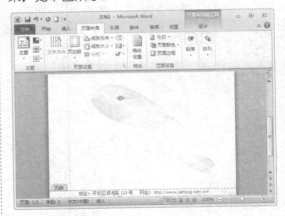

Step 11 调整水印图片

选中刚插入的水印图片,调整大小并将其移动到合适的位置,效果如下图所示。双击正文,即可完成页眉/页脚编辑,至此公司专用信笺制作完成。

知识点拨

若要删除水印,只需在"水印"对话框中选中"无水印"单选按钮即可。或在"页面背景"组中单击"水印"下拉按钮,在弹出的下拉列表中选择"删除水印"选项。

4.3.2 美化邀请函

下面通过对邀请函内容进行字体格式、段落格式设置等，进行美化邀请函，具体操作方法如下：

	素材文件	光盘：素材文件\第4章\4.3.2美化邀请函.docx

1. 设置字体格式

设置字体的具体操作方法如下：

Step 01 输入邀请函内容

打开"素材文件\第4章\4.3.2美化邀请函.docx"，并将邀请函的内容输入到文档中，如下图所示。

Step 02 单击对话框启动器按钮

选中"邀请函"三个字，选择"开始"选项卡，单击"字体"组右下角的对话框启动器按钮，如下图所示。

Step 03 设置字体

弹出"字体"对话框，选择"字体"选项卡，设置"中文字体"为"华文新魏"，"字形"为"加粗"，"字号"为"小二"，单击"确定"按钮，如下图所示。

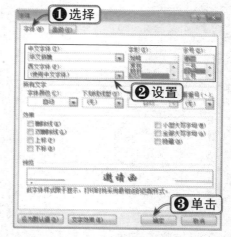

Step 04 设置居中对齐

返回文档，单击"段落"组中的"居中"对齐按钮，设置对齐方式后的效果如下图所示。

Step 05 设置邀请函正文字体

根据需要设置正文字体为"四号"、"宋体",设置后的效果如右图所示。

知识点拨

在输入下划线时,用户可以先输入几个空格,再为空格添加下划线。

2. 设置段落格式

对文本进行字体格式设置后,下面对段落进行格式设置,具体操作方法如下:

Step 01 单击对话框启动器按钮

将光标定位在正文中,然后单击"段落"组右下角的对话框启动器按钮 ,如下图所示。

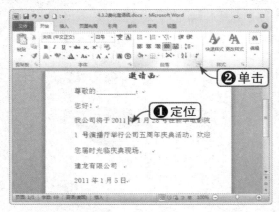

Step 02 设置首行缩进

弹出"段落"对话框,选择"缩进和间距"选项卡,在"缩进"选项区中设置"特殊格式"为"首行缩进",缩进值为"2 字符",单击"确定"按钮,如下图所示。

Step 03 设置对齐方式

根据需要将落款设置为右对齐,效果如下图所示。

3. 设置背景

为邀请函设置背景的具体操作方法如下:

Step 01 选择"填充效果"选项

选择"页面布局"选项卡,单击"页面背景"组中的"页面颜色"下拉按钮,然后在弹出的下拉列表中选择"填充效果"选项,如右图所示。

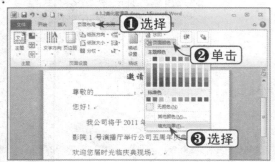

Step 02 设置前景颜色

弹出"填充效果"对话框，选择"图案"选项卡，在"图案"选项区中选择"浅色横条"，在"前景"下拉列表框中选择"灰色15%"，单击"确定"按钮，如下图所示。

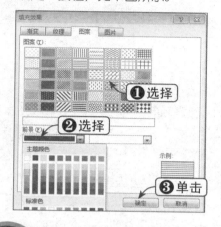

Step 03 查看设置背景效果

返回文档，即可查看设置页面背景后的邀请函效果，如下图所示。至此，一份完美的邀请函制作完毕。

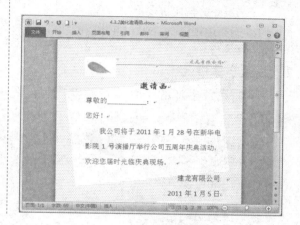

4.4 制作来访记录

为了加强企业安全工作，好多单位都采用持证进入，凡无工作证人员（包括来访人员）需持有效证件在门卫处进行登记，或与接待单位人员电话沟通后方可出入。下面将详细介绍如何制作企业专用的来访记录表。

4.4.1 设计来访记录框架

要制作一份专业的来访记录，首先要确定页面的方向和页边距，然后用表格做出记录的框架，具体操作方法如下：

素材文件	光盘：素材文件\第4章\4.4.1设计来访记录框架.docx

Step 01 设置页面方向

打开"素材文件\第4章\4.4.1设计来访记录框架.docx"，选择"页面布局"选项卡，单击"页面设置"组中的"纸张方向"下拉按钮，在弹出的下拉列表中选择"横向"选项，如下图所示。

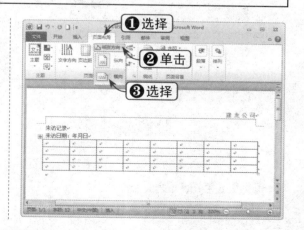

Step 02 查看设置效果

查看设置页面方向后的效果，如右图所示。

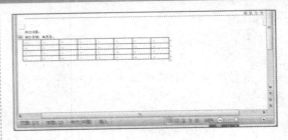

 知识点拨

将纸张方向由纵向更改为横向，相当于上、下页边距和左、右页边距进行了互换。

1. 设置字体格式

下面设置字体的字号、字形以及字符间距等，具体设置步骤如下：

Step 01 单击对话框启动器按钮

选中标题文字"来访记录"，选择"开始"选项卡，单击"字体"组右下方的对话框启动器按钮 ，如下图所示。

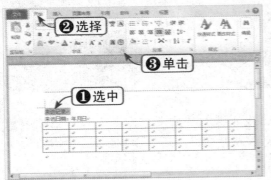

Step 02 设置字体格式

弹出"字体"对话框，设置"中文字体"为"宋体"，"字形"为"加粗"，"字号"为"三号"，如下图所示。

Step 03 设置字符间距

选择"高级"选项卡，在"字符间距"选

项区中设置"间距"为"加宽"，并设置加宽"磅值"为"4磅"，单击"确定"按钮，如下图所示。

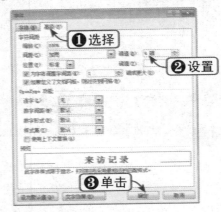

Step 04 查看设置效果

返回文档，即可查看刚设置的标题文本格式效果，如下图所示。

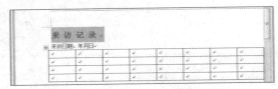

Step 05 设置加粗

选择第二行文字，单击"字体"组中的"加粗"按钮 B ，如下图所示。

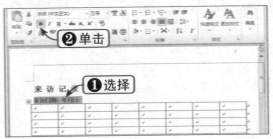

2. 设置段落格式

设置完字符的文本格式后，还要对字符进行段落格式设置，具体操作方法如下：

Step 01 居中对齐

将光标定位在文字"来访记录"中，单击"段落"组中的"居中"对齐按钮 ，如下图所示。

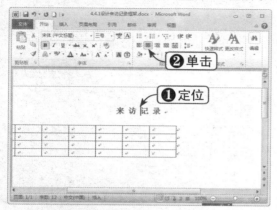

Step 02 设置段间距

将光标定位在第二段中，单击"段落"组中的"行和段落间距"下拉按钮，在弹出的下拉列表中选择 1.5，如下图所示。

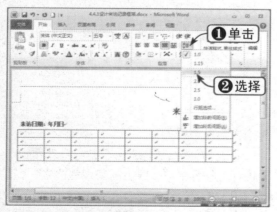

Step 03 选择"边框和底纹"选项

选择"来访记录"文字，单击"段落"组中的"下框线"下拉按钮 ，在弹出的下拉列表中选择"边框和底纹"选项，如下图所示。

知识点拨

选中文字后，若直接单击"段落"组中的"下框线"按钮，可以为所选文字添加字符边框。

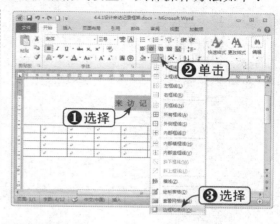

Step 04 设置底纹

弹出"边框和底纹"对话框，选择"底纹"选项卡，在"填充"下拉列表框中选择"水绿色，淡色 60%"，在"图案"选项区中设置"样式"为"浅色横线"，在"应用于"下拉列表框中选择"段落"选项，单击"确定"按钮，如下图所示。

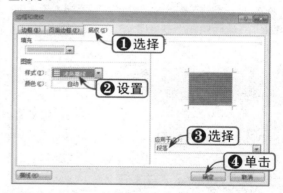

Step 05 查看底纹效果

返回文档，此时即可查看设置底纹后的效果，如下图所示。

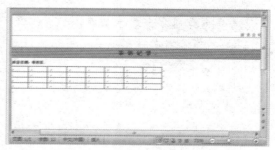

3. 插入特殊符号

下面以插入下划线为例，介绍插入特殊符号的操作方法，具体操作方法如下：

Step 01 选择"其他符号"选项

将光标定位在文字"年"前，选择"插入"选项卡，单击"符号"组中的"符号"下拉按钮，在弹出的下拉列表中选择"其他符号"选项，如下图所示。

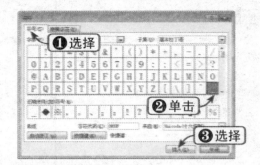

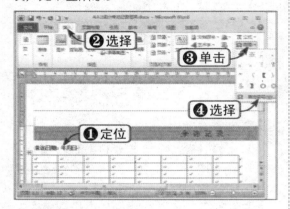

Step 02 选择符号

弹出"符号"对话框，选择"符号"选项卡，选择"下划线"符号，多次单击"插入"按钮即可，然后单击"关闭"按钮，如下图所示。

Step 03 查看插入下划线效果

返回文档，根据需要在别的位置插入下划线，效果如下图所示。

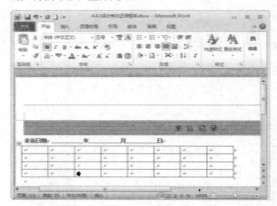

4. 插入行

如果表格的行数不够，则需要插入空白行，具体操作方法如下：

Step 01 定位光标

将光标定位在表格的右侧，然后按【Enter】键，如下图所示。

Step 02 输入表格内容

采用相同的方法插入多个空白行，然后向表格中输入内容，并根据需要设置文字格式，如下图所示。

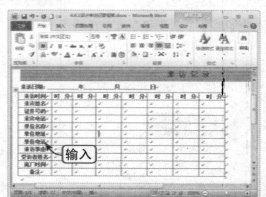

Step 03 根据窗口自动调整表格

单击表格左上角小标志，选中整个表格，选择"布局"选项卡，单击"单元格大小"组中的"自动调整"下拉按钮，在弹出的下拉列表中选择"根据窗口自动调整表格"选项，如下图所示。

Step 04 查看表格调整效果

此时，即可查看自动调整表格后的效果，如下图所示。

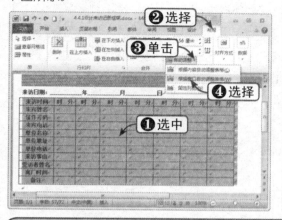

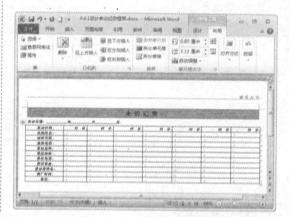

4.4.2 美化来访记录

来访记录框架设计好后，通过对表格的边框和底纹进行设置，并添加水印、插入图片等来美化页面效果，具体操作方法如下：

 素材文件　　光盘：素材文件\第4章\4.4.2美化来访记录.docx

1. 页眉横线加粗

添加页眉后，页眉区域会出现一条横实线，下面将介绍如何将直线加粗，具体操作方法如下：

Step 01 进入页眉编辑状态

打开"素材文件 \ 第 4 章 \4.4.2 美化来访记录 .docx"，双击页眉位置，进入页眉编辑状态。选择"开始"选项卡，单击"样式"组右下角的对话框启动器按钮，如下图所示。

Step 02 选择"修改"选项

此时，在窗口右侧弹出"样式"任务窗格，单击"页眉"下拉按钮，在弹出的下拉列表中选择"修改"选项，如下图所示。

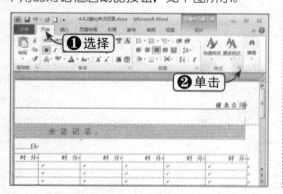

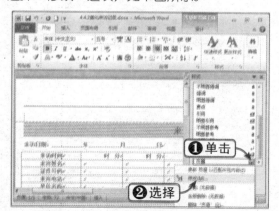

Step 03 选择"边框"选项

弹出"修改样式"对话框，单击左下角的"格式"下拉按钮，在弹出的下拉列表中选择"边框"选项，如下图所示。

Step 04 设置边框

弹出"边框和底纹"对话框，选择"边框"选项卡，设置"颜色"为"水绿色，深色25%"，"宽度"为"2.25磅"，然后在"预览"框中单击下边框按钮，单击"确定"按钮，如下图所示。

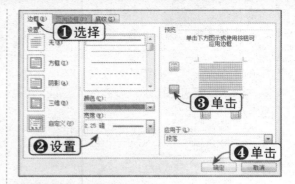

Step 05 查看修改效果

返回文档，即可查看页眉横实线修改后的效果，如下图所示。

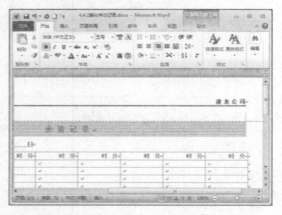

2. 设置单元格底纹

设置单元格底纹的具体操作方法如下：

Step 01 选中单元格区域

选中要设置底纹的表格第一行，然后按住【Ctrl】键不放，拖动鼠标选中第一列的单元格，如下图所示。

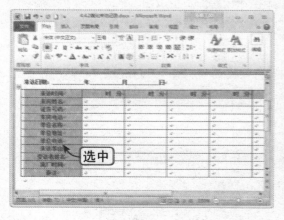

Step 02 选择底纹颜色

单击"段落"组中的"底纹"下拉按钮，然后在弹出的下拉列表中选择"水绿色"，如下图所示。

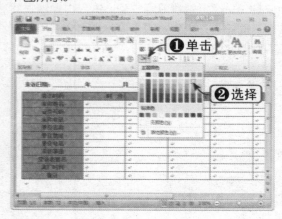

Step 03 查看表格效果

根据需要选中其他单元格，采用同样的方法设置底纹。此时，查看设置底纹后的表格效果，如右图所示。

知识点拨

如果在"底纹"下拉列表中选择"无颜色"选项，其效果等同于透明色。

3. 绘制边框

下面对表格的部分框线设置不同的样式，使表格更具特色，具体操作方法如下：

Step 01 单击"绘制表格"按钮

选择"设计"选项卡，单击"绘图边框"下拉按钮，在弹出的下拉列表中设置"宽度"为"2.25磅"，单击"绘制表格"按钮，如下图所示。

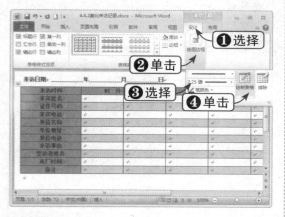

Step 02 应用样式

此时，鼠标指针变成铅笔状，在需要改变线条样式的边框线上单击鼠标左键，如下图所示。

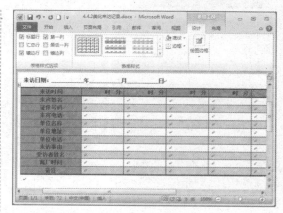

Step 03 查看设置效果

变换样式，根据需要改变其他线条样式，设置后的效果如下图所示。

4. 插入水印

在来访记录中插入水印的具体操作方法如下：

Step 01 选择"自定义水印"选项

选择"页面布局"选项卡，单击"页面背景"组中的"水印"下拉按钮，在弹出的下拉列表中选择"自定义水印"选项，如下图所示。

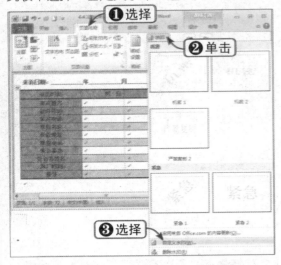

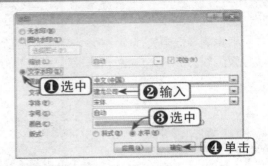

Step 02 设置水印文字

弹出"水印"对话框，选中"文字水印"单选按钮，在"文字"下拉列表框中输入"建龙公司"，在"版式"选项区中选中"水平"单选按钮，然后单击"确定"按钮，如下图所示。

Step 03 查看水印文字

返回文档，此时可以查看设置水印文字后的效果，如下图所示。至此，一份完整的来访记录表制作完成。

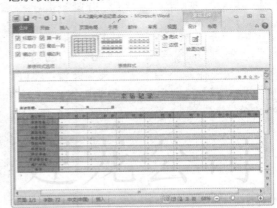

● 读书笔记

第**5**章 企业招聘管理

　　员工招聘是企业人事部门重要的工作之一，在招聘工作中要根据岗位需求设计招聘的详细计划，制定相关的流程。在企业招聘过程中需要制作相关的文档，以便更好地完成招聘工作，本章将对员工招聘管理进行详细介绍。

本章学习重点

1. 制作企业招聘公告
2. 制作应聘人员登记表
3. 制作招聘笔试试卷

重点实例展示

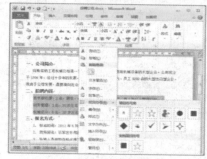

企业招聘公告的设计

本章视频链接

对登记表的修饰

选择编号样式

5.1 制作企业招聘公告

做好招聘的相关准备工作后，就要对外发布招聘需求。因此，需要制作公司招聘公告（或招聘简章）。一张漂亮、规整的招聘公告既能充分展示公司形象，也有利于应聘者获取招聘信息。

5.1.1 插入图片

为了美观起见，可以在招聘公告的最上方插入一张装饰图片，并适当调整图片的大小和位置，具体操作方法如下：

Step 01 新建文档

新建空白文档，并保存为"招聘公告.docx"。设置各页边距均为2厘米，其他可以根据情况进行设置，如下图所示。

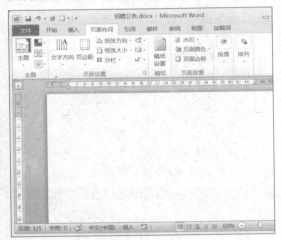

Step 02 单击"图片"按钮

选择"插入"选项卡，单击"插图"组中的"图片"按钮，如下图所示。

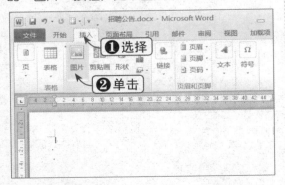

Step 03 选择插入图片

弹出"插入图片"对话框，选择需要插入的图片，单击"插入"按钮，如下图所示。

Step 04 缩放图片

将鼠标指针移到图片右下角，当其变为双向箭头时按住鼠标左键并拖动，调整图片至横向铺满页面后释放鼠标，效果如下图所示。

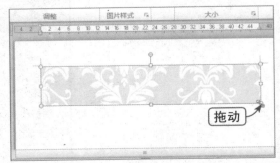

5.1.2 设置底部图片

在底部插入一张相同的图片，但由于图片需要占用行，即必须在有字符或回车符的地方才能放置图片，移动起来不方便，因此这里将图片放在形状中，以便进行移动，具体操作方法如下：

Step 01 选择"矩形"形状

选择"插入"选项卡，单击"插图"组中的"形状"下拉按钮，在弹出的列表中选择"矩形"形状，如下图所示。

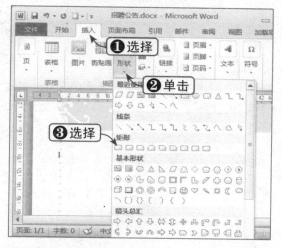

Step 02 绘制矩形形状

拖动鼠标，在页面底部绘制一个矩形形状，如下图所示。

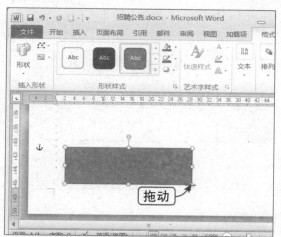

Step 03 选择"设置形状格式"选项

右击插入的形状，在弹出的快捷菜单中选

择"设置形状格式"选项，如下图所示。

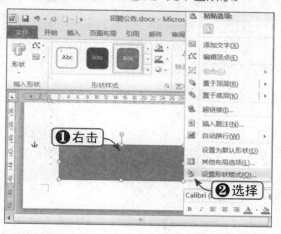

Step 04 设置图片格式

弹出"设置图片格式"对话框，在左侧选择"填充"选项，在右侧选中"图片或纹理填充"单选按钮，单击"文件"按钮，如下图所示。

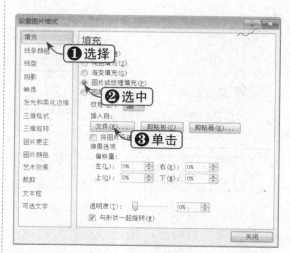

Step 05 选择插入图片

弹出"插入图片"对话框，选择图片，在此使用同一张图片，单击"插入"按钮，如下图所示。

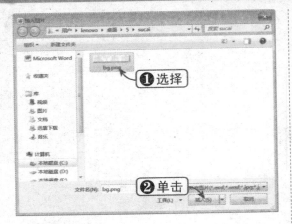

Step 06 设置无线条

返回"设置图片格式"对话框，在左侧选择"线条颜色"选项，在右侧选中"无线条"单选按钮，单击"关闭"按钮，如下图所示。

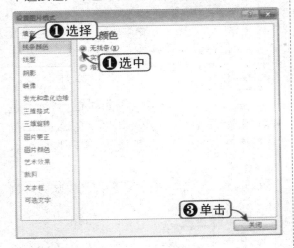

Step 07 调整形状

调整形状的方法与调整图片的方法是一样

的，在此调整形状横向铺满底部，其高度稍低于上面的图片，如下图所示。

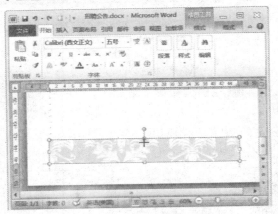

Step 08 插入直线

参照上面的方法插入一条黑色实线，并调整实线正好位于矩形的上边框，此时的效果如下图所示。

5.1.3 设置标题

通常可以通过设置文字格式来制作标题，但这种方法受字符位置的限制。如果使用形状来设置标题，则可以将其与其他图片、文本框等相互重叠，编辑起来更加灵活，具体操作方法如下：

Step 01 选择"矩形"形状

选择"插入"选项卡,单击"插图"组中的"形状"下拉按钮,在弹出的下拉列表中选择"矩形"形状,如下图所示。

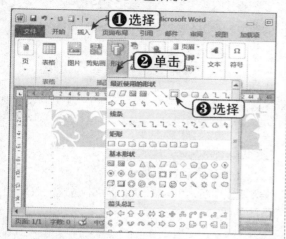

Step 02 单击对话框启动器按钮

插入矩形形状后,选择"格式"选项卡,单击"形状样式"组中的对话框启动器按钮,如下图所示。

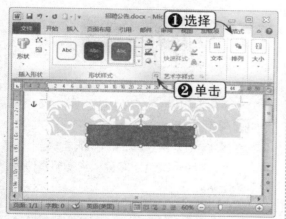

Step 03 选择填充颜色

弹出"设置形状格式"对话框,在左侧选择"填充"选项,在右侧选中"纯色填充"单选按钮,在"颜色"下拉列表中选择黑色,如下图所示。

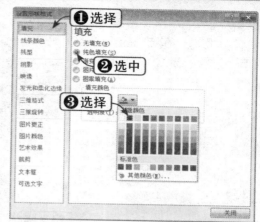

Step 04 选择线条颜色

在左侧选择"线条颜色"选项,在右侧选中"实线"单选按钮,在"颜色"下拉列表中选择黑色,如下图所示。

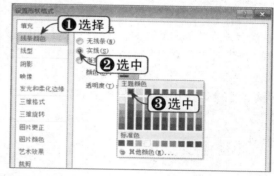

Step 05 设置线型

在左侧选择"线型"选项,在右侧设置"宽度"为4.5磅,选择"由细到粗"线型,"线端类型"为"平面","联接类型"选"斜接"选项,单击"关闭"按钮,如下图所示。

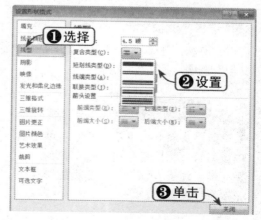

Step 06 选择"其他布局选项"选项

右击形状，在弹出的快捷菜单中选择"其他布局选项"选项，如下图所示。

Step 07 设置水平居中

弹出"布局"对话框，选择"位置"选项卡，选中"水平"选项区中的"对齐方式"单选按钮，并在右侧下拉列表框中选择"居中"选项，单击"确定"按钮，如下图所示。

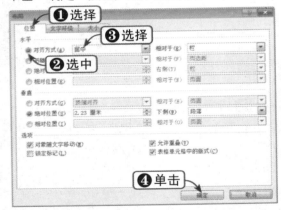

Step 08 选择"添加文字"选项

右击形状，在弹出的快捷菜单中选择"添加文字"选项，如下图所示。

知识点拨

如果要向形状中添加文字，可先选中该形状，然后直接输入文字即可。但是，像"线条"和"公式"类的形状是无法添加文字的。

Step 09 编辑文字

此时在形状内出现光标，输入文字，为了美观起见，应当设置不同的字体格式，效果如下图所示。

Step 10 复制实线

按住【Ctrl】键，拖动下部的实线到上部图片下方，可使用键盘方向键精确调整其位置，如下图所示。

Step 11 将实线置于底层

为了防止实线覆盖文字,可将其置于底层。右击实线,在弹出的快捷菜单中选择"置于底层"|"置于底层"选项,如下图所示。

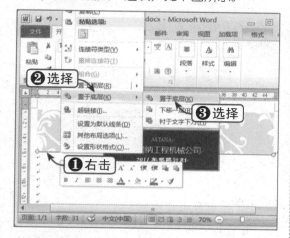

Step 12 制作底部标题

复制上部的黑色矩形,置于下部矩形的上部,并调整其大小,修改文字,效果如下图所示。

Step 13 组合形状

按住【Ctrl】键,选中实线和矩形并右击,在弹出的快捷菜单中选择"组合"|"组合"选项,如下图所示。

知识点拨

选中多个形状后,选择"格式"选项卡,通过"排列"组中的"组合"按钮也可以将多个形状组合起来。

Step 14 设置形状位置

为了防止编辑文字时形状出现移动,需要设置其位置。右击组合后的形状,在弹出的快捷菜单中选择"其他布局选项"选项,如下图所示。

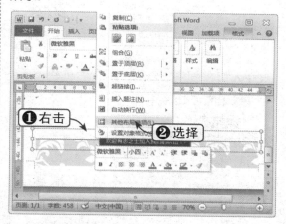

Step 15 选择相对位置

弹出"布局"对话框,选择"位置"选项卡,设置水平对齐方式为相对于页面居中,垂直对齐方式为绝对位置,相对于页面,单击"确定"按钮即可,如下图所示。

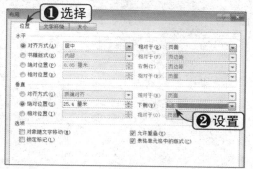

5.1.4 使用标尺设置段落

一般通常使用格式对话框设置段落格式，其实还可以使用标尺来快速设置段落缩进，具体操作方法如下：

Step 01 输入正文并设置格式

继续上一节进行操作，输入招聘正文，并设置字体格式等，如下图所示。

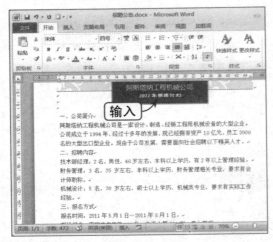

Step 02 设置左边距

选中正文内容，使用鼠标拖动上标尺左侧的左边距滑块，拖动到 0 刻度处释放鼠标，如下图所示。

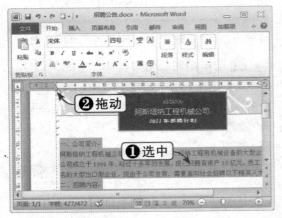

Step 03 设置首行缩进

将光标置于第一段正文，拖动上标尺左侧的首行缩进滑块，向右拖动两个字符距离释放鼠标即可，如下图所示。

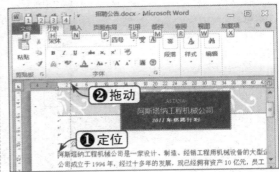

Step 04 设置其他段落格式

设置完的第一个段落后，选择"开始"选项卡，双击"剪贴板"组中的"格式刷"按钮，使用格式刷快速设置其他段落格式，如下图所示。

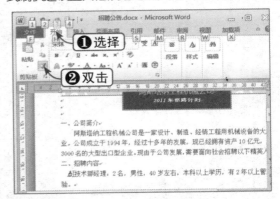

Step 05 采用另一种方法设置缩进

也可按住【Ctrl】键，分别选中正文各段落，然后拖动首行缩进滑块调整缩进，如下图所示。

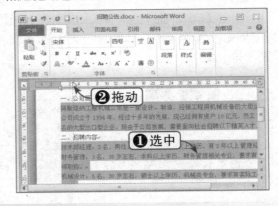

Step 06 调整页边距

使用标尺还可以快速调整页边距。将鼠标指针移至左标尺的分界处，当其变成左右调整指针后拖动鼠标即可，如下图所示。

Step 07 使用右侧标尺功能

在标尺右侧也可以调整右缩进及右边距，但没有首行缩进滑块，如下图所示。

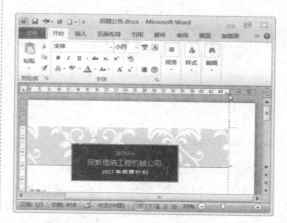

5.1.5 添加项目符号

下面设置各个项目的符号或数字等，主要包括项目符号、项目编号以及使用图片符号等几种情况。为招聘公告添加项目符号的具体操作方法如下：

Step 01 选择项目符号

选中并右击段落，在弹出的快捷菜单中选择"项目符号"选项，在"项目符号库"列表中选择一种项目符号，如下图所示。

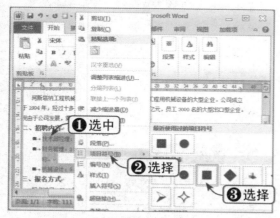

Step 02 选择编号样式

选中并右击段落，在弹出的快捷菜单中选择"编号"选项，在编号列表中选择一种编号样式，如下图所示。

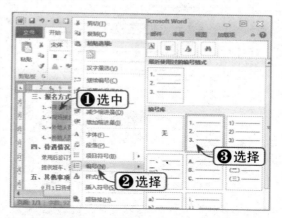

Step 03 定义新项目符号

选中并右击段落，在弹出的快捷菜单中选择"项目符号"|"定义新项目符号"选项，如下图所示。

知识点拨

用户也可以直接单击"段落"组中的"项目符号"下拉按钮，在弹出的下拉列表中选择"定义新项目符号"选项。

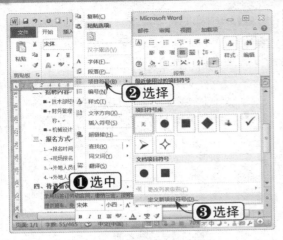

Step 04 单击"符号"按钮

弹出"定义新项目符号"对话框,单击"符号"按钮,如下图所示。

Step 05 选择符号

弹出"符号"对话框,在符号列表中选择一种符号,单击"确定"按钮,如下图所示。

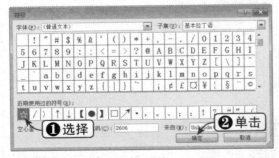

Step 06 设置对齐方式

返回"定义新项目符号"对话框,在"对

齐方式"下拉列表框中选择对齐方式,在此选择"左对齐"选项,单击"字体"按钮,如下图所示。

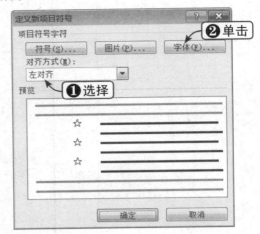

Step 07 设置字体格式

在弹出的"字体"对话框中设置各种字体格式,单击"确定"按钮,如下图所示。

知识点拨

各种符号都是文本,因此可以设置字体格式。

Step 08 设置其他符号效果

使用其他特殊符号作为项目符号,并设置字体格式,效果如下图所示。

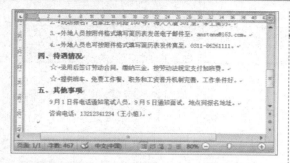

Step 09 使用图片项目符号

单击"定义新项目符号"对话框中的"图片"按钮，弹出"图片项目符号"对话框，可以选择其他图片作为项目符号,也可以单击"导入"按钮，如下图所示。

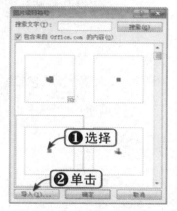

Step 10 选择图片

弹出"将剪辑添加到管理器"对话框，选择图片，单击"添加"按钮，如下图所示。

Step 11 设置对齐方式

返回"定义新项目符号"对话框，参照前

面的方法设置对齐方式，在下方可以预览效果，单击"确定"按钮，如下图所示。

Step 12 查看设置效果

返回文档，即可看到自选的图片已经作为项目符号使用了，如下图所示。

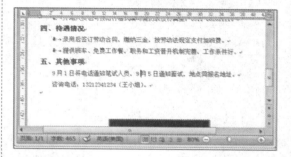

Step 13 取消项目符号

选中并右击段落，在弹出的快捷菜单中选择"项目符号"|"无"选项,即可取消项目符号，如下图所示。

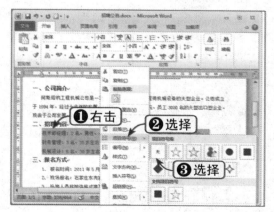

5.2 制作应聘人员登记表

由于应聘者简历的样式和内容多种多样，因此对企业人事部门审核简历带来了不小的困难，而且应聘者的简历不一定包含公司希望看到的内容。因此，公司可以自己制作应聘人员登记表，统一收集信息，从而提高工作效率。

5.2.1 设置标题

首先要为应聘登记表设置一个醒目的标题，具体操作方法如下：

Step 01 建立基本文档

新建空白文档，设置页边距上、下、左、右分别为2厘米，并设置纸张类型等，保存文档为"应聘登记表.docx"，如下图所示。

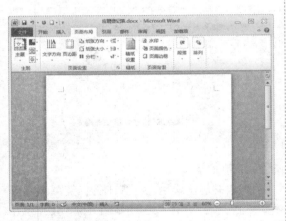

Step 02 设置标题字体

输入标题"应聘人员登记表"，选择"开始"选项卡，在"字体"组中设置字体为"华文琥珀"，字号为"小一"，并单击"加粗"按钮，如下图所示。

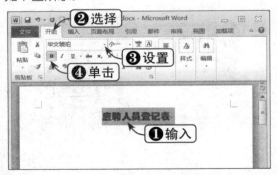

Step 03 设置标题间距

单击"字体"组中的对话框启动器按钮，弹出"字体"对话框。选择"高级"选项卡，设置"间距"为"加宽"，"磅值"为7磅，单击"确定"按钮，如下图所示。

Step 04 选择"段落"选项

选中并右击标题行，在弹出的快捷菜单中选择"段落"选项，如下图所示。

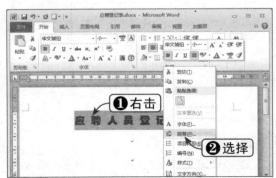

Step 05 设置段落间距

弹出"段落"对话框，选择"缩进和间距"选项卡，设置"段前"和"段后"分别为1.5行和1行，单击"确定"按钮，如下图所示。

Step 06 查看设置效果

返回文档编辑窗口，可以看到标题上下的距离增大了，效果如下图所示。

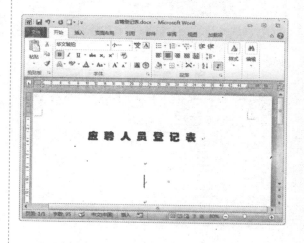

5.2.2 制作主体表格

设置好标题之后，下面在标题下插入表格，应当预先设计好表格的基本框架，如行数与列数等，具体操作方法如下：

Step 01 选择"插入表格"选项

选择"插入"选项卡，单击"表格"下拉按钮，在弹出的下拉列表中选择"插入表格"选项，如下图所示。

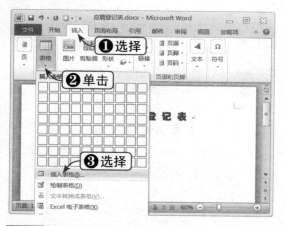

Step 02 设置行列数

弹出"插入表格"对话框，在"列数"和"行数"数值框中分别设置为6和13,单击"确定"按钮，如下图所示。

Step 03 输入填写项目

此时在文档中即插入了空白表格，按照预先的设计输入各个填写项目，如下图所示。

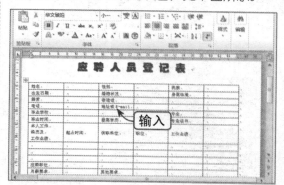

Step 04 选择"合并单元格"选项

选中并右击要合并的单元格,在弹出的快捷菜单中选择"合并单元格"选项,如下图所示。

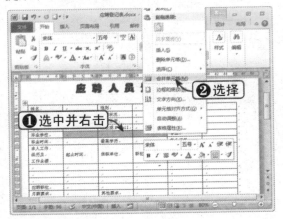

Step 05 选择整个表格

右击任意单元格,在弹出的快捷菜单中选择"选择"|"表格"选项,如下图所示。

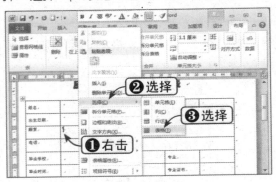

Step 06 设置行高

选择"布局"选项卡,在"单元格大小"组中设置"高度"为1.1厘米,如下图所示。

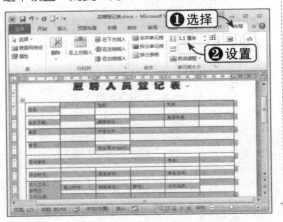

Step 07 手动调节行高

选中表格后将鼠标指针移至行边框上,当其变成上下双向箭头形状后按住鼠标左键并拖动,即可手动调节行高,如下图所示。

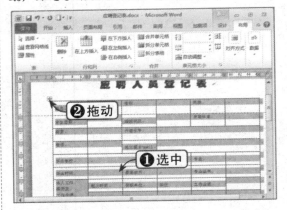

Step 08 调整单一行高

"自我介绍"一栏需要的空间较大,需要单独进行调整。拖动鼠标选中最后一行,设置行高为4.5厘米,如下图所示。

Step 09 查看表格效果

至此,表格的主体结构设置就完成了,效果如下图所示。

5.2.3 修饰表格

制作好表格之后，接下来就需要为表格进行一些修饰，包括调整字体格式，设置边框宽度，以及着色等，具体操作方法如下：

Step 01 设置文字水平居中

选中整个表格并右击，在弹出的快捷菜单中选择"单元格对齐方式"选项，在列表中选择"水平居中"选项，如下图所示。

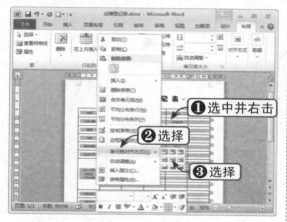

Step 02 设置字体和字号

保持表格的选中状态，右击任意单元格，在弹出的浮动工具栏中设置字体为"微软雅黑"，字号为"小四"，如下图所示。

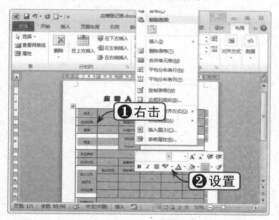

Step 03 设置分散对齐

选择"开始"选项卡，单击"段落"组中的"分散对齐"按钮，如下图所示。

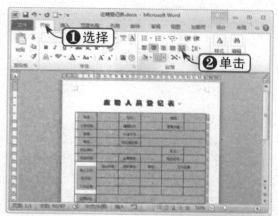

Step 04 选择"边框和底纹"选项

选中整个表格，选择"设计"选项卡，单击"表格样式"组中的"边框"下拉按钮，在弹出的下拉列表中选择"边框和底纹"选项，如下图所示。

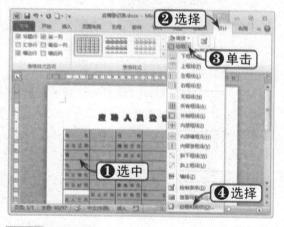

Step 05 设置外边框

弹出"边框和底纹"对话框，选择"样式"列表框中的实线型，设置颜色和宽度，选择"设置"列表中的"方框"选项，如下图所示。

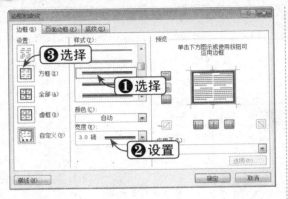

Step 06 设置内边框

不要关闭对话框，重新选择样式、颜色和宽度，然后分别单击"预览"选项区内的两个内边框按钮，单击"确定"按钮，如下图所示。

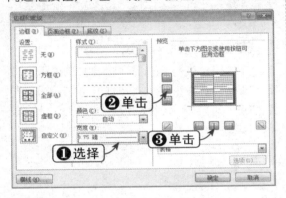

Step 07 选择"边框和底纹"选项

为了使结构更清晰，可以设置应聘表的分隔线，即单元格区域的下边框。选中表格基本信息的前四行并右击，在弹出的快捷菜单中选择"边框和底纹"选项，如下图所示。

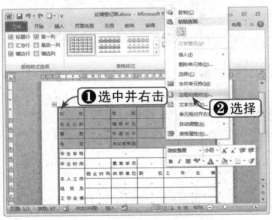

Step 08 设置下边框

弹出"边框和底纹"对话框，选择样式、颜色和宽度，再单击"预览"选项区中的下边框按钮，或直接在预览图上单击下边框，单击"确定"按钮，如下图所示。

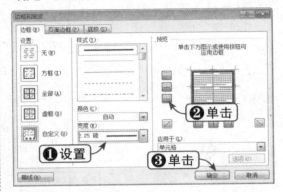

Step 09 查看表格美化效果

参照上面的方法分别设置不同部分的分割线，美化后的表格效果如下图所示。

知识点拨

设置了下边框之后，就不需要再设置相邻下方单元格的上边框了。

5.2.4 巧用页眉/页脚进行装饰

为了使发给每个应聘者的应聘登记表显得更加规整，体现公司的正规性，可以通过设置页眉和页脚等来装饰表格，具体操作方法如下：

Step 01 插入空白页眉

选择"插入"选项卡，单击"页眉和页脚"组中的"页眉"下拉按钮，在弹出的下拉列表中选择"空白"选项，如下图所示。

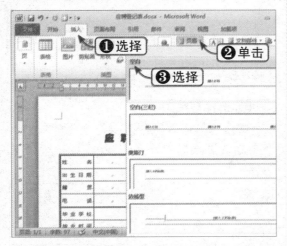

Step 02 输入文字并设置字体格式

出现页眉后在文本框中输入公司名称，并设置字体为楷体，字号为小四，如下图所示。

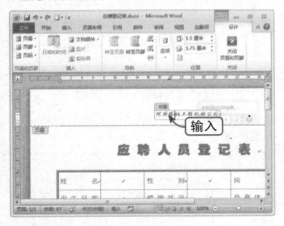

Step 03 单击"图片"按钮

下面插入公司徽标。选择"插入"选项卡，单击"插图"组中的"图片"按钮，如下图所示。

Step 04 选择插入图片

弹出"插入图片"对话框，选择要插入的图片"标志.gif"，单击"插入"按钮，如下图所示。

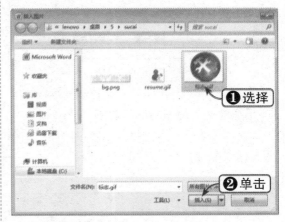

Step 05 调整图片大小和位置

此时，即可在页眉中插入图片，并调整图片的大小。拖动左侧的文本框到图片的右侧，如下图所示。

Step 06 设置左对齐

选择"开始"选项卡,单击"段落"组中的"左对齐"按钮,如下图所示。

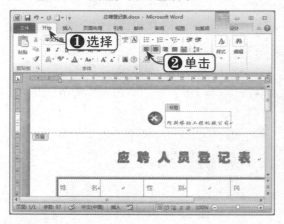

Step 07 单击"转至页脚"按钮

选择"设计"选项卡,单击"导航"组中的"转至页脚"按钮,如下图所示。

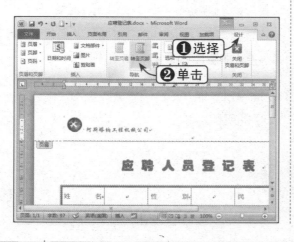

Step 08 单击"剪贴画"按钮

转至页脚后,单击"插入"组中的"剪贴画"按钮,如下图所示。

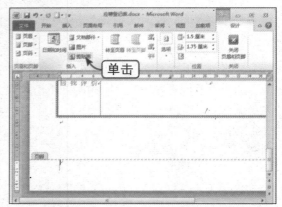

Step 09 选择剪贴画

弹出"剪贴画"窗格,单击"搜索"按钮,在下面的列表框中选择一种剪贴画,如下图所示。

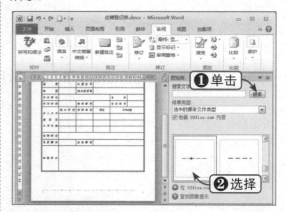

Step 10 选择"大小和位置"选项

右击剪贴画,在弹出的快捷菜单中选择"大小和位置"选项,如下图所示。

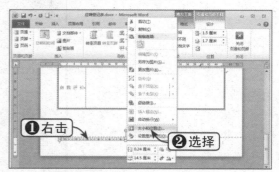

Step 11 设置布局大小

弹出"布局"对话框,选择"大小"选项卡,取消选择"锁定纵横比"复选框,设置"宽度"为64%,单击"确定"按钮,如下图所示。

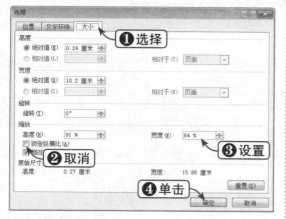

Step 12 编辑文字

选择"开始"选项卡,单击"段落"组中的"右对齐"按钮,在剪贴画左侧输入文字,可以使用空格将文字与剪贴画分隔开,如下图所示。

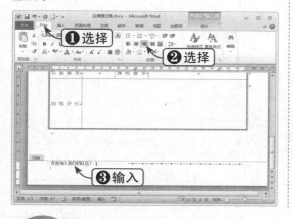

Step 13 查看最终效果

双击表格,结束页眉页脚编辑状态,保存文档。至此,应聘登记表制作完成,效果如下图所示。

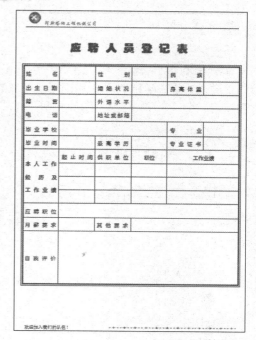

知识点拨

若想再次对页眉和页脚进行编辑,只需在文档中页眉或页脚位置双击鼠标左键,即可进入页眉和页脚编辑状态。如果编辑长文档,也可以为文档添加页码。

5.3 制作招聘笔试试卷

符合招聘条件的应聘者需要进行笔试,以检验应聘者的专业知识、职业性格倾向及解决问题的能力等。笔试试卷一般是人力资源部门自己设计和制作的,因此制作试卷也是企业招聘管理中必不可少的技能之一。

5.3.1 创建试卷页面

由于试卷往往题量较大，以及人们使用试卷的习惯，一般都是横向使用纸张。设置试卷页面的基本操作方法如下：

Step 01 新建文件

新建空白文档，保存并重命名该文档为"招聘笔试试卷 .docx"。选择"页面布局"选项卡，单击"页面设置"组的对话框启动器按钮，如下图所示。

Step 02 设置纸张大小

弹出"页面设置"对话框，选择"纸张"选项卡，设置"纸张大小"为"自定义大小"，"宽度"和"高度"分别为 35.4 厘米和 25 厘米，如下图所示。

Step 03 设置页边距

选择"页边距"选项卡，设置"上"、"下"、"左"、"右"分别为 0 厘米、2 厘米、2 厘米、2 厘米，"装订线位置"为"上"，"装订线"为 2 厘米，单击"确定"按钮，如下图所示。

Step 04 查看提示信息

弹出提示信息框，提示有页边距超出打印区，在此单击"忽略"按钮，如下图所示。

Step 05 选择分栏

选择"页面布局"选项卡，单击"页面设置"组中的"分栏"下拉按钮，在弹出的下拉列表中选择"两栏"选项，如下图所示。

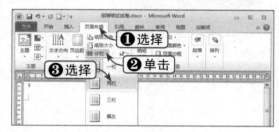

Step 06 查看分栏效果

设置好分栏之后，一页纸中将分成左右两部分，效果如右图所示。

知识点拨

用户可通过"Word选项"对话框，启用显示正文边框，查看分栏效果。

5.3.2 设置标题

设置好页面之后就可以输入标题了，并设置标题的格式，具体操作方法如下：

Step 01 输入标题内容

输入标题内容，根据实际情况如果标题较长，可以分成两行，如下图所示。

Step 02 设置标题格式

选中标题，设置格式为：小二、宋体，加粗并居中显示，修改第二行为"微软雅黑"和"小三"格式，可以在第二行加适量空格符，如下图所示。

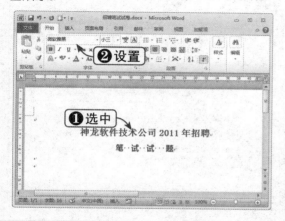

Step 03 选择直线形状

选择"插入"选项卡，单击"插图"组中的"形状"下拉按钮，在弹出的下拉列表中选择直线形状，如下图所示。

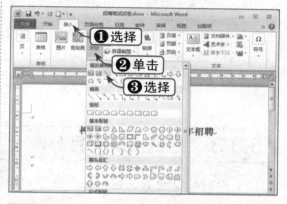

Step 04 绘制直线

按住鼠标左键并拖动，在标题下方绘制直线，长度大概小于栏宽就可，释放鼠标结束绘制操作，如下图所示。

Step 05 选择"设置形状格式"选项

右击直线，在弹出的快捷菜单中选择"设置形状格式"选项，如下图所示。

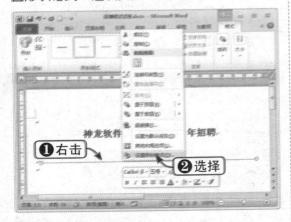

Step 06 修改格式

弹出"设置形状格式"对话框，在其中设置线条颜色、线型等，单击"关闭"按钮，如下图所示。

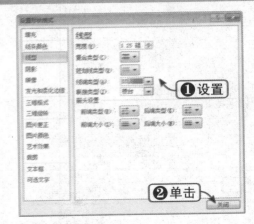

Step 07 查看设置效果

此时，即可查看设置标题和分隔线后的效果，如下图所示。

5.3.3 综合使用项目列表

下面就可以输入试题正文部分了，根据题号和选择题的特点可以借助项目列表来实现，具体操作方法如下：

Step 01 选择编号样式

输入各题说明，将其选中并右击，在弹出的快捷菜单中选择"编号"选项，在弹出的列表中选择一种编号样式，如下图所示。

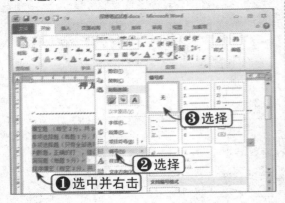

Step 02 插入空行

使用编号添加标题号，通过按【Enter】键分别在每题后面插入空行，如下图所示。

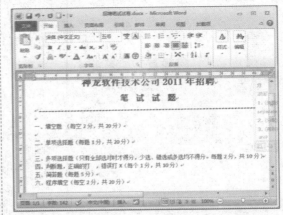

Step 03 设置格式

按住【Ctrl】键，将光标移至行左侧，当其变成右上箭头时单击选择题项，设置格式为：小四、加粗，如下图所示。

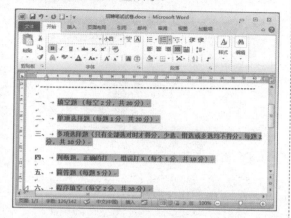

Step 04 设置数字编号

输入填空题试题，选中并右击试题，在弹出的快捷菜单中选择"编号"选项，在弹出的列表中选择数字编号，如下图所示。

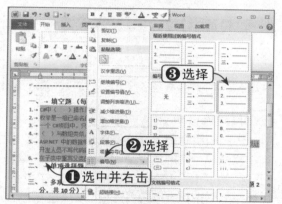

Step 05 设置编号左缩进

拖动上标尺左侧的左缩进滑块，缩进 1 或 2 个字符，如下图所示。

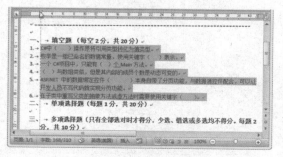

Step 06 设置编号样式

输入选择题内容，选中并右击四个选项，在弹出的快捷菜单中选择"编号"选项，在弹出的列表中选择大写字母样式，如下图所示。

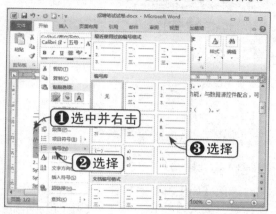

Step 07 复制编号

也可以复制上一步中的选项，右击空白位置，在弹出的快捷菜单中选择"新建列表"选项，如下图所示。

Step 08 编辑并复制编号

粘贴后删除选项，只保留编号，选中编号，单击"开始"选项卡下"剪贴板"组中的"复制"按钮，如下图所示。

知识点拨

在执行粘贴操作时，所复制的对象不同将会出现不同的粘贴选项，用户可以根据需要进行选择。

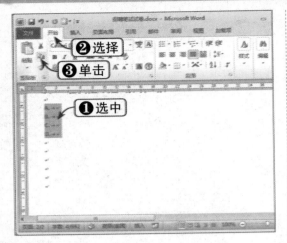

Step 09 粘贴编号

使用【Ctrl+V】组合键，在每个题项下粘贴编号。输入选项时，按【↓】键可以跳到下一选项，如下图所示。

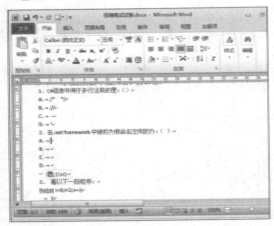

Step 10 特殊情况处理

如果使用第6步中的方法设置编号，可能会遇到特殊情况，如四个选项不是四行或四个段落，每个选项包含多行，如下图所示。

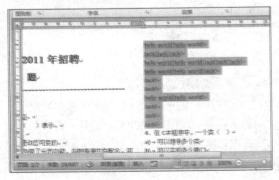

Step 11 添加编号

直接使用编号的方法，就会为每行都添加一个编号，如下图所示。

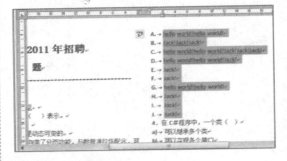

Step 12 修正编号

删除每个选项中的回车符，将光标移至要换行的位置，按【Shift+Enter】组合键即可，如下图所示。

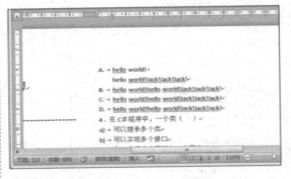

Step 13 设置下划线

有些题目需要填写的位置采用下划线。使用空格添加一定的填写空间，选中空格，单击"开始"选项卡下"字体"组中的"下划线"按钮，在弹出的下拉列表中选择线型，如下图所示。

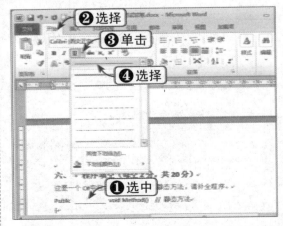

Step 14 查看试卷效果

输入完试题的内容，可以根据需要设置试题内容的字体、段落格式等，效果如右图所示。

5.3.4 设置考生信息

试卷的考生信息部分可以位于试卷的上部或左侧，其中包括考生姓名、考号和职位等填写信息项。下面将考生信息添加在上部，具体操作方法如下：

Step 01 插入表格

在标题前面插入两个空行，选择"插入"选项卡，单击"表格"组中的"表格"下拉按钮，在弹出的列表中拖动鼠标，选择 1 行 8 列表格，如下图所示。

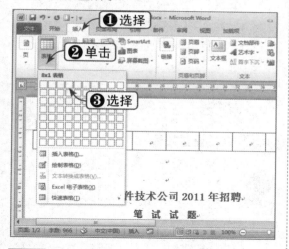

Step 02 输入表格内容

插入表格后输入内容，并设置内容的格式为：楷体、五号，如下图所示。

Step 03 选中整个表格

单击表格左上角的 ⊞ 图标，选中整个表格，如下图所示。

Step 04 设置无框线

选择"开始"选项卡，单击"段落"组中的"下框线"下拉按钮，在弹出的下拉列表中选择"无框线"选项，如下图所示。

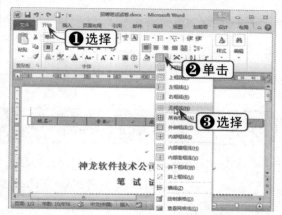

Step 05 选中隔列单元格

按住【Ctrl】键，将鼠标指针移至单元格左侧，当其变成黑色实心右上箭头后单击鼠标左键，分别选择隔列单元格，如下图所示。

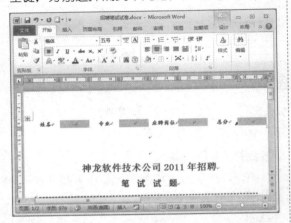

Step 06 添加下框线

再次单击"下框线"下拉按钮，在弹出的下拉列表中选择"下框线"选项，如下图所示。

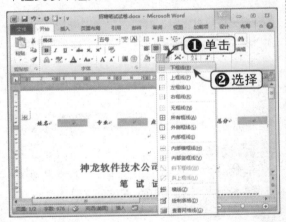

Step 07 调整列宽

将鼠标指针移至列边框附近，当指针变成左右双向箭头时拖动鼠标调整列宽，如下图所示。

Step 08 设置对齐方式

选择整个表格，选择"布局"选项卡，单击"对齐方式"下拉按钮，在弹出的下拉列表中选择"中部右对齐"选项，如下图所示。

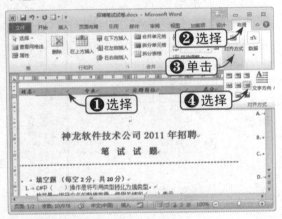

Step 09 查看设置效果

此时，即可查看设置考生填写信息部分后的效果，如下图所示。

5.3.5 设置试卷页码

下面为试卷添加页码，其中包括本试卷共几页，当前页是第几页，以供考生检查自己的试卷是否完整。添加页码的具体操作方法如下：

Step 01 选择页脚样式

选择"插入"选项卡，单击"页眉和页脚"组中的"页脚"下拉按钮，在弹出的下拉列表中选择"空白"选项，如下图所示。

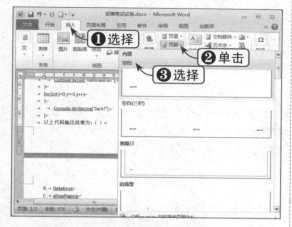

Step 02 输入页脚内容

在页脚中输入内容"当前页是第1页，本试卷共4页 当前页是第2页，本试卷共4页"，如下图所示。

Step 03 调整试卷页码位置

选择"开始"选项卡，单击"段落"组中的"居中"按钮，在两个页面文本间添加适量的空格分开页码，如下图所示。

> **知识点拨**
>
> 在编辑页眉或页脚时，还可以根据需要设置"页眉顶端距离"和"页脚底端距离"，在"位置"组中进行调整即可。

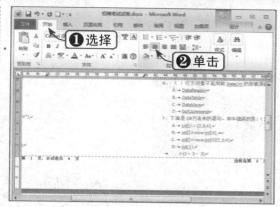

Step 04 设置第二页

选择"设计"选项卡，选中"选项"组中的"首页不同"复选框，在第二页页脚位置输入页码，如下图所示。

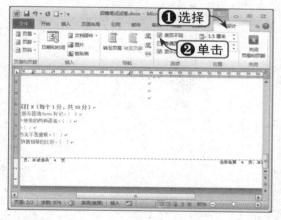

Step 05 查看试卷整体效果

设置完成后，即可查看试卷的整体效果，如下图所示。

第6章 会议管理

在文秘与行政办公中，经常要制作详尽的会议安排表，并在会议前制作会议流程图、做好会议通知工作，制作会议中用到的各种文件及表格，会议结束后根据需要制作会议决策报告等。本章将详细介绍如何利用 Word 2010 迅速、高效地完成会议管理工作。

本章学习重点

1. 制作会议日程安排表
2. 制作会议流程图
3. 制作会议通知
4. 制作会议发言稿
5. 制作会议决策报告

重点实例展示

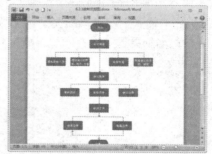

制作会议流程图

本章视频链接

制作会议发言稿

制作会议安排表

6.1 制作会议日程安排表

在日常办公过程中，经常要制定带有提醒功能的会议日程安排表，这样既能合理地安排时间，也不会遗忘关键的会议。下面将详细介绍如何制作会议日程安排表。

6.1.1 制作会议日程表

为了不会错过每一次会议，并且做好会前的准备工作，首先要制作一张结构清晰的会议日程表，具体操作方法如下：

素材文件	光盘：素材文件\第6章\6.1.1制作会议日程表.docx

1. 设置字体格式

下面对标题文字进行字体格式设置，具体操作方法如下：

Step 01 输入标题文字

打开"素材文件\第6章\6.1.1制作会议日程表.docx"，在文档起始处输入标题文字，如下图所示。

Step 02 单击对话框启动器按钮

选中标题文字，单击"字体"组右下角的对话框启动器按钮，如下图所示。

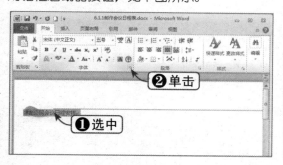

Step 03 设置字体格式

弹出"字体"对话框，选择"字体"选项卡，设置"中文字体"为"华文隶书"，"字形"为"加粗"，"字号"为"二号"，单击"确定"按钮，如下图所示。

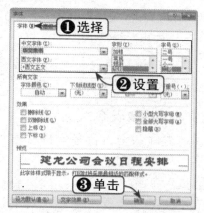

Step 04 查看设置效果

返回文档窗口，此时可以查看设置字体格式后的效果，如下图所示。

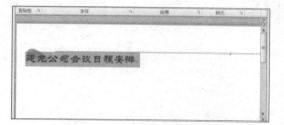

2．设置段落格式

设置好字体格式之后，下面对标题进行段落格式设置，具体操作方法如下：

Step 01 单击对话框启动器按钮

将光标定位在标题行中，单击"段落"组右下角的对话框启动器按钮，如下图所示。

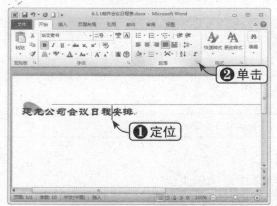

Step 02 设置段落格式

弹出"段落"对话框，选择"缩进和间距"选项卡，在"常规"选项区中设置"对齐方式"为"居中"，在"间距"选项区中设置"段前"间距为"1.5 行"，"段后"间距为"2 行"，单击"确定"按钮，如下图所示。

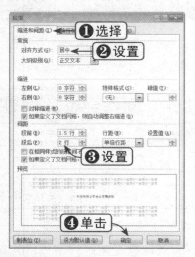

Step 03 查看设置效果

返回文档窗口，即可查看设置段落格式后的标题文本效果，如下图所示。

3．将文本转换成表格

下面先输入会议日程安排文本，再将文本转换成表格的形式显示，具体操作方法如下：

Step 01 输入内容

另起一行，输入要转换成表格的会议日程安排文本内容，如下图所示。

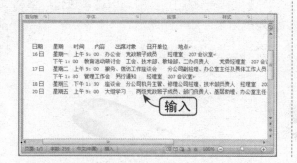

Step 02 将文本转换成表格

选中文本内容，选择"插入"选项卡，单击"表格"下拉按钮，在弹出的下拉列表中选择"文本转换成表格"选项，如下图所示。

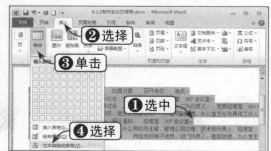

Step 03 确定行列数

弹出"将文字转换成表格"对话框,在"表格尺寸"选项区中设置"列数"为7,然后单击"确定"按钮,如下图所示。

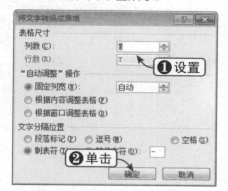

Step 04 查看转换效果

返回文档窗口,此时可以查看文本转换成表格后的效果,如下图所示。

Step 05 设置行距

根据需要设置表格内的文字行间距为1.3倍行距,设置后的效果如下图所示。

6.1.2 美化会议日程表

会议日程表格做好之后,要根据需要对其进行美化,具体操作方法如下:

素材文件	光盘:素材文件\第6章\6.1.2美化会议日程表.docx

1. 合并单元格

根据需要将部分单元格合并,具体操作方法如下:

Step 01 选中单元格

打开"素材文件\第6章\6.1.2美化会议日程表.docx",选中第1列2、3行的单元格,如下图所示。

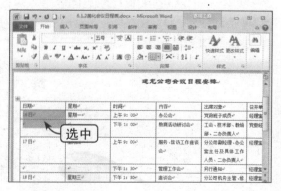

Step 02 合并单元格

选择"布局"选项卡,单击"合并"组中的"合并单元格"按钮,如下图所示。

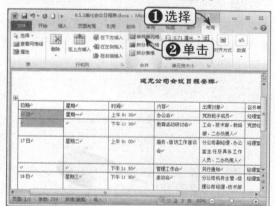

127

Step 03 查看合并效果

根据需要将要合并的单元格区域进行合并，合并后的效果如右图所示。

知识点拨

如果要合并的各单元格中都含有文字，那么单元格合并后其中的文字会分行合并到一个单元格中。

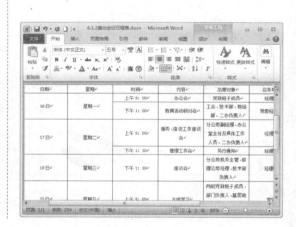

2. 设置单元格对齐方式

下面将表格中所有单元格中的内容设置为水平方向、垂直方向居中对齐，具体操作方法如下：

Step 01 选择"居中对齐"选项

选中整个表格并右击，在弹出的快捷菜单中选择"单元格对齐方式"|"居中对齐"选项，如下图所示。

Step 02 查看对齐效果

查看设置对齐方式后的表格效果，如下图所示。

3. 设置单元格底纹

下面为单元格设置底纹颜色，以突出显示单元格内容，具体操作方法如下：

Step 01 选择底纹颜色

选中表格第一行，选择"设计"选项卡，单击"表格样式"组中的"底纹"下拉按钮，在弹出的下拉列表中选择"水绿色"，如下图所示。

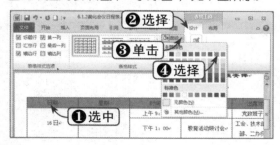

Step 02 查看设置底纹效果

此时，即可查看设置底纹后的表格效果，如下图所示。

Step 03 设置字体格式

根据需要设置标题行字体颜色为白色，字号为四号，表格内容字号为小四，设置后的效果如下图所示。

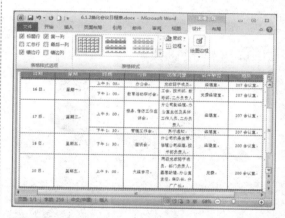

4. 绘制边框

对某些单元格边框线应用不同风格的线条样式不仅可以美化表格，而且可以使表格层次更加清晰，具体操作方法如下：

Step 01 选择线型

将光标定位在表格内，选择"设计"选项卡，单击"绘图边框"下拉按钮，在弹出的下拉列表中选择线型，将宽度设置为"2.25磅"，如下图所示。

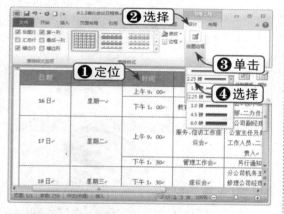

Step 02 应用边框样式

此时鼠标指针变成铅笔形状，在要改变样式的线条上单击鼠标左键，即可将边框样式应用到这些线条上，如下图所示。

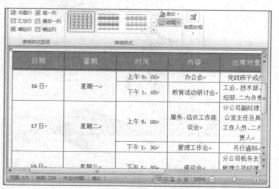

Step 03 查看边框效果

根据需要将边框样式设置为1.5磅水绿色双线，然后在表格左右外边框线上拖动鼠标，效果如下图所示。

Step 04 查看表格效果

根据需要对内边框应用虚线，应用边框样式后的表格效果如下图所示。

5. 插入文本框

利用文本框定位功能强的特点，下面将会议日程安排表的日期用文本框的形式显示，具体操作方法如下：

Step 01 选择文本框

选择"插入"选项卡，单击"插图"组中的"形状"下拉按钮，在弹出的下拉列表中选择文本框选项，如下图所示。

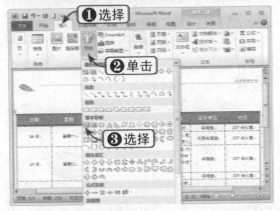

Step 02 绘制矩形文本框

此时鼠标指针变成十字形状，按住鼠标左键不放，向右下方拖动鼠标，绘制出一个矩形文本框，如下图所示。

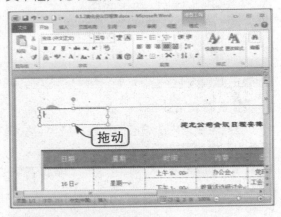

Step 03 输入内容并设置格式

在文本框内输入内容，并根据需要设置文本格式，设置后的效果如下图所示。

Step 04 设置无填充颜色

选择"格式"选项卡，单击"形状样式"组中的"形状填充"下拉按钮，在弹出的下拉列表中选择"无填充颜色"选项，如下图所示。

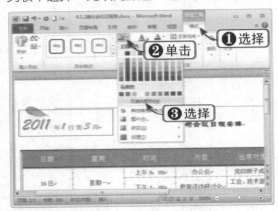

Step 05 设置无轮廓

单击"形状样式"组中的"形状轮廓"下拉按钮，在弹出的下拉列表中选择"无轮廓"选项，如下图所示。

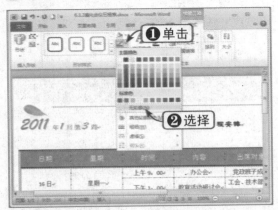

Step 06 查看设置效果

此时，即可查看文本框设置边框底纹后的效果，如右图所示。至此，一份会议日程安排表制作完成。

知识点拨

右击文本框，在弹出快捷菜单中选择"设置形状格式"选项，在弹出对话框中可以设置其填充、线条颜色、线型等。

6.2 制作会议流程图

会议流程图就是用图形的形式将会议整个过程（包括会议前的准备及会后的总结等）详细地表现出来。下面将详细介绍会议流程图的制作方法。

6.2.1 绘制流程图

要做好会前的准备工作，首先必须制作一份简单、明确的流程图，以便组织者了解整个流程，进一步明确各项会议工作。

素材文件	光盘：素材文件\第6章\6.2.1 绘制流程图.docx

1. 绘制流程图起止端

绘制流程图起止端的具体操作方法如下：

Step 01 选择流程图形状

打开"素材文件\第6章\6.2.1 绘制流程图.docx"，选择"插入"选项卡，单击"插图"组中的"形状"下拉按钮，在弹出的下拉列表中选择"流程图：终止"选项，如下图所示。

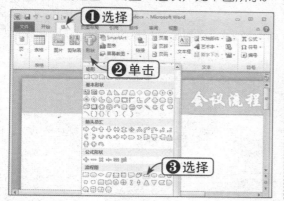

Step 02 绘制流程图形状

此时，鼠标指针变成十字形状，单击鼠标左键即可绘制一个流程图形状，效果如下图所示。

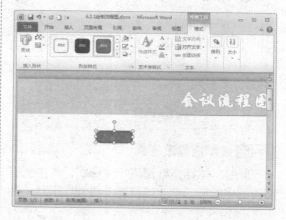

Step 03 选择"添加文字"选项

在形状上右击，在弹出的快捷菜单中选择"添加文字"选项，如下图所示。

Step 04 调整形状大小

此时，该形状呈可编辑状态，输入文本"开始"，然后将鼠标指针移到四周控制点上，当指针变成双向箭头时按住鼠标并拖动即可调整其大小，如下图所示。

2. 绘制流程图过程

继续绘制流程图过程，具体操作方法如下：

Step 01 选择"流程图：过程"选项

选择"插入"选项卡，单击"插图"组中的"形状"下拉按钮，在弹出的下拉列表中选择"流程图：过程"选项，如下图所示。

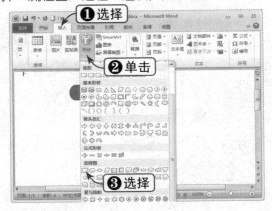

Step 02 绘制流程图形状

此时，鼠标指针变成十字形状，单击鼠标左键即可绘制一个"流程图：过程"形状，如下图所示。

Step 05 复制形状

复制所绘制的形状，并将文本改为"结束"，然后放置在最下方，效果如下图所示。

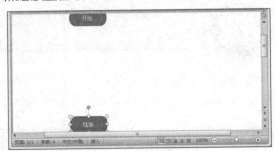

Step 03 选择"设置形状格式"选项

在"过程"形状上右击，在弹出的快捷菜单中选择"设置形状格式"选项，如下图所示。

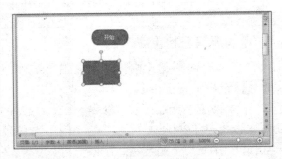

Step 04 设置内部边距

弹出"设置形状格式"对话框，在左侧选择"文本框"选项，在右侧"内部边距"选项区中设置"左"、"右"、"上"、"下"数值框中的数值均为"0厘米"，单击"关闭"按钮，如下图所示。

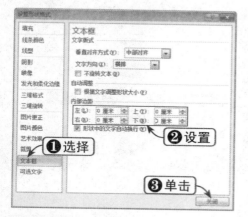

Step 05 调整宽度和高度

返回文档窗口，在图形中输入文本"会前准备"。选择"格式"选项卡，单击"大小"下拉按钮，在弹出的下拉列表中设置"高度"为"1.1厘米"，"宽度"为"2.5厘米"，如下图所示。

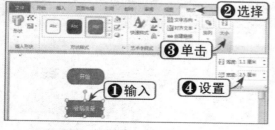

3．排列图形

下面使用排列功能对图形进行重排，使流程图更加整齐、美观，具体操作方法如下：

Step 01 选中图形

按住【Shift】键，依次单击同一级别的图形，选中这些图形，如右图所示。

知识点拨

选中多个形状后，在"大小"组中可以统一调整其高度和宽度。

Step 06 复制过程图形

按住【Ctrl】键不放，按住鼠标左键并拖动复制出11个"过程"图形，如下图所示。

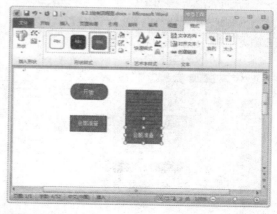

Step 07 移动图形

根据需要将复制的图形移动到合适的位置，并修改成相应的内容，此时的效果如下图所示。

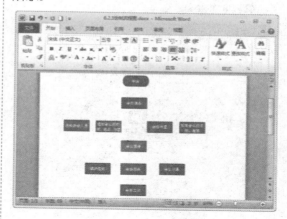

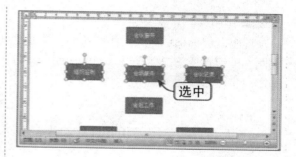

Step 02 选择"顶端对齐"选项

选择"格式"选项卡，单击"排列"组中的"对齐"下拉按钮，在弹出的下拉列表中选择"顶端对齐"选项，如下图所示。

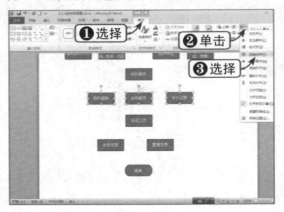

Step 03 查看排列效果

根据需要对其他图形进行排列，排列后的效果如下图所示。

4. 绘制箭头

下面使用箭头标识流程去向，具体操作方法如下：

Step 01 选择箭头

选择"插入"选项卡，单击"插图"组中的"形状"下拉按钮，在弹出的下拉列表中选择"箭头"选项，如下图所示。

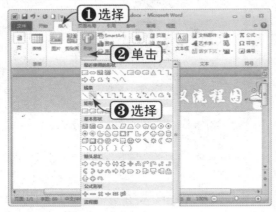

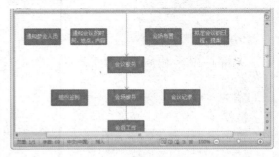

Step 03 查看绘制效果

根据需要绘制其他箭头，此时的流程图效果如下图所示。

Step 02 绘制箭头

此时，鼠标指针变成十字形状，在需要绘制箭头的位置按住鼠标左键并向下拖动，即可绘制一个箭头，如下图所示。

5. 绘制直线

下面用直线将图形相互连接起来，具体操作方法如下：

Step 01 选择直线

选择"插入"选项卡,单击"插图"组中的"形状"下拉按钮,在弹出的下拉列表中选择"直线"选项,如下图所示。

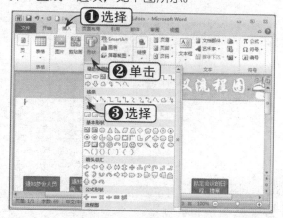

Step 02 绘制直线

此时,鼠标指针变成十字形状,在合适的位置按住鼠标左键并拖动,即可绘制一条直线,如下图所示。

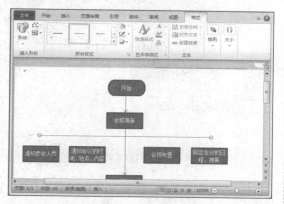

Step 03 组合图形

采用相同的方法再绘制 4 条短直线。选中刚绘制的 5 条直线并右击,然后在弹出的快捷菜单中选择"组合"|"组合"选项,如下图所示。

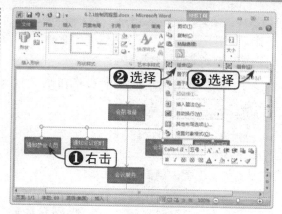

Step 04 查看组合效果

此时,这些图形将组合成一个整体,效果如下图所示。

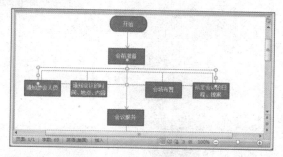

Step 05 绘制并组合其他直线

根据需要绘制并组合其他直线,组合后的效果如下图所示。至此,一个基本流程图绘制完成。

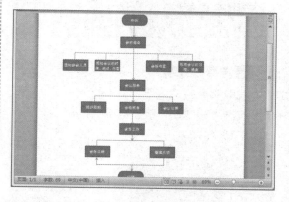

6.2.2 美化流程图

流程图设计完毕后,为了使其更加美观,还可以对其进行格式设置,具体操作方法如下:

素材文件	光盘：素材文件\第6章\6.2.2美化流程图.docx

1. 给图形应用形状效果

给图形应用形状效果的具体操作方法如下：

Step 01 应用形状样式

继续上一节进行操作，选中"开始"图形，选择"格式"选项卡，单击"形状样式"组中的"浅色1轮廓，填充色：水绿色"选项，如下图所示。

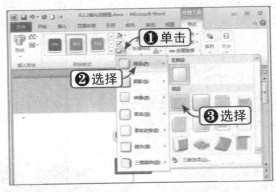

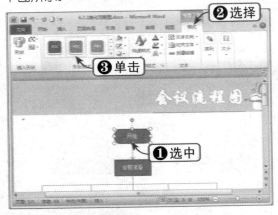

Step 02 选择预设效果

单击"形状样式"组中的"形状效果"下拉按钮，在弹出的下拉列表中选择"预设"|"预设1"选项，如下图所示。

Step 03 查看设置效果

此时，即可查看应用形状样式后的效果，如下图所示。

2. 应用格式刷

用户可以将设置好的形状图形的格式利用格式刷应用到其他图形上，具体操作方法如下：

Step 01 选择格式刷

选中刚设置好的图形，选择"开始"选项卡，双击"格式刷"按钮，如下图所示。

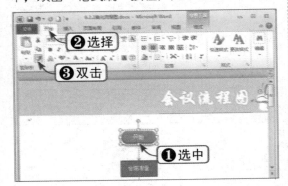

Step 02 应用图形样式

在其他图形边框线上单击鼠标左键，即可将形状格式应用到这些图形上，如下图所示。

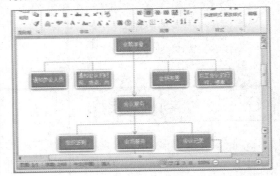

知识点拨

箭头的格式只能应用到箭头上，如果应用到直线上，直线则变成箭头；形状组合后的整体不能使用格式刷功能。

3．设置线条样式

下面为连接线设置样式，具体操作方法如下：

Step 01 设置线条粗细

选中箭头，选择"格式"选项卡，单击"形状样式"组中的"形状轮廓"下拉按钮，在弹出的下拉列表中选择"粗细"|"1.5 磅"选项，如下图所示。

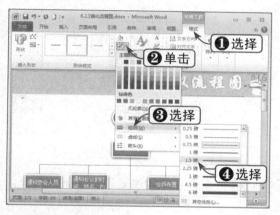

Step 02 设置线型

再次单击"形状轮廓"下拉按钮，在弹出的下拉列表中选择"虚线"|"长划线点"选项，如下图所示。

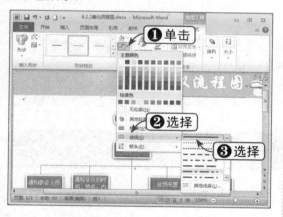

Step 03 设置阴影

单击"形状样式"组中的"形状效果"下拉按钮，在弹出的下拉列表中选择"阴影"|"向下偏移"选项，如下图所示。

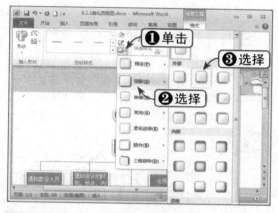

Step 04 查看设置效果

此时，可以查看设置形状样式后的箭头效果，如下图所示。

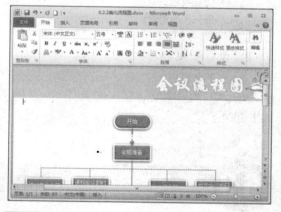

Step 05 使用格式刷

根据需要使用格式刷对其他箭头应用刚设置的形状效果，效果如下图所示。

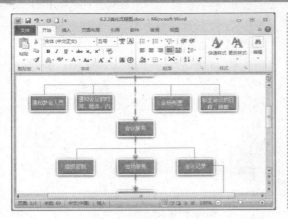

Step 06 设置形状效果

采用同样的方法设置直线组合体的形状效果，如下图所示。

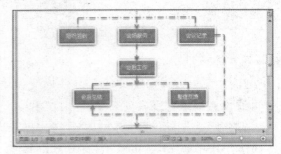

4. 设置页面背景

下面再给页面加上背景，以更加突出流程图，具体操作方法如下：

Step 01 选择"填充效果"选项

选择"页面布局"选项卡，单击"页面背景"组中的"页面颜色"下拉按钮，在弹出的下拉列表中选择"填充效果"选项，如下图所示。

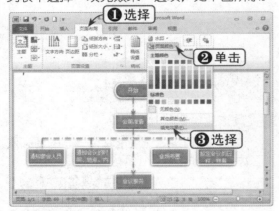

Step 02 设置图案

弹出"填充效果"对话框，选择"图案"选项卡，在"图案"选项区中选择 5% 选项，如下图所示。

Step 03 查看会议流程图效果

返回文档窗口，此时可以查看设置页面背景后的流程图效果，如下图所示。至此，一个标准的会议流程图制作完毕。

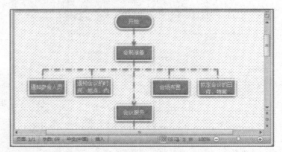

6.3 制作会议通知

会议通知是通知有关单位或个人参加某种会议的一种应用文体，其中包括会议召开时间、地点、主题，要求什么人参加，需要准备什么材料等。下面将详细介绍会议通知的制作方法。

6.3.1 新建通知文件

要创建会议通知文档，首先要新建一个空白文档，并对其进行页面设置，具体操作方法如下：

	素材文件	光盘：效果文件\第6章\6.3.1 新建通知文件.docx

Step01 选择"自定义页边距"选项

新建一个空白文档，选择"页面布局"选项卡，单击"页面设置"组中的"页边距"下拉按钮，在弹出的下拉列表中选择"自定义边距"选项，如下图所示。

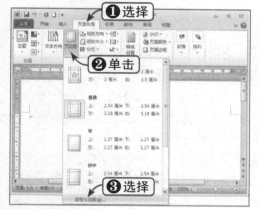

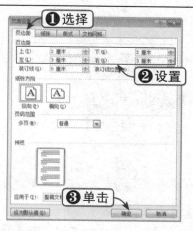

Step02 设置边距

弹出"页面设置"对话框，选择"页边距"选项卡，在"页边距"选项区中设置"上"、"下"为"2 厘米"，"左"、"右"为"3 厘米"，单击"确定"按钮，如下图所示。

Step03 输入通知内容

页面设置好之后，输入通知的内容，并将文档保存起来，如下图所示。

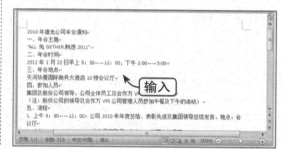

6.3.2 美化通知

用户可以对通知中的文本进行字体、段落格式的设置，使其看起来更具有层次感，具体操作方法如下：

	素材文件	光盘：素材文件\第6章\6.3.2美化通知.docx

1. 设置字体格式

下面对通知中的文本进行字体格式设置，使其主题更加突出，具体操作方法如下：

Step 01 选中标题字体

继续上一节进行操作，选中标题文字，选择"开始"选项卡，单击"字体"组中的"加粗"按钮，设置"字体"为"华文楷体"，"字号"为"二号"，如下图所示。

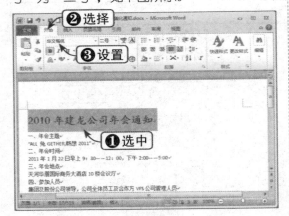

Step 02 设置文档内容字体样式

根据需要将文档中的内容设置为"华文中宋"、"小四"，效果如下图所示。

Step 03 设置加粗

选中"一、年会主题"文本，单击"字体"组中的"加粗"按钮，然后双击"剪贴板"组中的"格式刷"按钮，如下图所示。

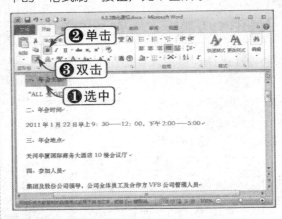

Step 04 应用格式刷

此时，鼠标指针呈 形状，选中要设置格式的文本，即可将该文本的格式刷到选中的文本上，如下图所示。

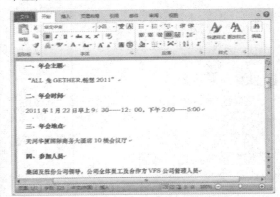

2. 设置段落格式

设置完字体格式之后，还要对段落进行格式设置，具体操作方法如下：

Step 01 设置居中对齐

将光标定位在标题中，单击"段落"组中的"居中"对齐按钮，如下图所示。

知识点拨

要设置单个段落的格式时，不用特意的把该段全部选中，只需将鼠标指针定位在该段中即可。

Step 02 单击对话框启动器按钮

选中文字"ALL 兔 GETHER，畅想2011"，单击"段落"组右下角的对话框启动器按钮，如下图所示。

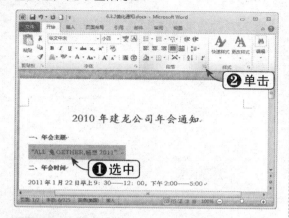

Step 03 设置首行缩进

弹出"段落"对话框，选择"缩进和间距"选项卡，在"缩进"选项区中设置"特殊格式"为"首行缩进"，设置缩进"磅值"为"2 字符"，单击"确定"按钮，如下图所示。

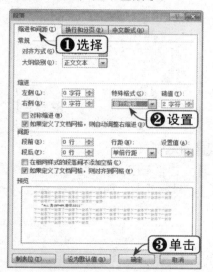

Step 04 应用格式刷

返回文档窗口，双击"剪贴板"组中的"格式刷"按钮，如下图所示。

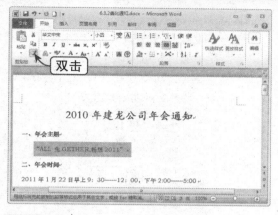

Step 05 查看设置效果

此时，鼠标指针变成格式刷形状，选中正文中要设置首行缩进的段落，即可将缩进格式应用到选中的段落中，效果如下图所示。

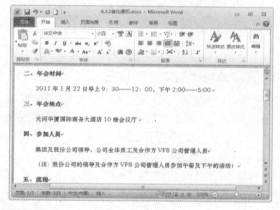

Step 06 单击对话框启动器按钮

选中文字"下午:陈翔与李静"，单击"段落"组右下角的对话框启动器按钮，如下图所示。

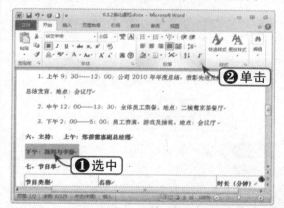

Step 07 设置左缩进

弹出"段落"对话框,选择"缩进和间距"选项卡,在"缩进"选项区中设置"左侧"为"7.2 字符",单击"确定"按钮,如下图所示。

Step 08 查看设置效果

返回文档窗口,此时可以查看设置左缩进后的效果,如下图所示。

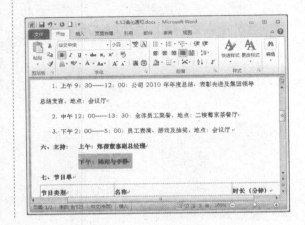

3. 应用制表位

通过设置制表位,在输入文本时可以快速定位,具体操作方法如下:

Step 01 单击"制表位"按钮

单击"段落"组右下角的对话框启动器按钮,弹出"段落"对话框,单击左下角的"制表位"按钮,如下图所示。

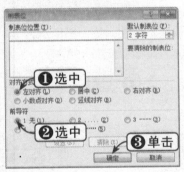

Step 03 创建制表位

返回文档窗口,然后在上标尺30厘米的位置单击鼠标左键,即可出现一个左对齐式制表位符号,如下图所示。

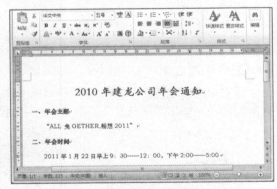

Step 02 设置制表位

弹出"制表位"对话框,在"对齐方式"选项区中选中"左对齐"单选按钮,在"前导符"选项区中选中"1 无"单选按钮,单击"确定"按钮,如下图所示。

Step 04 输入落款文字

在正文最后一行定位光标，然后按【Tab】键，此时光标立即移动到刚刚设置的制表位位置，输入落款文字，如下图所示。

此，一份简明的通知制作完成。

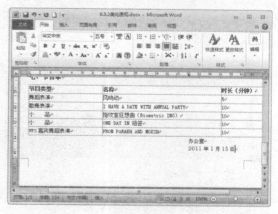

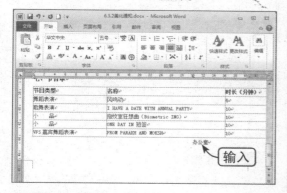

Step 05 设置落款文字格式

按照同样的方法输入日期，并设置落款文字的文字格式，设置后的效果如右图所示。至

知识点拨

根据需要在标尺上可以设置多个制表位符号；如果想删除这些制表位符号，只需将制表位符号直接拖出标尺位置即可。

6.4 制作会议发言稿

会议发言稿是会议参与者的主要文件，也是反映会议精神的最重要的文件。下面将详细介绍如何制作会议发言稿。

6.4.1 创建发言稿文档

要创建发言稿文档，首先要新建一个空白文档，并对页面进行设置，然后对文档中的文本进行格式设置，具体操作方法如下：

素材文件	光盘：效果文件\第6章\6.4.1创建发言稿文档.docx

Step 01 选择"适中"选项

新建一个空白文档，选择"页面布局"选项卡，单击"页面设置"组中的"页边距"下拉按钮，在弹出的下拉列表中选择"适中"选项，如右图所示。

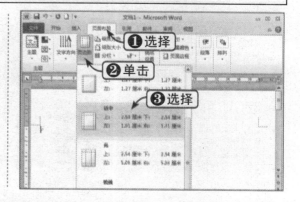

Step 02 输入发言稿内容

将发言稿的内容输入到文档中，如右图所示。

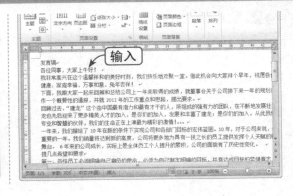

知识点拨

输入完发言稿内容后，用户可以选择"审阅"选项卡，单击"拼写和语法"按钮，检查错误。

1. 设置文本字体格式

设置文本的字体格式，使文本内容更具有层次性，具体操作方法如下：

Step 01 设置字体

选择标题文本，选择"开始"选项卡，单击"字体"组中的"字体"下拉按钮，在弹出的下拉列表中选择"方正姚体"，如下图所示。

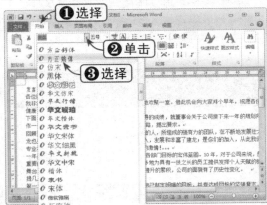

Step 02 设置字号

单击"字体"组中的"字号"下拉按钮，在弹出的下拉列表中选择"二号"选项，如下图所示。

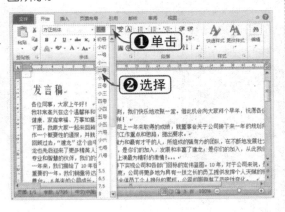

Step 03 设置加粗

单击"字体"组中的"加粗"按钮，然后单击"字体"组右下角的对话框启动器按钮，如下图所示。

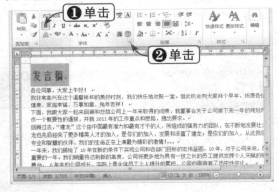

Step 04 设置字符间距

弹出"字体"对话框，选择"高级"选项卡，在"字符间距"选项区中设置"间距"为"加宽"，并设置加宽"磅值"为"5磅"，单击"确定"按钮，如下图所示。

Step 05 查看设置效果

返回文档窗口，根据需要设置正文的字体，设置后的效果如右图所示。

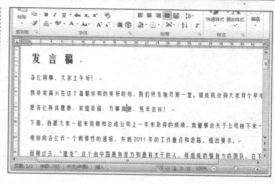

知识点拨

在"字体"对话框中，单击左下角的"设为默认值"按钮，可以将当前字体设置设置为该文档的默认格式。

2. 设置文本段落格式

设置文本段落格式的具体操作方法如下：

Step 01 设置居中对齐

将光标定位在标题中，单击"段落"组中的"居中"对齐按钮，如下图所示。

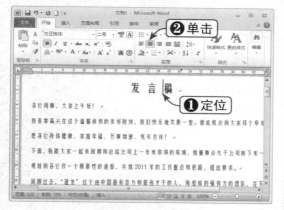

Step 02 单击对话框启动器按钮

选中正文内容，单击"段落"组右下角的对话框启动器按钮，如下图所示。

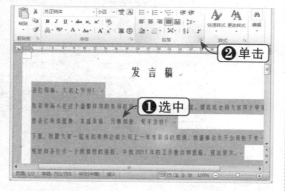

Step 03 设置缩进

弹出"段落"对话框，选择"缩进和间距"

选项卡，在"缩进"选项区中设置"特殊格式"为"首行缩进"，并设置缩进"磅值"为"2字符"，单击"确定"按钮，如下图所示。

Step 04 查看设置效果

根据需要设置日期对齐方式为右对齐，设置文本段落格式后的效果如下图所示。

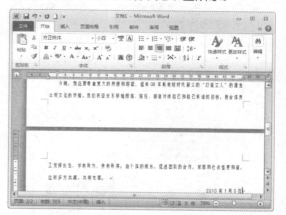

6.4.2 检查文档

编辑完成后还要对文档进行检查，不要有拼写和语法错误，否则会产生歧义；而且有时要查找某些内容，需要对某一内容进行统一替换。

素材文件	光盘：素材文件\第6章\6.4.2检查文档.docx

1. 拼写和语法检查

要使用 Word 中提供的检查功能，首先要设置在键入时自动检查拼写和语法错误选项，具体操作方法如下：

Step 01 选择"自定义功能区"选项

继续上一节操作，选择"审阅"选项卡，在工具面板的任意位置右击，在弹出的快捷菜单中选择"自定义功能区"选项，如下图所示。

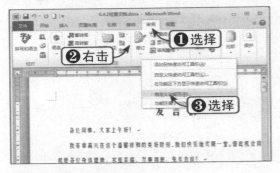

Step 02 设置检查选项

弹出"Word 选项"对话框，在左侧选择"校对"选项，在右侧的"在 Word 中更正拼写和语法时"选项区中选中"键入时检查拼写"、"键入时标记语法错误"和"随拼写检查语法"复选框，单击"确定"按钮，如下图所示。

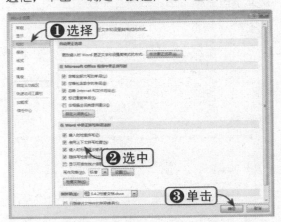

Step 03 检查全文

返回文档窗口，单击"校对"组中的"拼写和语法"按钮，弹出"拼写和语法"对话框，其中用绿色波浪线标识语法错误，红色波浪线标识拼写错误，并且给出了改正的建议，如下图所示。

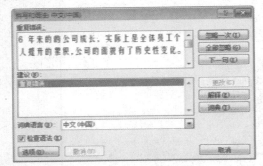

Step 04 改正错误

将光标定位在"重复错误"列表框中，将多余的"的"字删除，然后单击"更改"按钮，即可将错误修正，如下图所示。

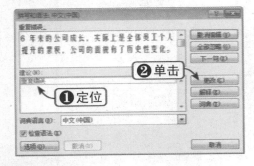

Step 05 忽略错误提示

如果是特殊用法不需要更改，则单击"忽

略一次"按钮即可,然后单击"关闭"按钮,如下图所示。

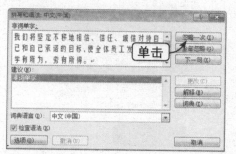

2. 查找

利用查找功能可以快速搜索特定单词或短语出现的位置,具体操作方法如下:

Step 01 选择"查找"选项

选择"开始"选项卡,单击"编辑"下拉按钮,在弹出的下拉列表中选择"查找"|"查找"选项,如下图所示。

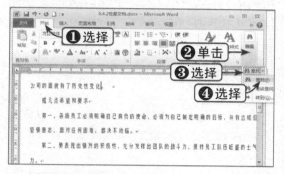

Step 02 设置搜索文字

弹出"导航"窗格,在文本框中输入搜索文字"建龙",左窗格列表框中将文字所在的段落文本罗列出来,在文档中被搜索到的文字用底纹形式突出显示,如下图所示。

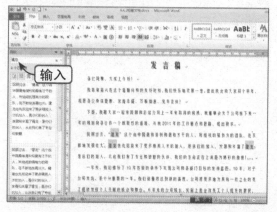

Step 06 检查完成

按照系统提示的建议将拼写和语法错误更改完毕后会弹出提示信息框,提示已经检查完成,单击"确定"按钮,如下图所示。

Step 03 选择"高级查找"选项

单击"导航"窗格中的"关闭"按钮,将其关闭。单击"编辑"下拉按钮,在弹出的下拉列表中选择"查找"|"高级查找"选项,如下图所示。

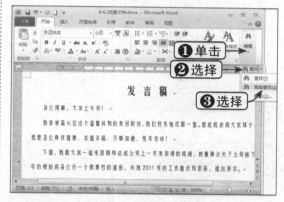

Step 04 设置查找文本

弹出"查找和替换"对话框,在"查找内容"文本框中输入"建龙",文档中搜索到的所有格式的"建龙"突出显示,单击"查找下一处"按钮,继续查找下一处,如下图所示。

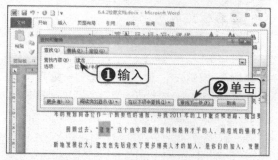

新手学Word/Excel文秘与行政应用宝典

Step 05 更多设置

单击"更多"按钮，就会展开对话框，在"搜索选项"和"查找"选项区中可以更详尽地设置要查找字体的格式，如下图所示。

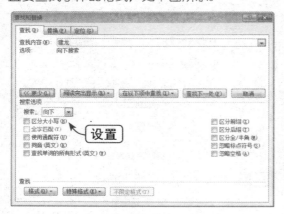

Step 06 查找完毕

查找完毕后会弹出提示信息框，提示已经完成搜索，单击"确定"按钮，如下图所示。

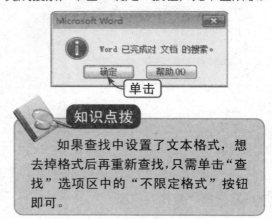

知识点拨

如果查找中设置了文本格式，想去掉格式后再重新查找，只需单击"查找"选项区中的"不限定格式"按钮即可。

3. 替换

使用替换功能可以快速地对文档中多个相同的内容进行修改。下面以去掉文档中"建龙"旁的双引号为例来进行介绍，具体操作方法如下：

Step 01 选择"替换"选项

将光标定位在文档起始处，单击"编辑"下拉按钮，在弹出的下拉列表中选择"替换"选项，如下图所示。

Step 02 查找文本

弹出"查找和替换"对话框，在"查找内容"文本框中输入"'建龙'"，在"替换为"文本框中输入"建龙"，单击"查找下一处"按钮，此时文档中第一次找到的文本将以白底黑字突出显示，如下图所示。

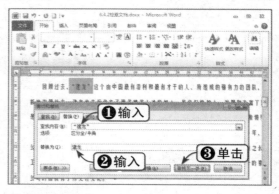

Step 03 替换文本

单击"替换"按钮，所选中文本将被替换，且系统自动选中下一个符合条件的文本，如下图所示。

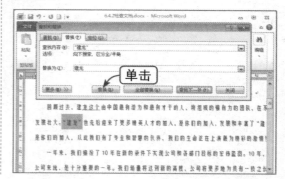

Step 04 全部替换

单击"全部替换"按钮，此时系统会弹出提示信息框，提示已经搜索并替换完毕，如右图所示。

6.5 制作会议决策报告

会议结束后，需要制作会议决策报告。会议决策报告用于记载、传达会议情况和议定事项，或下发相关单位依照执行。下面将详细介绍会议决策报告的制作过程。

6.5.1 利用模板创建会议决策报告

Word 2010 提供了许多模板，下面将利用报告模板来创建会议决策报告，具体操作方法如下：

素材文件	光盘：效果文件\第6章\6.5.1 利用模板创建会议决策报告.docx

Step 01 选择"样本模板"选项

新建一个空白文档，选择"文件"选项卡，在左侧选择"新建"选项，在右侧"可用模板"中选择"样本模板"选项，如下图所示。

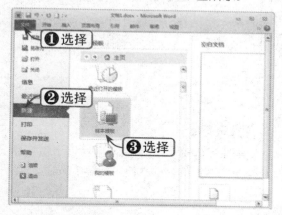

Step 02 选择模板

打开样本模板列表，选择"中庸报告"选项，在右侧预览框中可以看到该模板的效果，然后单击"创建"按钮，如下图所示。

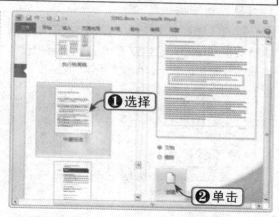

Step 03 基于模板创建文档

此时，系统会自动创建一个新文档，其中显示了报告的样式，如下图所示。

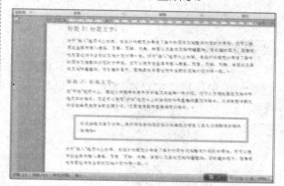

Step 04 保存文件

根据实际情况填充和修改报告的内容，然后将文档保存为"6.5.1 利用模板创建会议决策报告 .docx"，如右图所示。

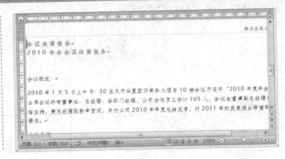

6.5.2 美化会议决策报告

用户还可以根据需要对报告中的文本样式、底纹颜色等进行设置，以起到美化作用，下面将进行详细介绍。

	素材文件	光盘：素材文件\第6章\6.5.2美化会议决策报告.docx

1. 设置字体格式

下面以设置报告标题文本格式为例，介绍设置文本格式的具体操作方法。

Step 01 设置加粗

打开"素材文件 \ 第 6 章 \6.5.2 美化会议决策报告 .docx"，选中文本"会议决策报告"，选择"开始"选项卡，单击"字体"组中的"加粗"按钮，如下图所示。

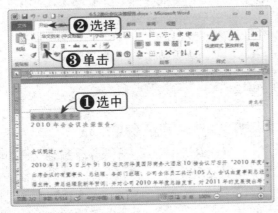

Step 02 设置字体

单击"字体"组中的"字体"下拉按钮，在弹出的下拉列表中选择"楷体"选项，如下图所示。

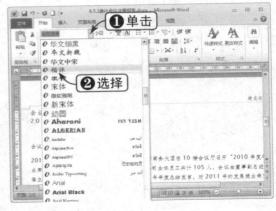

Step 03 设置字号

单击"字体"组中的"字号"下拉按钮，在弹出的下拉列表中选择"初号"选项，如下图所示。

Step 04 设置字体格式

选中文本"2010年会会议决策报告",单击"字体"组中设置"字体"为"华文楷体","字号"为"二号",单击"加粗"按钮,此时效果如右图所示。

2. 设置段落格式

设置完字体格式之后,用户还可以根据需要对段落进行格式设置,具体操作方法如下:

Step 01 设置居中对齐

将光标定位在"会议决策报告"段落中,单击"段落"组中的"居中"对齐按钮,如下图所示。

Step 02 单击对话框启动器按钮

选中"2010年会会议决策报告"段落,单击"段落"组右下角的对话框启动器按钮,如下图所示。

Step 03 设置段落格式

弹出"段落"对话框,选择"缩进和间距"选项卡,在"常规"选项区中设置"对齐方式"为"居中",在"间距"选项区中设置"段前"为"12磅",单击"确定"按钮,如下图所示。

Step 04 查看设置效果

返回文档窗口,此时可以查看设置段落格式后的效果,如下图所示。

Step 05 单击对话框启动器按钮

选中正文第二段，单击"段落"组右下角的对话框启动器按钮，如下图所示。

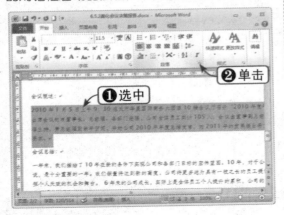

Step 06 设置缩进

弹出"段落"对话框，选择"缩进和间距"选项卡，在"缩进"选项区中设置"特殊格式"为"首行缩进"，缩进"磅值"为"2字符"，单击"确定"按钮，如下图所示。

Step 07 应用格式刷

返回文档窗口，双击"剪贴板"组中的"格式刷"按钮 ，然后根据需要选中需要设置缩进的段落，即可将该段落的格式应用于选中的文本段落上，如下图所示。

3．应用样式

系统提供了多种样式，在编辑文档时可以应用这些样式来简化操作，从而提高工作效率，具体操作方法如下：

Step 01 打开"样式"任务窗格

选择"开始"选项卡，单击"样式"右下角的对话框启动器按钮，在文档右侧弹出"样式"任务窗格，如下图所示。

Step 02 应用样式

将光标定位在"会议概述"文本内，然后在样式列表中选择"明显引用"样式，如下图所示。

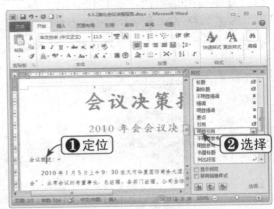

Step 03 查看应用样式效果

根据需要对文档中的其他段落应用样式，应用后的效果如右图所示。

知识点拨

如果要更改整个文档的样式，可在"样式"组中单击"更改样式"下拉按钮，选择"样式集"选项，然后选择所需样式。

4. 修改样式

用户可以根据需要对系统提供的样式进行修改，从而更好地满足需求，具体操作方法如下：

Step 01 选择"修改"选项

单击"明显引用"样式旁的 按钮，在弹出的下拉列表中选择"修改"选项，如下图所示。

Step 03 设置边框

弹出"边框和底纹"对话框，选择"边框"选项卡，在"设置"选项区中选择"自定义"选项，在"颜色"下拉列表框中选择"橙色，淡色 40%"选项，然后在右侧预览框设置预览效果，如下图所示。

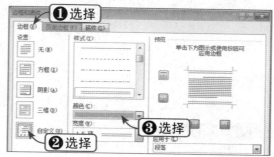

Step 02 选择"边框"选项

弹出"修改样式"对话框，单击左下角的"格式"下拉按钮，在弹出的下拉列表中选择"边框"选项，如下图所示。

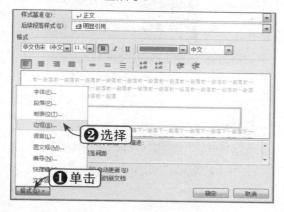

Step 04 修改底纹

选择"底纹"选项卡，在"图案"选项区中的"样式"下拉列表框中选择"浅色棚架"选项，在"颜色"下拉列表中选择"其他颜色"选项，如下图所示。

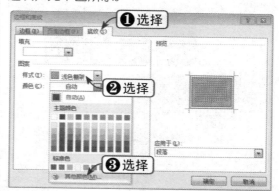

Step 05 设置颜色

弹出"颜色"对话框，选择"自定义"选项卡，在"红色"、"绿色"、"蓝色"数值框中分别输入241、201、166，单击"确定"按钮，如下图所示。

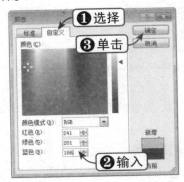

Step 06 显示修改样式特征

返回"修改样式"对话框，在下方的样式特征介绍中会显示出修改后的样式特征，然后单击"确定"按钮，如下图所示。

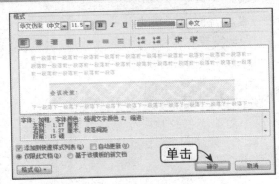

Step 07 查看应用样式效果

返回文档区域后，就可以看到系统已经为"样式"列表中自带的"明显引用"样式添加了边框和底纹，而且文档中应用该样式的段落也变为修改后的格式，如下图所示。

5．修改封面

文档修改完之后，下面对封面中的内容进行相应的修改，具体操作方法如下：

Step 01 设置日期

在"选取日期"域中单击鼠标左键，在弹出的日期选择框中选择"1月6日"，如下图所示。

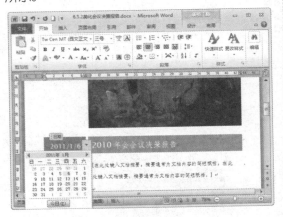

Step 02 输入摘要

在"摘要"域中输入摘要文本，如下图所示。

Step 03 单击"图片"按钮

删除封面中的图片，然后选择"插入"选项卡，单击"插图"组中的"图片"按钮，如下图所示。

Step 04 选择插入图片

选中需要插入的素材图片"2.jpg"，然后单击"插入"按钮，如下图所示。

Step 05 调整图片大小和位置

此时，图片即可插入到封面中。调整图片的大小和位置，如下图所示。

Step 06 设置图片格式

选择"格式"选项卡，单击"调整"组中的"艺术效果"下拉按钮，在弹出的下拉列表中选择"浅色屏幕"选项，如下图所示。

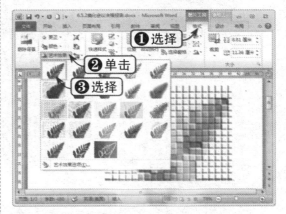

Step 07 查看设置效果

此时，即可查看设置文档封面后的效果，如下图所示。至此，一份完整的会议决策报告制作完成。

第**7**章 客户文档管理

公司要想提高市场竞争力，其中不可缺少的要素就是要拥有稳定且不断增长的客户资源。要维护好公司与客户之间的关系，就需要熟知客户的一些基本信息，并及时与客户进行交流与沟通，从而了解客户对公司的满意程度，并要定期对客户进行回访工作。本章将详细介绍客户文档管理的相关知识。

 本章学习重点

 重点实例展示

1. 制作客户资料卡
2. 制作客户回访调查问卷和优惠券
3. 制作信封
4. 制作名片

查看组合效果

本章视频链接

设置边框

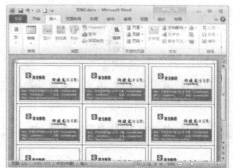

组合图片

7.1 制作客户资料卡

客户资料卡是对客户及公司情况的详细记录，为今后与该客户交往提供有价值的资料，根据客户公司情况制定具体的交易策略。

7.1.1 制作客户资料卡模板

公司会收集整理大量的客户资料，如果有了客户资料卡模板，工作量就会大大减轻。下面将介绍制作客户资料卡模板的具体操作方法和技巧。

素材文件	光盘：效果文件\第7章\7.1.1制作客户资料卡模板.dotx

1. 页面设置

要制作客户资料卡模板，首先要新建一个空白文档，并对其进行页面设置，具体操作方法如下：

Step 01 选择"自定义边距"选项

新建空白文档，选择"页面布局"选项卡，单击"页面设置"组中的"页边距"下拉按钮，在弹出的下拉列表中选择"自定义边距"选项，如下图所示。

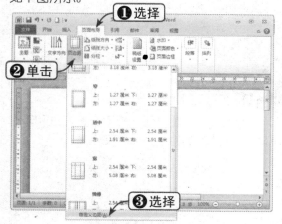

Step 02 设置页边距

弹出"页面设置"对话框,设置"上"、"下"边距为"2.5厘米"，"左"、"右"边距为"1.5厘米"，然后单击"确定"按钮，如下图所示。

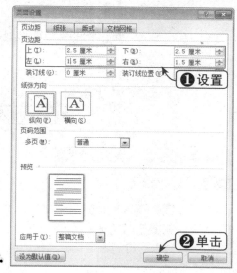

2. 插入艺术字

客户资料卡模板的标题可以用艺术字的形式显示，这样会更加突出文档主题，具体操作方法如下：

Step 01 选择艺术字样式

将光标定位在文档起始处，选择"插入"选项卡，单击"文本"组中的"艺术字"下拉按钮，在弹出的下拉列表中选择"填充蓝色"选项，如下图所示。

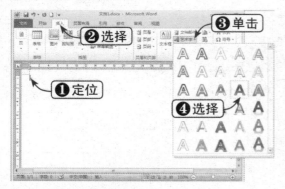

Step 02 输入艺术字

输入文字"客户资料卡"，并调整艺术字的位置，然后单击"艺术字样式"组右下角的对话框启动器按钮，如下图所示。

Step 03 选择三维样式

弹出"设置文本效果格式"对话框，在左侧选择"三维格式"选项，在右侧"棱台"选项区中的"预设"下拉列表中选择"松散嵌入"选项，如下图所示。

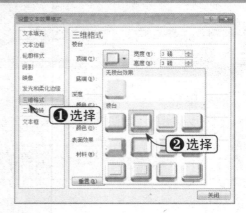

Step 04 设置阴影

在"设置文本效果格式"对话框左侧选择"阴影"选项，在右侧"阴影"选项区中的"预设"下拉列表中选择"向左偏移"选项，单击"关闭"按钮，如下图所示。

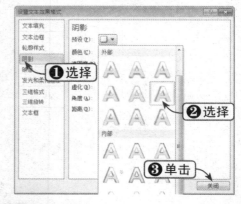

Step 05 查看艺术字效果

返回文档，此时即可查看设置三维和阴影样式后的艺术字效果，如下图所示。

知识点拨

用户也可以通过在"艺术字样式"组中单击"文字效果"下拉按钮，在弹出的下拉列表中设置阴影及三维旋转效果。

3．创建表格

下面创建客户资料卡的表格，具体操作方法如下：

Step 01 插入表格

选择"插入"选项卡，单击"表格"下拉按钮，在弹出下拉列表中的"插入表格"区域拖动鼠标，选择"6×2 表格"，如下图所示。

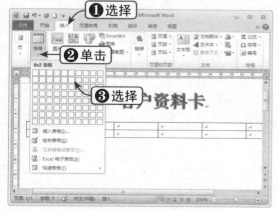

Step 02 查看插入效果

此时，即可看到刚插入的表格，效果如下图所示。

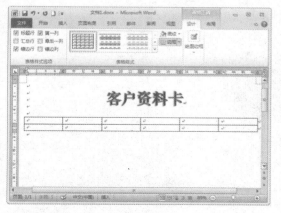

Step 03 选择"插入表格"选项

按【Enter】键换行，选择"插入"选项卡，单击"表格"下拉按钮，在弹出的下拉列表中选择"插入表格"选项，如下图所示。

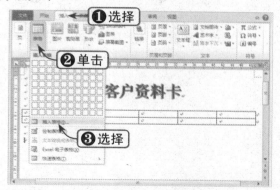

Step 04 设置列数和行数

弹出"插入表格"对话框，在"表格尺寸"选项区中的"列数"和"行数"数值框中分别输入 4 和 8，单击"确定"按钮，如下图所示。

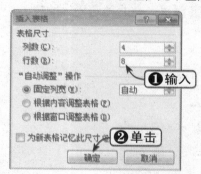

Step 05 查看表格效果

返回文档，此时即可查看插入表格后的效果，如下图所示。

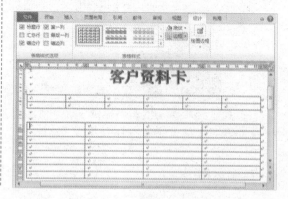

4．调整列宽

下面根据需要调整列的宽度，具体操作方法如下：

Step 01 调整列宽

将鼠标指针放在1、2列之间的分隔线上，当出现左右双向箭头时按住鼠标左键并拖动，此时会出现一条虚线，虚线的位置则是列分隔线将要到达的位置，如下图所示。

Step 02 查看调整效果

根据需要调整其他列的列宽，调整后的效果如下图所示。

5. 合并单元格

下面根据需要将单元格区域进行合并，具体操作方法如下：

Step 01 单击"合并单元格"按钮

选中要合并的单元格区域，选择"布局"选项卡，单击"合并"组中的"合并单元格"按钮，如下图所示。

Step 02 查看合并效果

根据需要将其他单元格合并，并调整其行高，调整后的效果如下图所示。

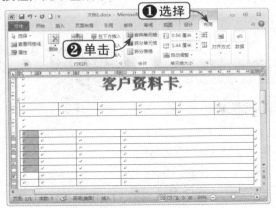

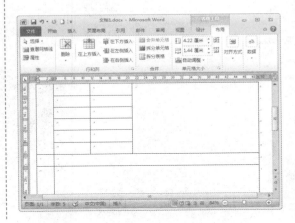

> **知识点拨**
>
> 通过合并单元格，可以使一个复杂的表格变得简单明了。在合并单元格前，可先在一张草纸上绘制出想要的表格效果，然后根据需要进行合并单元格操作。

6. 绘制表格

使用Word 2010提供的绘制表格功能可以随心所欲地绘制表格中的行和列，具体操作方法如下：

Step 01 选择"绘制表格"选项

选择"设计"选项卡,单击"绘制边框"下拉按钮,在弹出的下拉列表中选择"绘制表格"选项,如下图所示。

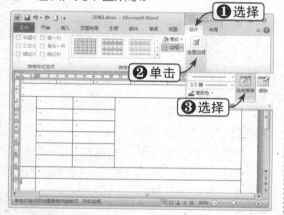

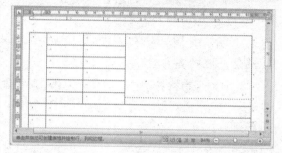

Step 02 绘制边框线

此时鼠标指针呈铅笔形状,在合适的位置按住鼠标左键并拖动,此时会出现一条虚线,虚线则是刚绘制的边框线,如下图所示。

Step 03 查看绘制效果

根据需要绘制其他边框线,并相应地调整行高,效果如下图所示。

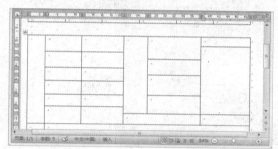

7．设置文字方向

下面根据需要将部分单元格内容的文字方向设置为垂直,具体操作方法如下:

Step 01 选择"文字方向"选项

在单元格内右击,在弹出的快捷菜单中选择"文字方向"选项,如下图所示。

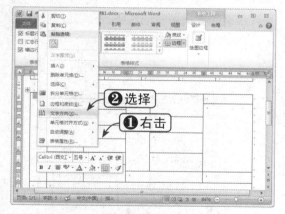

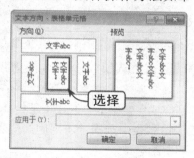

Step 02 选择文字方向

弹出"文字方向-表格单元格"对话框,在"方向"选项区中选择垂直方向中间的选项,如下图所示。

Step 03 查看设置效果

根据需要设置其他单元格的文字方向,并向表格中输入内容,效果如下图所示。

8. 设置单元格对齐方式

下面设置单元格对齐方式，具体操作方法如下：

Step 01 选择对齐方式

选中整个表格并右击，在弹出的快捷菜单中选择"单元格对齐方式"|"水平居中"选项，如下图所示。

Step 02 设置单元格对齐方式

根据需要对其他表格内容设置单元格对齐方式，设置后的效果如下图所示。

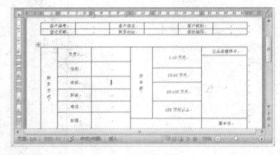

Step 03 插入表格并设置格式

根据需要在页面最下方再插入一个表格，并调整表格行高，合并单元格，设置单元格对齐方式，效果如下图所示。

9. 设置单元格底纹

下面给表格中的单元格填充底纹，以美化页面效果，具体操作方法如下：

Step 01 设置底纹选项

选中整个表格，选择"设计"选项卡，单击"表格样式"组中的"底纹"下拉按钮，在弹出的下拉列表中选择"水绿色，淡色60%"选项，如下图所示。

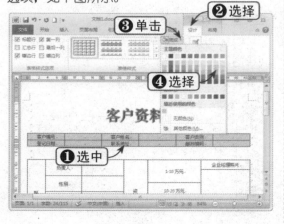

Step 02 查看填充效果

根据需要设置其他表格的底纹颜色，设置后的效果如下图所示。

7.1.2　利用模板创建客户资料卡

创建模板之后，利用创建的模板可以新建客户资料卡，下面将介绍具体的操作方法。

素材文件	光盘：效果文件\第7章\7.1.2利用模板创建客户资料卡.dotx

1. 使用模板新建文档

使用模板新建文档的具体操作方法如下：

Step 01 选择可用模板

新建空白文档，选择"文件"选项卡，在左侧选择"新建"选项，在右侧"可用模板"中选择"根据现有内容新建"选项，如下图所示。

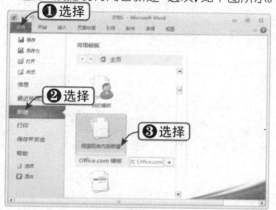

Step 02 选择模板文件

在弹出的对话框中选中创建的模板文件，然后单击"新建"按钮，如下图所示。

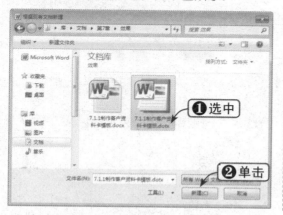

Step 03 查看创建效果

此时，系统会根据选中的模板创建文件名为"文档2"的文档，如下图所示。

Step 04 输入内容

向表格中输入具体的客户资料内容，效果如下图所示。

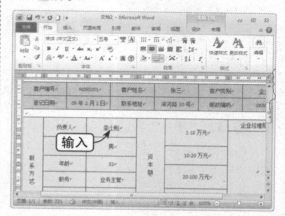

2. 插入特殊符号

下面在客户资料卡中插入特殊符号，具体操作方法如下：

Step 01 选择"其他符号"选项

将光标定位在要插入特殊符号的位置，选择"插入"选项卡，单击"符号"组中的"符号"下拉按钮，在弹出的下拉列表中选择"其他符号"选项，如下图所示。

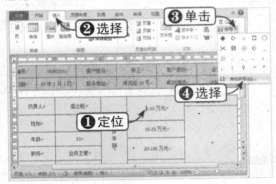

Step 02 选择字体

弹出"符号"对话框，选择"符号"选项卡，在"字体"下拉列表框中选择 Wingdings 2 选项，如下图所示。

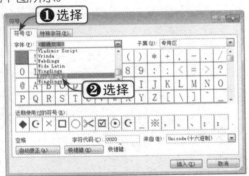

Step 03 选择插入符号

在符号库中找到合适的符号并选中，然后单击"插入"按钮即可，如下图所示。

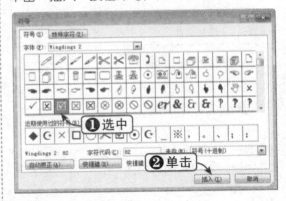

Step 04 查看插入符号效果

根据需要在其他位置继续插入符号，插入后的效果如下图所示。

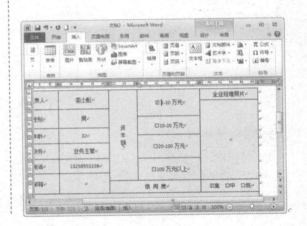

3. 插入图片

下面向客户资料卡中插入图片，使公司负责人对客户的信息了解得更加清楚，具体操作方法如下：

Step 01 单击"图片"按钮

将光标定位在需要插入图片的位置，然后选择"插入"选项卡，单击"插图"组中的"图片"按钮，如右图所示。

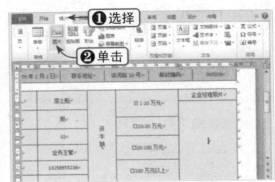

Step 02 选择插入图片

弹出"插入图片"对话框，选中需要插入的素材图片文件"6.jpg"，然后单击"插入"按钮即可，如下图所示。

Step 03 调整图片大小

将鼠标指针移至图片的右下角，当出现斜向双向箭头时调整图片大小，效果如下图所示。至此，一份客户资料卡制作完成，保存文件即可。

7.2 制作客户回访调查问卷和优惠券

客户回访调查问卷一般是企业通过用调查问卷的形式对产品或服务的满意度调查，是客户的消费行为调查与客户关系维系的一种常用手段。同时，对企业在完善客户数据库方面也起到重要的作用。

7.2.1 制作客户回访调查问卷

客户回访调查问卷一般包括客户的基本信息，客户对公司产品、服务质量、售后服务质量的满意度情况等。

	素材文件	光盘：效果文件\第7章\7.2.1制作客户回访调查问卷.dotx

1. 插入艺术字

调查问卷标题用艺术字显示更能突出主题，具体操作方法如下：

Step 01 选择艺术字样式

新建空白文档，选择"插入"选项卡，单击"文本"组中的"艺术字"下拉按钮，在弹出的下拉列表中选择"渐变填充 - 蓝色"选项，如右图所示。

Step 02 设置字号

在艺术字编辑框中输入艺术字文本，选择"开始"选项卡，单击"字体"组中的"字号"下拉按钮，在弹出的下拉列表中选择"初号"，如下图所示。

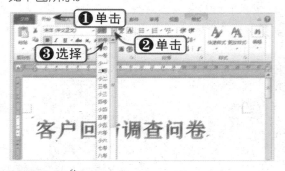

Step 03 设置字体

单击"字体"组中的"字体"下拉按钮，在弹出的下拉列表中选择"华文楷体"选项，如下图所示。

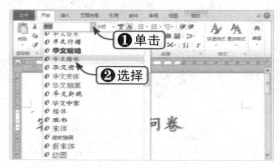

Step 04 选择"其他渐变"选项

选择"格式"选项卡，单击"艺术字样式"组中的"文本填充"下拉按钮，在弹出的下拉列表中选择"渐变"|"其他渐变"选项，如下图所示。

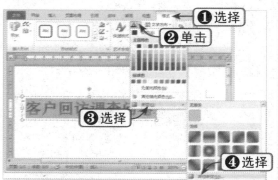

Step 05 删除滑块

弹出"设置文本效果格式"对话框，在左侧选择"文本填充"选项，在右侧选中"渐变填充"单选按钮，将渐变光圈中的滑块2、滑块3、滑块4删除，如下图所示。

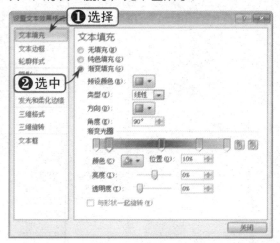

Step 06 设置渐变颜色

选中滑块1，然后在下方的"颜色"下拉列表中选择白色，设置滑块5的"颜色"为紫色，然后单击"关闭"按钮，如下图所示。

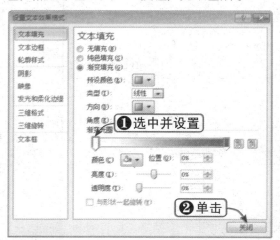

Step 07 选择"设置形状格式"选项

将艺术字移到合适的位置并右击，在弹出的快捷菜单中选择"设置形状格式"选项，如下图所示。

❶右击　❷选择

Step 08 设置填充颜色

弹出"设置形状格式"对话框，在左侧选择"填充"选项，在右侧"填充"选项区中选中"图案填充"单选按钮，选择"深色横线"选项，在"前景色"下拉列表中选择"橄榄色，淡色80%"选项，在"背景色"下拉列表中选择"白色"，单击"关闭"按钮，如下图所示。

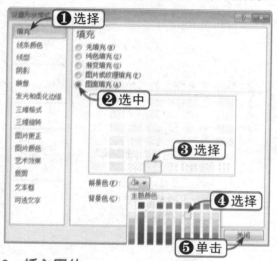

❶选择　❷选中　❸选择　❹选择　❺单击

Step 09 查看艺术字效果

返回文档，此时可以查看设置艺术字后的效果，如下图所示。

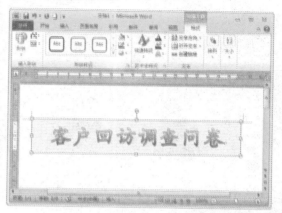

知识点拨

在"设置形状格式"对话框中包含了许多格式效果选项，这些选项可以设置艺术字所在形状的各种特效，而不是艺术字本身。

2. 插入图片

用户可以使用 Word 提供的插图功能在文档中插入剪贴画、来自电脑上的文件以及扫描的图片等，具体操作方法如下：

Step 01 单击"图片"按钮

在标题下方双击以定位光标，选择"插入"选项卡，然后单击"插图"组中的"图片"按钮，如右图所示。

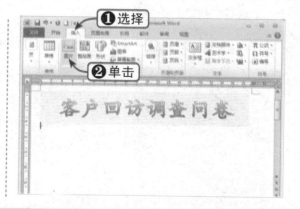

❶选择　❷单击

Step 02 选择插入图片

弹出"插入图片"对话框，选中要插入的图片文件"4.jpg"，然后单击"插入"按钮，如下图所示。

Step 03 调整图片大小

返回文档，此时即可看到插入的图片。将鼠标指针移至图片下边框中间的控制点上，按住鼠标左键并向上拖动，查看调整后的效果，如下图所示。

Step 04 重新着色

选择"格式"选项卡，单击"调整"组中的"颜色"下拉按钮，在弹出下拉列表中的"重新着色"区域选择"紫色"选项，即可对图片重新着色，如下图所示。

3．插入文本框

文本框不仅便于定位，而且可以单独设置格式。下面就在调查问卷中插入文本框，具体操作方法如下：

Step 01 选择文本框

选择"插入"选项卡，单击"插图"组中的"形状"下拉按钮，在弹出的下拉列表中选择"文本框"选项，如右图所示。

知识点拨

用户也可以单击"文本框"下拉按钮，在弹出的下拉列表中选择"绘制文本框"选项来进行操作。

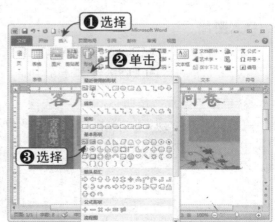

Step 02 绘制并调整文本框

此时，鼠标指针变成十字形状，单击鼠标左键即可绘制一个文本框。调整文本框的大小和位置，效果如下图所示。

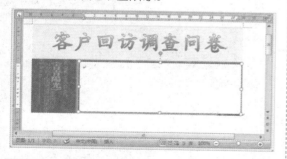

Step 03 设置无填充颜色

选择"格式"选项卡，单击"形状样式"组中的"形状填充"下拉按钮，在弹出的下拉列表中选择"无填充颜色"选项，如下图所示。

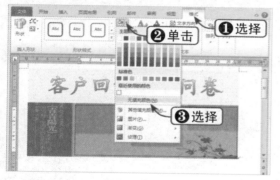

Step 04 设置文本格式

向文本框内输入内容，选中内容，选择"开始"选项卡，单击"字体"组中的"加粗"按钮，设置"字体"为"华文仿宋"，"字号"为"四号"，"颜色"为黄色，如下图所示。

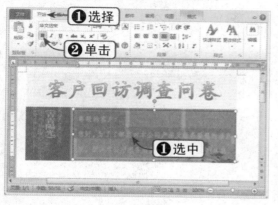

Step 05 绘制其他文本框

根据需要绘制其他文本框，然后向文本框中输入内容，如下图所示。

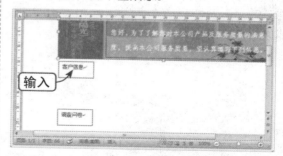

Step 06 设置文本框格式

选中刚绘制的文本框，选择"格式"选项卡，在"形状样式"组中的"形状填充"下拉列表中选择"无填充颜色"选项，在"形状轮廓"下拉列表中选择"无轮廓"选项，如下图所示。

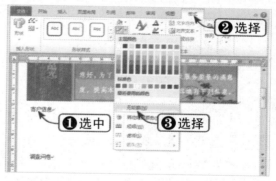

Step 07 设置文本格式

选中文本框中的文本，选择"开始"选项卡，单击"字体"组中的"加粗"按钮，设置"字体"为"华文行楷"，"字号"为"三号"，"字体颜色"为"其他颜色"，如下图所示。

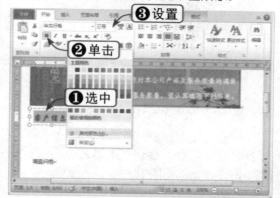

Step 08 设置字体颜色

弹出"颜色"对话框,选择"自定义"选项卡,在"红色"、"绿色"、"蓝色"数值框中分别输入 220、42、207,然后单击"确定"按钮,如下图所示。

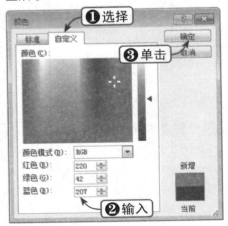

Step 09 设置下划线

单击"字体"组中的"下划线"按钮,在弹出的下拉列表中选择"波浪线",如下图所示。

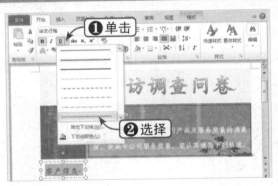

Step 10 查看设置效果

单击"剪贴板"组中的"格式刷"按钮,然后选中下面文本框内的文本"调查问卷",设置后的效果如下图所示。

4.创建表格

下面将问卷信息利用表格的形式呈现出来,具体操作方法如下:

Step 01 选择"插入表格"选项

选择"插入"选项卡,单击"表格"组中的"表格"下拉按钮,在弹出的下拉列表中选择"插入表格"选项,如下图所示。

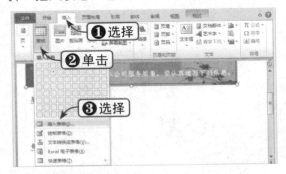

Step 02 设置列数和行数

弹出"插入表格"对话框,在"列数"和"行数"数值框中分别输入 4 和 3,然后单击"确定"按钮,如下图所示。

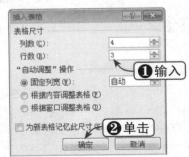

Step 03 输入表格内容

向表格中输入具体的内容,如下图所示。

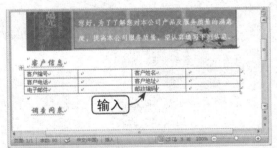

Step 04 插入表格

　　根据需要在"调查问卷"文本框下方再插入一个 3×6 的表格，如下图所示。

Step 05 合并单元格

　　选中表格第一行，选择"布局"选项卡，单击"合并"组中的"合并单元格"按钮，如下图所示。

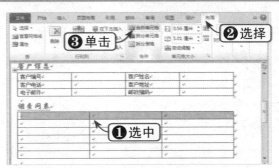

Step 06 查看表格效果

　　根据需要合并其他单元格区域，并向单元格中输入问卷内容，如下图所示。

5. 设置单元格对齐方式

　　下面设置表格中单元格内容的对齐方式，使表格内容看起来更加整齐，具体操作方法如下：

Step 01 设置水平垂直居中

　　选中整个表格并右击，在弹出的快捷菜单中选择"单元格对齐方式"|"水平居中"选项，如下图所示。

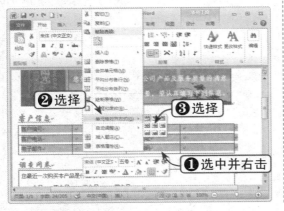

Step 02 查看设置对齐效果

　　根据需要对其他表格进行设置，设置后的效果如下图所示。

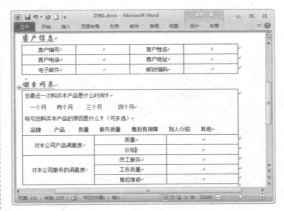

6. 插入特殊符号

　　下面在调查问卷中插入特殊符号，具体操作方法如下：

Step 01 选择"其他符号"选项

将光标定位在需要插入特殊符号的位置，选择"插入"选项卡，单击"符号"组中的"符号"下拉按钮，在弹出的下拉列表中选择"其他符号"选项，如下图所示。

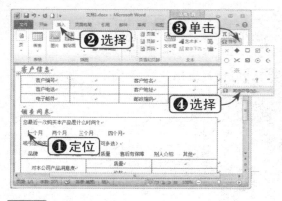

Step 02 选择插入符号

弹出"符号"对话框，选择"符号"选项卡，在"字体"下拉列表框中选择 Wingdings 2 选项，然后选择需要的符号，单击"插入"按钮即可，如下图所示。

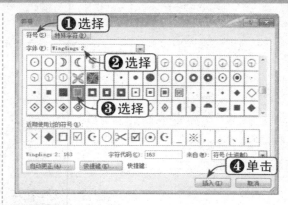

Step 03 查看插入效果

根据需要在其他位置插入符号，插入后的效果如下图所示。

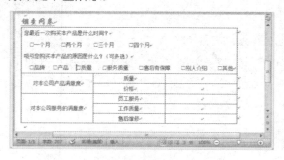

7. 给表格设置边框

通过更改表格边框颜色，可以使生硬死板的表格看起来活泼一些，具体操作方法如下：

Step 01 选择"边框和底纹"选项

选中整个表格，选择"设计"选项卡，单击"表格样式"组中的"边框"下拉按钮，在弹出的下拉列表中选择"边框和底纹"选项，如下图所示。

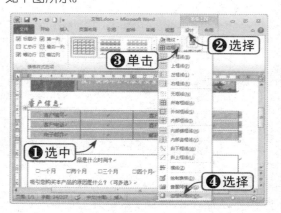

Step 02 设置边框

弹出"边框和底纹"对话框，选择"边框"选项卡，设置"颜色"为紫色，"宽度"为"1.0磅"，然后单击"确定"按钮，如下图所示。

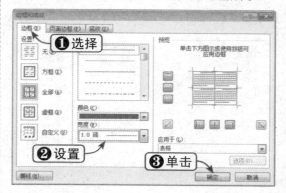

Step 03 查看边框效果

根据需要设置其他表格的边框，并对表格

中的文本更改颜色,设置后的效果如下图所示。

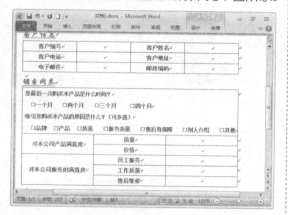

7.2.2 制作优惠券

制作好客户回访调查问卷后,下面再制作一份优惠券,不仅让填写调查问卷的顾客享受优惠,而且更有利于各种调查工作的开展。

	素材文件	光盘:效果文件\第7章\7.2.2制作优惠券.dotx

1. 插入剪切符号

插入剪切符号的具体操作方法如下:

Step 01 选择"其他符号"选项

在表格的下方双击以定位光标,选择"插入"选项卡,单击"符号"组中的"符号"下拉按钮,在弹出的下拉列表中选择"其他符号"选项,如下图所示。

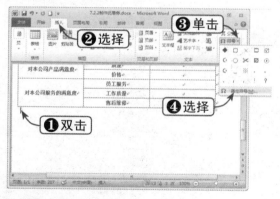

Step 02 选择剪切符号

弹出"符号"对话框,选择"符号"选项卡,

在"字体"下拉列表框中选择 Wingdings 选项,然后选择要插入的符号,单击"插入"按钮即可,如下图所示。

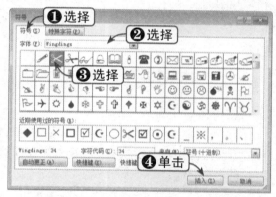

Step 03 调整剪切符号大小

返回文档,选择刚插入的剪切符号,选择"开始"选项卡,单击"字体"组中的"字号"下拉按钮,在弹出的下拉列表中选择"三号",如下图所示。

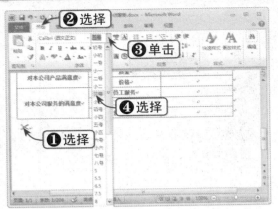

知识点拨

如果是插入一个较小的图片，可以设置图片的版式为"浮于文字上方"，这样就可以比较方便地调整位置了。

2. 绘制剪切线

下面通过绘制剪切线将调查问卷和优惠券进行分隔，具体操作方法如下：

Step 01 选择直线

选择"插入"选项卡，单击"插图"组中的"形状"下拉按钮，在弹出的下拉列表中选择"直线"选项，如下图所示。

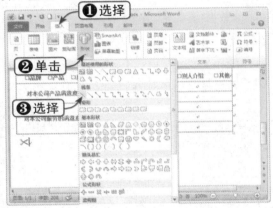

Step 02 绘制水平直线

此时，鼠标指针变成十字形状，按住【Shift】键的同时按住鼠标左键从左向右拖动，即可绘制一条水平直线，如下图所示。

Step 03 设置线条粗细

选择"格式"选项卡，单击"形状样式"组中的"形状轮廓"下拉按钮，在弹出的下拉列表中选择"粗细"|"1.5磅"选项，如下图所示。

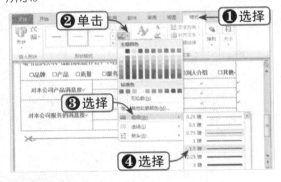

Step 04 设置线条类型

单击"形状样式"组中的"形状轮廓"下拉按钮，在弹出的下拉列表中选择"虚线"|"划线 - 点"选项，如下图所示。

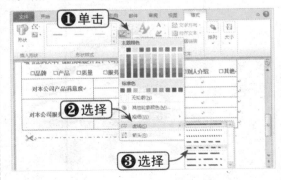

Step 05 查看剪切线效果

此时，即可查看设置直线样式后的效果，如右图所示。

知识点拨

在绘制直线形状时按住【Shift】键，可以绘制水平直线或角度为45度的直线。

3. 插入图片

为了使优惠券看起来更加美观，可以使用 Word 提供的插图功能插入图片，具体操作方法如下：

Step 01 单击"图片"按钮

在要插入图片的位置双击以定位光标，选择"插入"选项卡，单击"插图"组中的"图片"按钮，如下图所示。

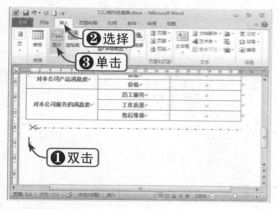

Step 02 选择插入图片

弹出"插入图片"对话框，选中要插入的图片文件"3.jpg"，然后单击"插入"按钮，如下图所示。

Step 03 查看插入图片效果

此时，即可查看插入图片后的效果，如下图所示。

4. 插入文本框

下面在优惠券中插入文本框，具体操作方法如下：

Step 01 选择文本框

选择"插入"选项卡，单击"插图"组中

的"形状"下拉按钮，在弹出的下拉列表中选择"文本框"选项，如下图所示。

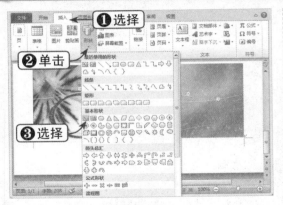

Step 02 绘制并调整文本框

此时，鼠标指针呈十字形状，单击鼠标左键即可绘制一个文本框，再调整文本框的大小和位置，如下图所示。

Step 03 设置无填充颜色

选择"格式"选项卡，单击"形状样式"组中的"形状填充"下拉按钮，在弹出的下拉列表中选择"无填充颜色"选项，如下图所示。

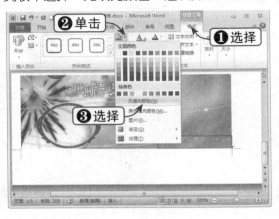

Step 04 设置无轮廓

单击"形状样式"组中的"形状轮廓"下拉按钮，在弹出的下拉列表中选择"无轮廓"选项，如下图所示。

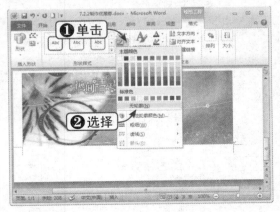

Step 05 输入内容并设置颜色

在文本框内输入内容并将其选中，选择"开始"选项卡，单击"字体"组中的"加粗"按钮，设置字体颜色为紫色，如下图所示。

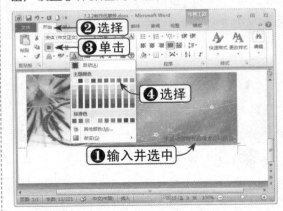

Step 06 查看设置效果

此时，即可查看设置文本框后的效果，如下图所示。

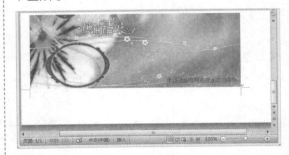

5．创建艺术字

插入艺术字不仅可以使优惠券富有活力，而且可以突出优惠券的主题，具体操作方法如下：

Step 01 选择艺术字样式

选择"插入"选项卡，单击"文本"组中的"艺术字"下拉按钮，在弹出的下拉列表中选择"填充—紫色"选项，如下图所示。

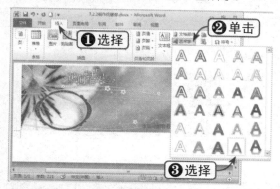

Step 02 输入内容并设置字号

弹出艺术字编辑框，输入内容"优惠券"并将其选中，选择"开始"选项卡，单击"字体"组中的"字号"下拉按钮，在弹出的下拉列表中选择"小初"，如下图所示。

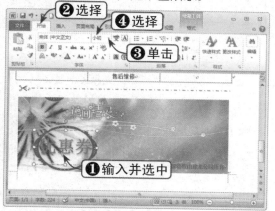

Step 03 选择艺术字样式

选择"插入"选项卡，单击"文本"组中的"艺术字"下拉按钮，在弹出的下拉列表中选择"渐变填充—紫色"选项，如下图所示。

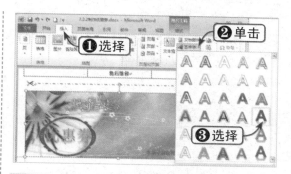

Step 04 输入内容并设置字号

弹出艺术字编辑框，输入内容并将其选中，选择"开始"选项卡，单击"字体"组中的"字号"下拉按钮，在弹出的下拉列表中选择"二号"，如下图所示。

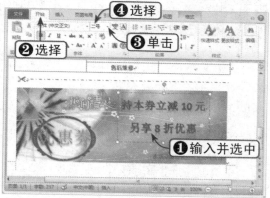

Step 05 调整数字字号

选中艺术字中的数字 10 和 8，单击"字体"组中的"字号"下拉按钮，在弹出的下拉列表中选择"三号"，调整后的效果如下图所示。

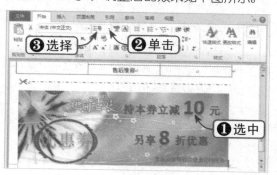

6．组合对象

下面将多个对象进行组合形成一个整体，以方便进行操作，具体操作方法如下：

Step 01 选中组合对象

按住【Shift】键的同时依次单击艺术字、文本框并右击，在弹出的快捷菜单中选择"组合"|"组合"选项，如下图所示。

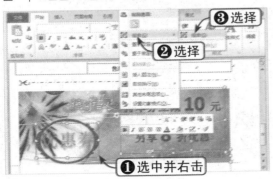

Step 02 查看组合效果

此时，这些对象则组合成为一个整体，如下图所示。至此，一份优惠券制作完成。

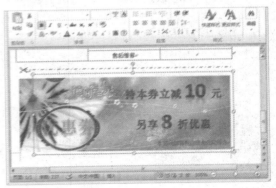

7.3 制作信封

文秘工作者要为每个客户制作和打印信封，虽然 Excel 表中已经有了现成的客户信息数据，但客户的数量可能是几百个甚至上千个，要基于这些数据制作信封，用复制 / 粘贴的老办法需要巨大的劳动量，此时可以使用 Word 2010 提供的信封向导功能快速制作或批量生成信封，这样可以大大提高工作效率。

7.3.1 制作单个信封

Word 2010 提供了制作中文信封的功能，用户可以利用 Word 2010 制作符合国家标准、包含邮政编码、地址和收信人的信封。在 Word 2010 中制作中文信封的具体操作方法如下：

	素材文件	光盘：效果文件\第7章\7.3.1制作单个信封.dotx

Step 01 选择"中文信封"选项

新建一个空白文档，选择"邮件"选项卡，单击"创建"组中的"创建"下拉按钮，在弹出的下拉列表中选择"中文信封"选项，如右图所示。

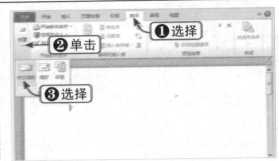

Step 02 打开信封制作向导

弹出"信封制作向导"对话框，左侧显示出制作过程，绿色方框表示当前应用到的步骤，红色方框表示结束操作，单击"下一步"按钮，如下图所示。

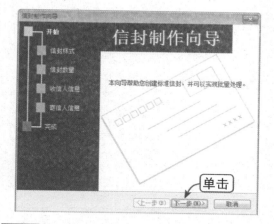

Step 03 选择信封样式

弹出"选择信封样式"对话框，在"信封样式"下拉列表框中选择"国内信封-B6"选项，选中所有的复选框，然后单击"下一步"按钮，如下图所示。

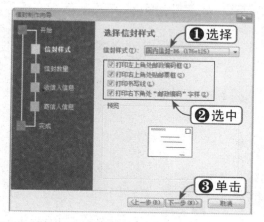

Step 04 选择信封数量

弹出"选择生成信封的方式和数量"对话框，选中"键入收信人信息，生成单个信封"单选按钮，然后单击"下一步"按钮，如下图所示。

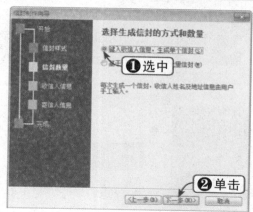

Step 05 输入收信人信息

弹出"输入收信人信息"对话框，在其中的文本框中输入各项信息，然后单击"下一步"按钮，如下图所示。

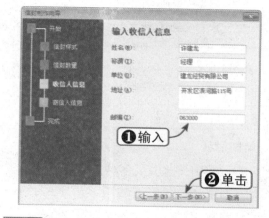

Step 06 输入寄信人信息

弹出"输入寄信人信息"对话框，在其中的文本框中输入各项信息，然后单击"下一步"按钮，如下图所示。

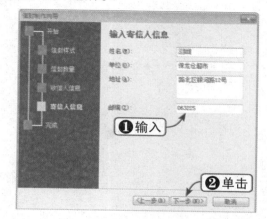

Step 07 完成信封制作

弹出"信封制作向导"对话框，单击"完成"按钮，即可返回文档，进一步查看制作的信封，如下图所示。

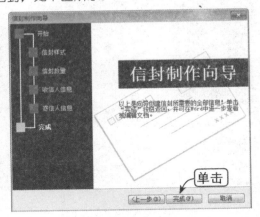

Step 08 生成信封

此时，就在新建的文档中生成相应的信封，而且系统会自动将收信人与寄信人的信息填写到相应的位置上，如下图所示。

7.3.2 美化信封

信封制作完之后，看上去很单一，可以通过插入图片、设置页面背景等来美化信封。下面将详细介绍美化信封的操作方法。

 素材文件 光盘：效果文件\第7章\7.3.2美化信封.dotx

1．绘制形状

Word 2010 提供了多种形状以供使用，用户可以充分发挥自己的想象力，使用这些形状绘制组合出更好看的图形。

Step 01 选择形状

打开"素材文件\第7章\7.3.2美化信封.docx"，选择"插入"选项卡，单击"插图"组中的"形状"下拉按钮，在弹出的下拉列表中选择"新月形"选项，如下图所示。

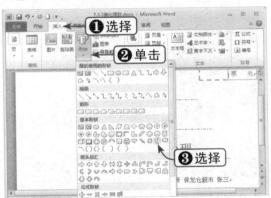

Step 02 绘制并调整图形

此时鼠标指针呈十字形状，单击即可创建一个新月形图形，调整图形的大小和位置，如下图所示。

Step 03 复制并调整图形

复制一个同样的图形,将鼠标指针放在绿色控制点上,按住鼠标左键并拖动即可对其进行旋转,并调整其位置,如下图所示。

Step 04 组合图形

按住【Ctrl】键的同时依次单击两个图形,并在选中的图形上右击,在弹出的快捷菜单中选择"组合"|"组合"选项,如下图所示。

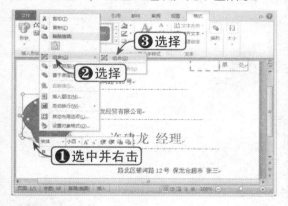

Step 05 查看组合效果

将组合的整体图形复制一份,并对副本进行旋转,然后调整其位置,如下图所示。

Step 06 组合图形

将两个整体图形再进行组合,组合后的效果如下图所示。

Step 07 设置形状效果

选择"格式"选项卡,单击"形状样式"组中的"形状效果"下拉按钮,在弹出的下拉列表中选择"预设"|"预设10"选项,如下图所示。

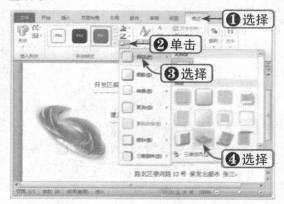

> **知识点拨**
>
> 在复制图形时,按住【Ctrl】键的同时使用鼠标拖动图形,即可进行复制。在旋转图形时,可以根据需要调节图形中心点的位置,使图形以中心点进行旋转。

2. 编辑页眉

下面在页眉中插入图形,使页面更加美观,具体操作方法如下:

Step 01 剪切并粘贴图形

选中前面绘制的图形并按【Ctrl+X】组合键，双击页眉的位置，进入页眉编辑状态，然后按【Ctrl+V】组合键粘贴，如下图所示。

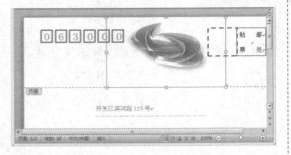

Step 02 选择"其他布局选项"选项

选择"格式"选项卡，单击"排列"组中的"位置"下拉按钮，在弹出的下拉列表中选择"其他布局选项"选项，如下图所示。

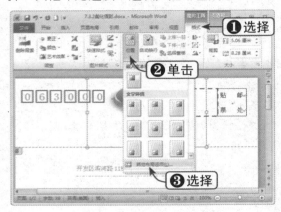

Step 03 设置文字环绕方式

弹出"布局"对话框，选择"文字环绕"选项卡，单击"环绕方式"选项区中的"浮于文字上方"按钮，然后单击"确定"按钮，如下图所示。

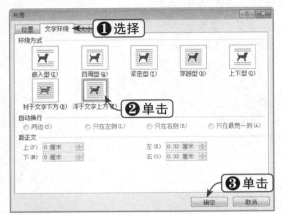

Step 04 查看调整效果

返回文档，此时可以调整图片的位置和大小，调整后的效果如下图所示。

3. 绘制修饰直线

下面在信封上绘制修饰的直线，具体操作方法如下：

Step 01 选择直线

选择"插入"选项卡，单击"插图"组中的"形状"下拉按钮，在弹出的下拉列表中选择"直线"选项，如右图所示。

知识点拨

要想连续地绘制直线，可以在"直线"选项上右击，在弹出的快捷菜单中选择"锁定绘图模式"选项。

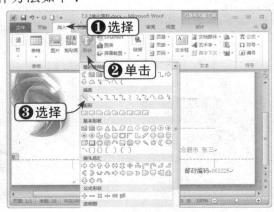

Step 02 绘制直线

此时，鼠标指针呈十字形状，按住鼠标左键并拖动即可绘制一条直线，并调整其长度，如下图所示。

Step 03 设置形状样式

选择"格式"选项卡，单击"形状样式"列表中的"中等线 - 强调颜色 5"选项，如下图所示。

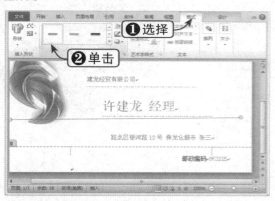

Step 04 复制图形

复制两条直线，并应用样式，然后将其组合成一个整体，并调整其位置，效果如下图所示。

Step 05 查看设置效果

双击正文位置，退出页眉页脚编辑状态。返回文档，此时即可查看设置页眉后的效果，如下图所示。

4．设置页面颜色

下面对信封的背景颜色进行设置，使页面效果更加完美，具体操作方法如下：

Step 01 选择"填充效果"选项

选择"页面布局"选项卡，单击"页面背景"组中的"页面颜色"下拉按钮，在弹出的下拉列表中选择"填充效果"选项，如右图所示。

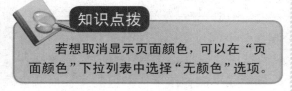

知识点拨

若想取消显示页面颜色，可以在"页面颜色"下拉列表中选择"无颜色"选项。

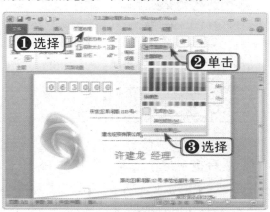

Step 02 设置前景颜色

弹出"填充效果"对话框，选择"图案"选项卡，在"前景"下拉列表中选择"其他颜色"选项，如下图所示。

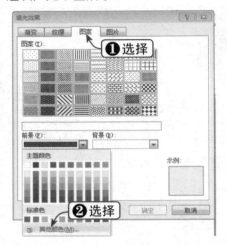

Step 03 设置颜色

弹出"颜色"对话框，选择"自定义"选项卡，在"红色"、"绿色"、"蓝色"数值框中依次输入248、236和236，单击"确定"按钮，如下图所示。

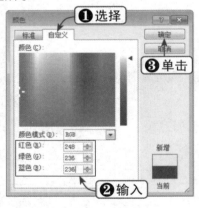

Step 04 选择图案

返回"填充效果"对话框，在"图案"选项区中选择"宽上对角线"选项，然后单击"确定"按钮，如下图所示。

Step 05 查看设置效果

返回文档，此时即可查看设置页面背景后的效果，如下图所示。

7.3.3 批量生成信封

要想批量生成信封，首先需要在 Word 中制作一个信封文档，这个文档称作"主文档"；然后将它与存放客户数据的 Excel 表格或数据库建立连接关系，存放数据的文件称作"数据源"；最后将主文档和数据源合并，就能成批制作出所需的信封了，而且每个信封上的收信人地址等内容是不一样的。

 素材文件 光盘：效果文件\第7章\7.3.3批量生成信封.dotx

Step 01 选择"使用现有列表"选项

打开"素材文件\第7章\7.3.3批量生成信封.docx",选择"邮件"选项卡,单击"开始邮件合并"组中的"选择收件人"下拉按钮,在弹出的下拉列表中选择"使用现有列表"选项,如下图所示。

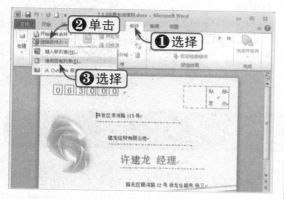

Step 02 选择收件人

弹出"选取数据源"对话框,在"文件类型"下拉列表中选择"Excel文件",选中素材文件xinxi1.xlsx,然后单击"打开"按钮,如下图所示。

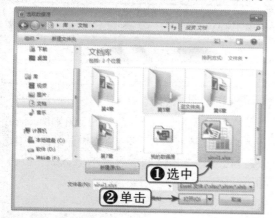

Step 03 选择表格

弹出"选择表格"对话框,选择Sheet1$,然后单击"确定"按钮,如下图所示。

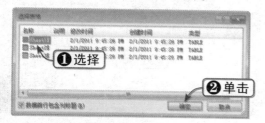

Step 04 选择插入合并域

选中并删除邮政编码,单击"编写和插入域"组中的"插入合并域"下拉按钮,在弹出的下拉列表中选择"邮政编码"选项,如下图所示。

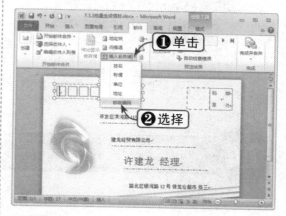

Step 05 插入合并域

采用同样的方法将该文档和数据源的"地址"、"单位"、"姓名"和"称谓"进行合并,如下图所示。

Step 06 选择"编辑单个文档"选项

单击"完成"组中的"完成并合并"下拉按钮,在弹出的下拉列表中选择"编辑单个文档"选项,如下图所示。

Step 07 选择合并记录

弹出"合并到新文档"对话框，在"合并记录"选项区中选中"全部"单选按钮，单击"确定"按钮，如下图所示。

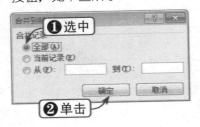

Step 08 查看合并效果

返回文档，此时即可看到合并后的文档"信函 1.docx"，保存文件，如下图所示。

7.4 制作名片

名片是当代社会商务交往中一种最为经济实用的介绍性工具，是自我身份的简短介绍，也是商界及企业的微型广告。由于它印制规范、文字简洁、使用方便、便于携带、易于保存，因此颇受社会各界的欢迎。下面将详细介绍如何制作名片。

7.4.1 基于模板制作名片

制作名片的方法有很多，下面将介绍如何利用 Word 2010 提供的 Office.com 模板功能制作名片，这种方法既方便，又快捷。

	素材文件	光盘：效果文件\第7章\7.4.1基于模板制作名片.dotx

Step 01 选择"名片"选项

新建空白文档，选择"文件"选项卡，在左侧选择"新建"选项，在右侧 Office.com 列表中选择"名片"选项，如下图所示。

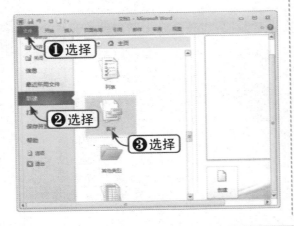

Step 02 选择名片样式

打开"用于打印"文件夹，在 Office.com 列表中选择名片样式，在右侧"预览框"中可以查看效果，选择好模板后单击"下载"按钮，如下图所示。

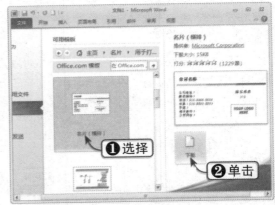

Step 03 显示下载名片

此时即可创建新文档，并将下载后的名片在页面中排版，如下图所示。

Step 04 更改名片信息

将名片信息输入到模板文档中即可，如下图所示。

7.4.2 设计名片

利用模板创建出的名片虽然简单、快捷，但不一定能满足用户的要求。用户可以根据需要自己设计制作有特色的、符合人际交往实际需要的名片，具体操作方法如下：

素材文件	光盘：效果文件\第7章\7.4.2设计名片.dotx

1. 绘制矩形

利用矩形作为名片的框架，首先绘制矩形，具体操作方法如下：

Step 01 选择矩形形状

新建空白文档，选择"插入"选项卡，单击"插图"组中的"形状"下拉按钮，在弹出的下拉列表中选择"矩形"选项，如下图所示。

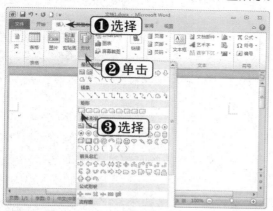

Step 02 绘制矩形图形

此时鼠标指针呈十字形状，单击鼠标左键

即可绘制一个矩形图形，如下图所示。

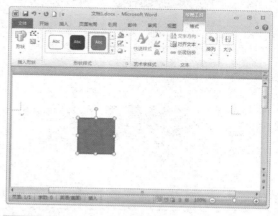

Step 03 调整宽度和高度

选择"格式"选项卡，在"大小"组中将"宽度"和"高度"数值框中的数值分别设置为"8.8厘米"和"5.5厘米"，如下图所示。

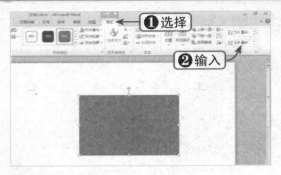

Step 04 设置形状填充

选择"格式"选项卡，单击"形状样式"组中的"形状填充"下拉按钮，在弹出的下拉列表中选择"图片"选项，如下图所示。

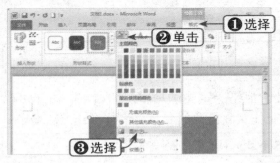

Step 05 选择插入图片

弹出"插入图片"对话框，选中素材图片文件"8.jpg"，然后单击"插入"按钮，如下图所示。

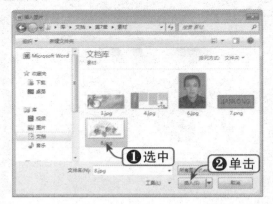

Step 06 设置形状效果

选择图片，选择"格式"选项卡，单击"形状样式"组中的"形状效果"下拉按钮，在弹出的下拉列表中选择"预设"|"预设8"选项，如下图所示。

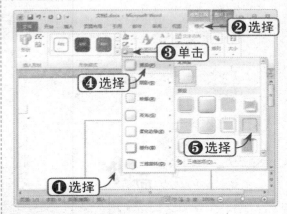

Step 07 设置排列次序

选中图片并右击，然后在弹出的快捷菜单中选择"置于底层"|"置于底层"选项，如下图所示。

2．绘制文本框

下面通过插入文本框输入名片的各项信息，具体操作方法如下：

Step 01 选择文本框

选择"插入"选项卡，单击"插图"组中的"形状"下拉按钮，在弹出的下拉列表中选择"文本框"选项，如下图所示。

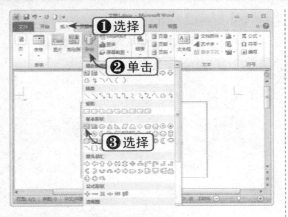

Step 02 绘制并调整文本框

此时鼠标指针呈十字形状，单击鼠标左键即可绘制一个文本框，再调整其大小和位置，效果如下图所示。

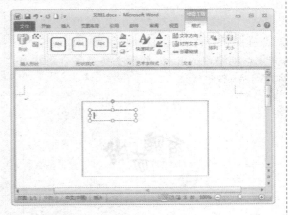

Step 03 设置无填充颜色

选择"格式"选项卡，单击"形状样式"组中的"形状填充"下拉按钮，在弹出的下拉列表中选择"无填充颜色"选项，如下图所示。

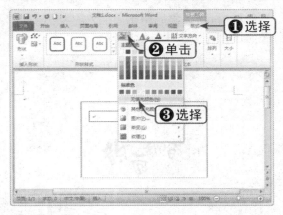

Step 04 设置无形状轮廓

单击"形状样式"组中的"形状轮廓"下拉按钮，在弹出的下拉列表中选择"无轮廓"选项，如下图所示。

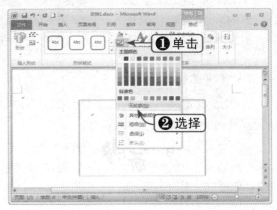

3．插入图片

下面使用 Word 提供的插图功能插入公司特有的 Logo 图片，具体操作方法如下：

Step 01 单击"图片"按钮

将光标定位在文本框内，选择"插入"选项卡，单击"插图"组中的"图片"按钮，如右图所示。

知识点拨

在文本框中可以设置图文混排，并且能够很方便地移动它们的位置。

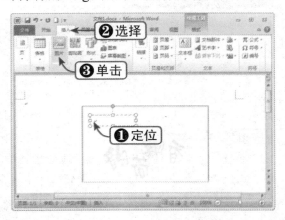

Step 02 选择插入图片

弹出"插入图片"对话框，选中素材图片文件"1.png"，然后单击"插入"按钮，如下图所示。

Step 03 查看插入图片效果

此时，即可查看插入图片后的效果，并调整图片的大小，如下图所示。

知识点拨

Logo 是徽标或者商标的英文说法，起到对徽标拥有公司的识别和推广的作用，通过形象的 Logo 可以让消费者记住公司主体和品牌文化。网络中的 Logo 徽标主要是各个网站用来与其他网站链接的图形标志，代表一个网站或网站的一个板块。

4．设置字体格式

通过设置名片文本的字体格式，可以使主题更加突出，具体操作方法如下：

Step 01 单击对话框启动器按钮

在文本框内输入文本"建龙集团"，选择"开始"选项卡，单击"字体"组右下角的对话框启动器按钮，如下图所示。

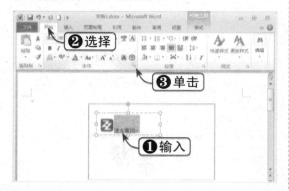

Step 02 设置字体格式

弹出"字体"对话框，选择"字体"选项卡，设置"中文字体"为"方正姚体"，"字形"为"加粗"，"字号"为"三号"，如下图所示。

Step 03 设置字符间距

选择"高级"选项卡，在"字符间距"选项区中的"间距"下拉列表框中选择"紧缩"选项，并设置"磅值"为"1.7磅"，单击"确定"按钮，如下图所示。

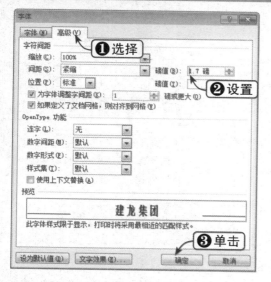

根据需要再复制 3 个文本框，并设置文本框中的文本格式，设置后的效果如下图所示。

5．设置文本框填充效果

用户可以根据需要设置文本框的填充效果，以突出文本框内的字体效果，具体操作方法如下：

Step 01 绘制文本框

根据需要绘制一个文本框，并在文本框中输入具体内容，如地址、手机、传真、电话、网址等，如下图所示。

Step 02 设置形状填充

选中文本框，选择"格式"选项卡，单击"形状样式"组中的"形状填充"下拉按钮，在弹出的下拉列表中选择"渐变"|"其他渐变"选项，如下图所示。

Step 03 渐变填充

弹出"设置形状格式"对话框，然后在"填充"选项区中选中"渐变填充"单选按钮，在"预设颜色"下拉列表中选择"羊皮纸"选项，在"渐变光圈"中选择"滑块 1"，然后在"颜色"下拉列表中选择"其他颜色"选项，如下图所示。

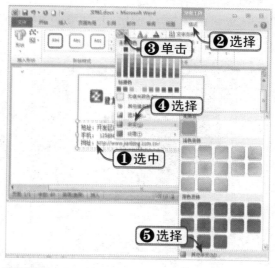

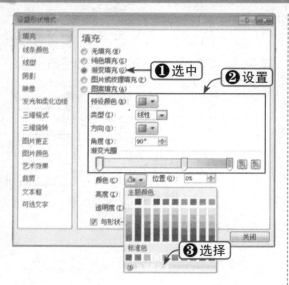

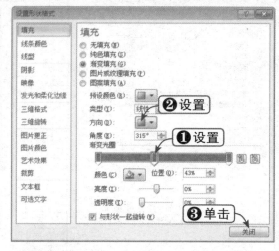

Step 04 自定义颜色

弹出"颜色"对话框，选择"自定义"选项卡，在"红色"、"绿色"、"蓝色"数值框中依次输入151、104、152，然后单击"确定"按钮，如下图所示。

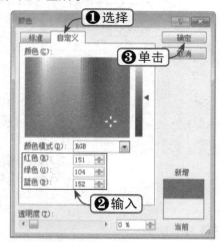

Step 05 设置渐变光圈

返回"设置形状格式"对话框，采用同样的方法设置"滑块2"和"滑块3"的颜色，在"方向"下拉列表中选择"线性对角，左下到右上"选项，单击"关闭"按钮，查看设置后的效果，如下图所示。

Step 06 查看设置效果

返回文档，此时即可查看设置文本框填充颜色后的效果，如下图所示。

Step 07 设置字体颜色

根据需要将文本框内的字体颜色设置为白色，设置后的效果如下图所示。

6. 组合对象

下面将多个对象组合成一个整体，以方便操作，具体操作方法如下：

Step 01 选择"组合"选项

按住【Shift】键，将矩形、图片、文本框等依次单击选中，然后右击，在弹出的快捷菜单中选择"组合"|"组合"选项，如下图所示。

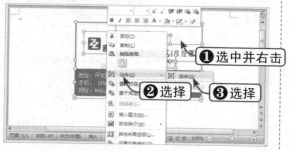

Step 02 查看组合效果

此时，即可查看对象组合后的效果，如下图所示。

7. 页面设置

新建一个空白文档，并对文档进行页面设置，具体操作方法如下：

Step 01 选择纸张方向

新建一个空白文档，选择"页面布局"选项卡，单击"页面设置"组中的"纸张方向"下拉按钮，在弹出的下拉列表中选择"横向"选项，如下图所示。

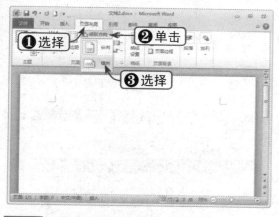

Step 02 选择"自定义页边距"选项

单击"页面设置"组中的"页边距"下拉按钮，在弹出的下拉列表中选择"自定义页边距"选项，如下图所示。

Step 03 设置页边距值

弹出"页面设置"对话框，选择"页边距"选项卡，在"上"、"下"、"左"、"右"数值框中依次输入"0厘米"、"0厘米"、"0.5厘米"和"0厘米"，单击"确定"按钮，如下图所示。

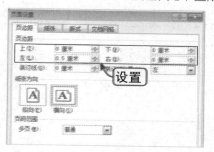

8. 插入表格

制作好一个名片后，为了节省纸张，将名片利用表格进行排版，在此制作 1 页排 9 张名片的效果，具体操作方法如下：

Step 01 插入表格

选择"插入"选项卡，单击"表格"组中的"表格"下拉按钮，在弹出的下拉列表中的"插入表格"区域拖动鼠标，选择 3×3 表格，如下图所示。

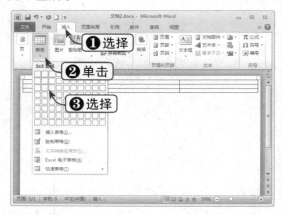

Step 02 调整行高

将鼠标指针移至第 1、2 行之间的分隔线上，当出现上下箭头时按住鼠标左键并移动，此时会出现一条虚线，虚线的位置则是分隔线将要到达的位置，如下图所示。

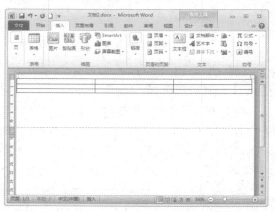

Step 03 查看行高效果

采用相同的方法调整其他行的行高，调整后的效果如下图所示。

Step 04 复制并粘贴组合图片

切换到"文档 1"，复制组合图片，返回"文档 2"，将图片在单元格内粘贴，粘贴后的效果如下图所示。保存文件，至此一份名片设计完毕。

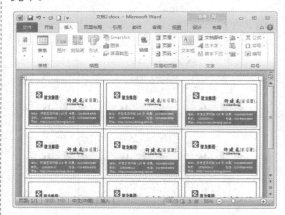

第 **8** 章 行政规划管理

企业要获得稳定的发展，就必须制定完善的管理制度，将管理制度的严格执行纳入公司的日常管理当中，并深入到每个员工的工作意识当中。本章将对公司行政管理层结构图和公司行政管理制度手册的制作方法进行详细介绍。

本章学习重点

1. 制作行政管理层结构图
2. 制作公司管理制度手册

重点实例展示

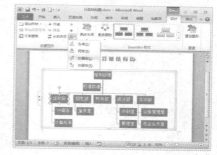

设置悬挂

本章视频链接

添加分支

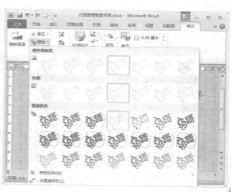

设置冲蚀效果

8.1 制作行政管理层结构图

每家公司的规模大小、经营范围、管理模式和组织分工都不相同，因此每个公司的管理分工和层次结构也不相同。行政管理层结构图能说明公司的行政管理架构，下面将对公司行政管理层结构图的制作方法进行详细介绍。

8.1.1 制作艺术字标题

首先为整个结构图制作标题，为了醒目与美观起见，可以使用艺术字来设计标题，具体操作方法如下：

Step 01 新建横向文档

新建一个空白文档，选择"页面布局"选项卡，单击"页面设置"组中的"纸张方向"下拉按钮，在弹出的下拉列表中选择"横向"选项，如下图所示。

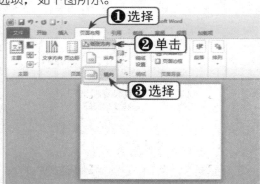

Step 02 选择艺术字样式

选择"插入"选项卡，单击"文本"组中的"艺术字"下拉按钮，在弹出的列表中选择一种艺术字样式，如下图所示。

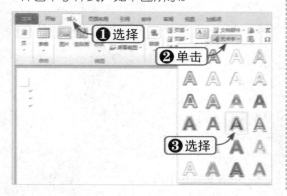

Step 03 选择"左右居中"对齐

在插入的形状中输入文字，选择"格式"选项卡，单击"排列"组中的"对齐"下拉按钮，在弹出的下拉列表中选择"左右居中"选项，如下图所示。

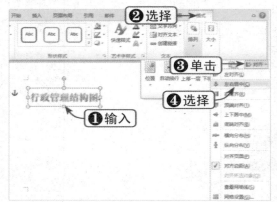

Step 04 设置字体格式

使用"开始"选项卡下"字体"组中的相关功能设置标题字体，可以在标题中加入空格分隔标题，如下图所示。

Step 05 查看标题效果

调整标题的上下位置后保存文档，设置好的标题效果如右图所示。

8.1.2 制作结构图

下面在标题的下方插入结构图。制作结构图可以使用 SmartArt 图形，这样可以方便地制作出具有专业化效果的结构图，具体操作方法如下：

Step 01 单击 SmartArt 按钮

继续上一节进行操作，选择"插入"选项卡，单击"插图"组中的 SmartArt 按钮，如下图所示。

Step 02 选择 SmartArt 图形

弹出"选择 SmartArt 图形"对话框，然后在左侧选择"层次结构"选项，并在中间列表中选择样式，单击"确定"按钮，如下图所示。

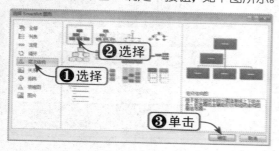

Step 03 输入文字

此时在文档中出现图形，在标题后输入回车符调整图形位置，并在形状中输入文字，如下图所示。

Step 04 单击折叠按钮

也可以单击图形框左侧的折叠按钮，在弹出的小窗格中也可以直接输入需要的文本内容，如下图所示。

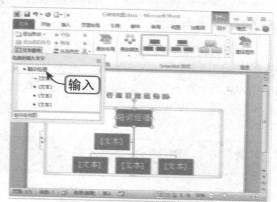

Step 05 删除形状

如果有不需要的形状，可以将其删除。选中形状，按【Delete】键即可将其删除，如下图所示。在此不删除，并在各个形状中输入文字。

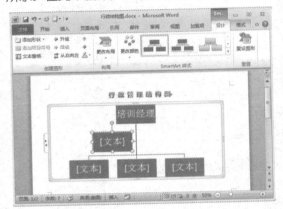

Step 06 添加分支

右击形状，在弹出的快捷菜单中选择"添加形状"|"在后面添加形状"选项，如下图所示。

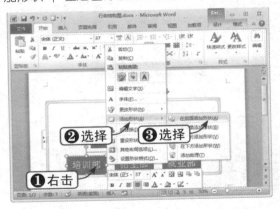

Step 07 添加下方分支

选中要添加分支的形状，单击"设计"选项卡下"创建图形"组中的"添加形状"下拉按钮，在弹出的下拉列表中选择"在下方添加形状"选项，如下图所示。

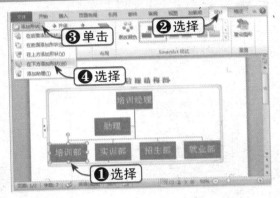

Step 08 完善结构图

按照上面的方法继续完善结构图，并输入对应的内容，如下图所示。

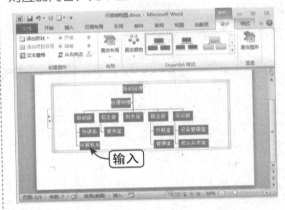

Step 09 查看最终效果

按照公司内部的管理结构建立形状的分支结构，最终效果如下图所示。

8.1.3 修改结构图

根据公司的结构变化，或者对结构图进行美化等都需要对 SmartArt 图形进行修改操作，具体操作方法如下：

Step 01 修改悬挂

继续上一节进行操作，选中形状，选择"设计"选项卡，单击"创建图形"组中的"布局"下拉按钮，在弹出的下拉列表中选择"左悬挂"选项，如下图所示。

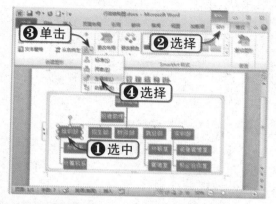

Step 02 调整级别

选中形状，单击"创建图形"组中的"升级"按钮，如下图所示。

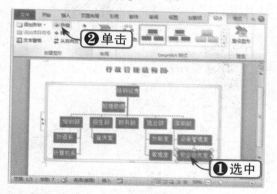

Step 03 修改排列方向

单击"创建图形"组中的"从右向左"按钮，调整图形的排列方向，如下图所示。

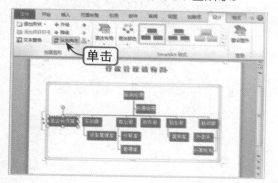

Step 04 修改布局

选择"设计"选项卡，在"布局"组的列表框中选择一种新的布局，如下图所示。

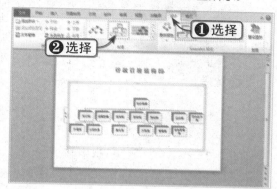

Step 05 更改颜色

选择"设计"选项卡，单击"更改颜色"下按按钮，在弹出的下拉列表中选择新的颜色，如下图所示。

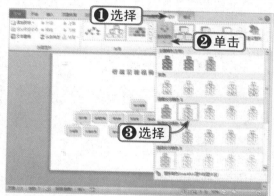

Step 06 修改样式

选择"设计"选项卡，在 SmartArt 组的列表框中选择新的样式，如下图所示。

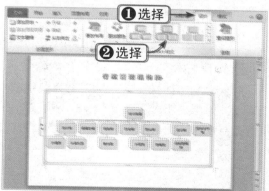

Step 07 修改形状样式

可以修改单一形状样式。选中形状,在"格式"选项卡下"形状样式"组中的列表框中选择一种样式,如下图所示。

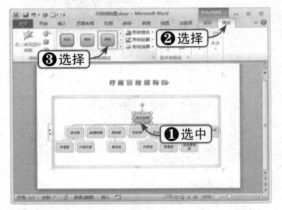

Step 08 其他格式设置

更详细的设置需要通过对话框进行操作。单击"形状样式"组右下角的对话框启动器按钮,弹出"设置形状格式"对话框,在其中可以进行其他设置,单击"关闭"按钮,如下图所示。

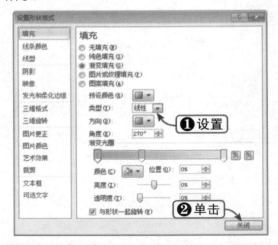

Step 09 设置艺术字

形状中的字体属于艺术字。选择"格式"选项卡,单击"艺术字样式"组右下角的对话框启动器按钮,如下图所示。

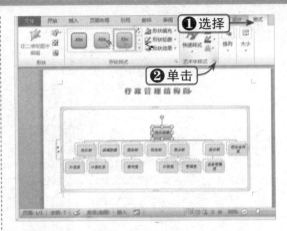

Step 10 设置文本效果格式

弹出"设置文本效果格式"对话框,在其中可以设置文本的效果格式,单击"关闭"按钮,如下图所示。

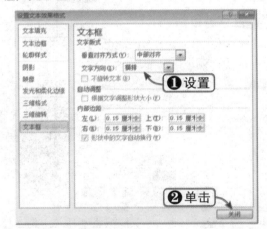

Step 11 设置 SmartArt 图形大小

选择"格式"选项卡,在"大小"组中的数值框中可以设置 SmartArt 图形的大小,如下图所示。

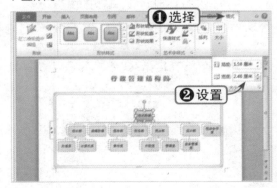

8.2 制作公司管理制度手册

公司的发展离不开严格的管理制度，更需要将严格的制度贯彻到管理过程当中。制作公司的管理制度手册有助于宣传规章制度，也便于进行科学的管理。

8.2.1 制作封面

为了体现制度的严肃性和规范性，应当为公司制度手册制作一个封面。Word 2010 提供了预设的封面，用户也可以自己进行设计。制作封面的具体操作方法如下：

Step 01 新建文档

新建空白文档，保存并重命名文档。选择"页面布局"选项卡，单击"页面设置"组右下角的对话框启动器按钮，如下图所示。

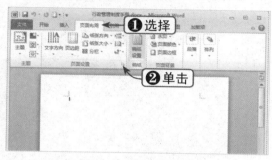

Step 02 设置纸张

弹出"页面设置"对话框，选择"纸张"选项卡，设置"纸张大小"为"自定义大小"，"宽度"和"高度"分别为 26.9 厘米、19 厘米，单击"确定"按钮，如下图所示。

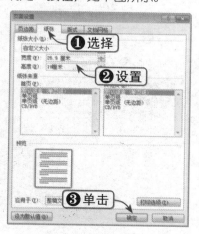

Step 03 忽略提示信息

弹出提示信息框，提示页边距超出打印区，在此单击"忽略"按钮，如下图所示。

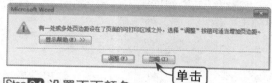

Step 04 设置页面颜色

选择"页面布局"选项卡，单击"页面背景"组中的"页面颜色"下拉按钮，在弹出的列表中选择一种颜色，如下图所示。

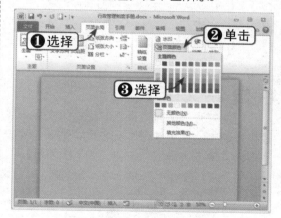

Step 05 设置填充效果

也可以根据需要填充一种渐变效果。在"页面颜色"下拉列表中选择"填充效果"选项，如下图所示。

新手学Word/Excel文秘与行政应用宝典

Step 06 选择渐变色

弹出"填充效果"对话框，选择"渐变"选项卡，选中"双色"单选按钮，在"颜色1"和"颜色2"下拉列表框中各选择一种颜色，在"底纹样式"选项区中选择一种样式，单击"确定"按钮，如下图所示。

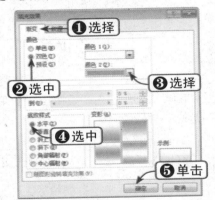

Step 07 选择填充纹理

再次打开"填充效果"对话框，选择"纹理"选项卡，在"纹理"列表框中选择一种纹理效果，单击"确定"按钮，如下图所示。

Step 08 查看填充纹理效果

此时，即可查看设置填充纹理效果后的效果，如下图所示。

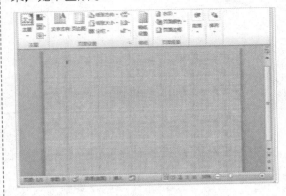

Step 09 插入艺术字

选择"插入"选项卡，单击"文本"组的"艺术字"下拉按钮，在弹出的列表中选择一种艺术字样式，如下图所示。

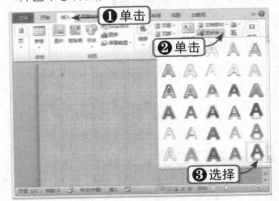

Step 10 设置字体格式

选择"开始"选项卡，在"字体"组中设置标题的字体格式，如下图所示。

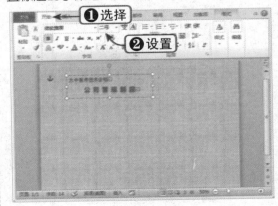

Step 11 查看宽度

选中艺术字形状,在"格式"选项卡下"大小"组中可以看到形状的宽度,记下该数值,如下图所示。

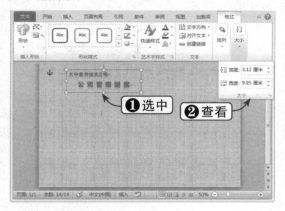

Step 12 选择"其他布局选项"选项

右击艺术字形状边框,然后在弹出的快捷菜单中选择"其他布局选项"选项,如下图所示。

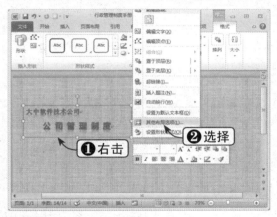

Step 13 设置艺术字位置

弹出的"布局"对话框中选择"位置"选项卡,选中"水平"选项区中的"绝对位置"单选按钮,在右侧数值框中输入15.9厘米,在"右侧"下拉列表框中选择"页面"选项,单击"确定"按钮,如下图所示。

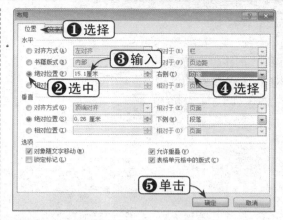

Step 14 插入直线

选择"插入"选项卡,单击"插图"组中的"形状"下拉按钮,在弹出的下拉列表中选择"直线"选项,如下图所示。

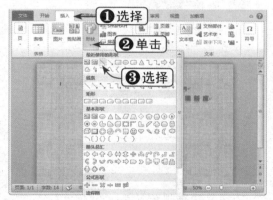

Step 15 调整直线位置和宽度

拖动鼠标绘制直线,调整直线到标题正文下面,宽度等于标题宽度,如下图所示。

Step 16 插入矩形

选择"插入"选项卡,单击"插图"组中的"形状"下拉按钮,在弹出的下拉列表中选择"矩形"选项,如下图所示。

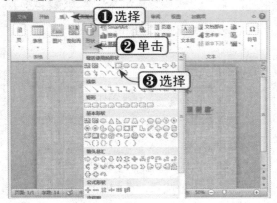

Step 17 选择"添加文字"选项

拖动鼠标绘制矩形并右击,在弹出的快捷菜单中选择"添加文字"选项,如下图所示。

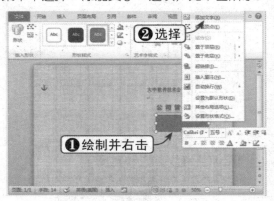

Step 18 单击"图片"按钮

选择"插入"选项卡,单击"插图"组中的"图片"按钮,如下图所示。

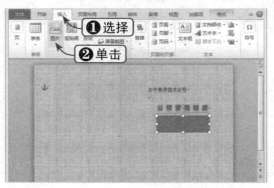

Step 19 选择装饰图片

弹出"插入图片"对话框,选择装饰图片,单击"插入"按钮,如下图所示。

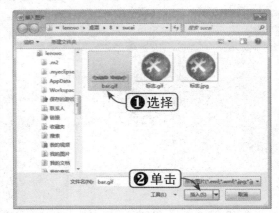

Step 20 选择"设置形状格式"选项

右击形状,在弹出的快捷菜单中选择"设置形状格式"选项,如下图所示。

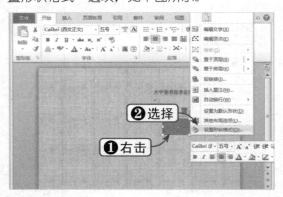

Step 21 设置填充背景

弹出"设置形状格式"对话框,在左侧选择"填充"选项,在右侧选中"无填充"单选按钮,如下图所示。

Step 22 设置无线条边框

在左侧选择"线条颜色"选项，在右侧选中"无线条"单选按钮，如下图所示。

Step 23 单击"文本框"下拉按钮

选择"插入"选项卡，单击"文本"组中的"文本框"下拉按钮，如下图所示。

Step 24 选择文本框类型

在弹出的列表框中选择"简单文本框"选项，如下图所示。

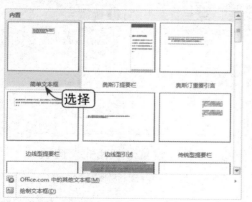

Step 25 编辑文字

在插入的文本框中输入手册的版本，拖动文本框到页面底部，设置文字格式为：楷体、四号，如下图所示。

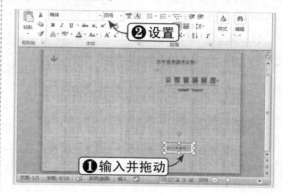

Step 26 插入符号

选择"插入"选项卡，单击"符号"组中的"符号"下拉按钮，在弹出的列表中选择一种装饰符号，如下图所示。

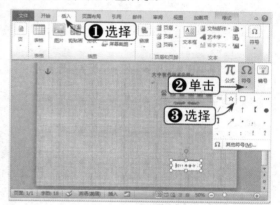

Step 27 查看封面效果

将版本形状的背景和边框也设置为无，即可完成封面设置，最终效果如下图所示。

知识点拨

在封面的设计中，位置的计算比较复杂，当要求不是特别严格时也可以进行手动调节，页数较少时可以忽略册脊的宽度。

8.2.2 制作册脊

制作完封面之后就可以制作册脊了，下面将对册脊的制作方法进行具体介绍。

Step 01 插入矩形

选择"插入"选项卡，单击"插图"组中的"形状"下拉按钮，在弹出的下拉列表中选择"矩形"选项，如下图所示。

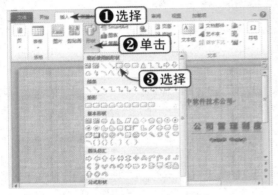

Step 02 选择"其他布局选项"选项

拖动鼠标绘制形状并右击，在弹出的快捷菜单中选择"其他布局选项"选项，如下图所示。

Step 03 设置布局大小

弹出"布局"对话框，选择"大小"选项卡，选中"高度"选项区中的"绝对值"单选按钮，在右侧数值框中输入 19 厘米，同样设置宽度为绝对宽度，数值为 0.3 厘米，如下图所示。

Step 04 设置布局位置

选择"位置"选项卡，选中"水平"选项区中的"绝对位置"单选按钮，在右侧数值框中输入 13.3 厘米，在"右侧"下拉列表框中选择"页面"选项，单击"确定"按钮，如下图所示。

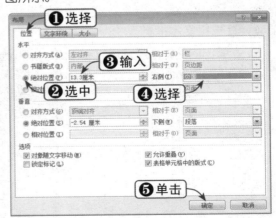

Step 05 选择"设置形状格式"选项

右击形状，在弹出的快捷菜单中选择"设

置形状格式"选项,如下图所示。

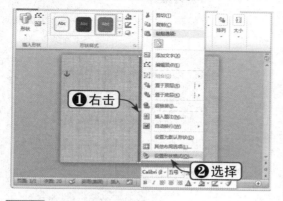

Step 06 去除背景色

弹出"设置形状格式"对话框,在左侧选择"填充"选项,在右侧选中"无填充"单选按钮,如下图所示。

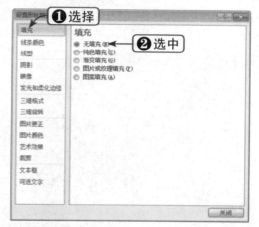

Step 07 去除边框

在左侧选择"线条颜色"选项,在右侧选中"无线条"单选按钮,如下图所示。

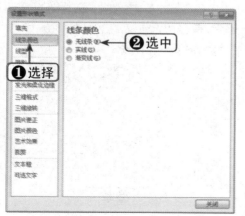

Step 08 设置文本框

在左侧选择"文本框"选项,在右侧设置"水平对齐方式"为"居中","文字方向"为"竖排","内部边距"全部设置为0厘米,单击"关闭"按钮,如下图所示。

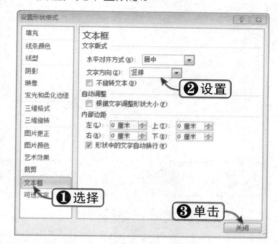

Step 09 编辑文字

在形状内输入文字,并设置字号为"六号",单击"段落"组中的"水平居中"按钮,如下图所示。

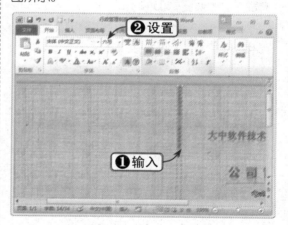

Step 10 设置背景

也可以将册脊设置为不同的颜色。在"设置形状格式"对话框左侧选择"填充"选项,在右侧选中"纯色填充"单选按钮,单击"颜色"下拉按钮,选择一种颜色并单击"关闭"按钮,如下图所示。

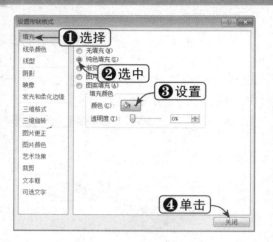

Step 11 查看册脊效果

此时，即可查看设置册脊后的封面效果，如下图所示。

8.2.3 制作封底

封底的样式多种多样，而且制作方法也有很多种。下面在封底中插入一幅图片，并将公司徽标放在封底中，具体操作方法如下：

Step 01 单击"图片"按钮

选择"插入"选项卡，单击"插图"组中的"图片"按钮，如下图所示。

Step 02 选择插入图片

弹出"插入图片"对话框，选择要插入的图片，单击"插入"按钮，如下图所示。

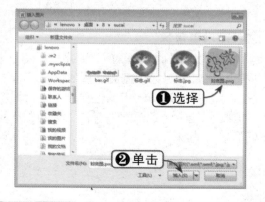

Step 03 选择"大小和位置"选项

右击图片，在弹出的快捷菜单中选择"大小和位置"选项，如下图所示。

Step 04 选择环绕方式

弹出"布局"对话框，选择"文字环绕"选项卡，单击"浮于文字上方"按钮，单击"确定"按钮，如下图所示。

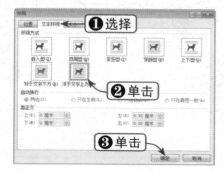

Step 05 选择"设置透明色"选项

选中图片，选择"格式"选项卡，单击"调整"组中的"颜色"下拉按钮，在弹出的列表中选择"设置透明色"选项，如下图所示。

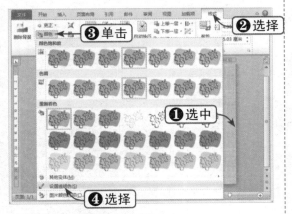

Step 06 去除图片背景

此时鼠标指针变成画笔形状，单击图片的背景区域，即可去除背景，效果如下图所示。

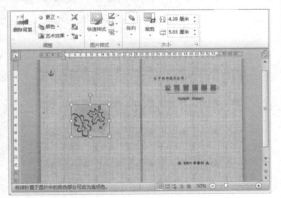

Step 07 设置冲蚀效果

选中图片，选择"格式"选项卡，单击"调整"组中的"颜色"下拉按钮，然后在弹出列表中选择"重新着色"选项区中的"冲蚀"选项，如下图所示。

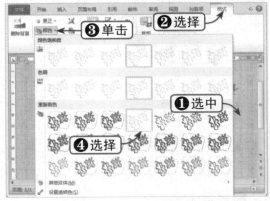

Step 08 查看封底效果

插入好徽标后，公司管理制度手册的封底就制作完成了，最终效果如下图所示。

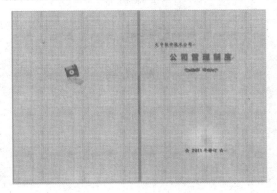

知识点拨

去除背景时要注意，当图片的背景色彩比较单一，与保留部分反差明显时去除效果较好，否则效果可能差强人意。

8.2.4 编辑长文档

一般来说，管理制度会是一个完整的文档，字数比较多，属于长文档。对管理制度手册的编辑就是对长文档的处理，下面将对其中的具体操作进行介绍。

Step 01 新建文档

新建一个空白文档，保存并重命名文档。选择"页面布局"选项卡，单击"页面设置"组的对话框启动器按钮，如下图所示。

Step 02 设置纸张大小

弹出"页面设置"对话框，选择"纸张"选项卡，在"纸张大小"下拉列表框中选择"32开（13×18.4厘米）"选项，如下图所示。

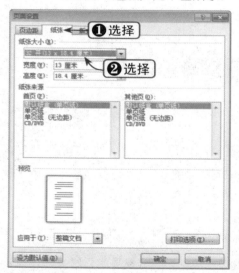

Step 03 设置页边距

选择"页边距"选项卡，在"上"、"下"、"左"、"右"、"装订线"数值框中分别输入1.5厘米、1厘米、1厘米、1厘米、0.5厘米，单击"确定"按钮，如下图所示。

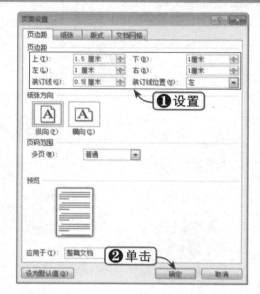

Step 04 输入内容

按基本格式输入公司管理制度的内容，如下图所示。

Step 05 设置标题格式

设置标题的格式，分行的标题可以设置不同的格式，并设置标题为居中对齐，如下图所示。

Step 06 设置标题样式

选中标题,选择"开始"选项卡,在"样式"组的列表框中选择"标题 4"选项,如下图所示。

Step 07 显示更多标题样式

默认只显示"标题 1"和"标题 2"样式,要想选择更多的样式,可以单击"样式"列表框的下拉按钮,如下图所示。

Step 08 选择"应用样式"选项

在弹出的列表中选择"应用样式"选项,如下图所示。

Step 09 选择标题样式

弹出"应用样式"面板,在"样式名"下拉列表中选择一种样式,或直接输入"标题 4",按【Enter】键确认,如下图所示。

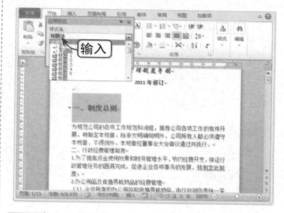

Step 10 使用格式刷

选中标题,选择"开始"选项卡,双击"剪贴板"组的"格式刷"按钮,依次刷出其他标题格式,如下图所示。

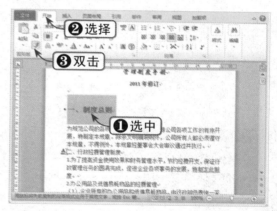

Step 11 自定义新样式

如果自带的样式不能满足要求,可以自定义样式。在"应用样式"面板的"样式名"下拉列表框中输入新名称,单击"新建"按钮,如下图所示。

知识点拨

如果要删除自定义的样式,可以打开样式面板,从中右击该样式,在弹出的快捷菜单中选择"全部删除"选项即可。

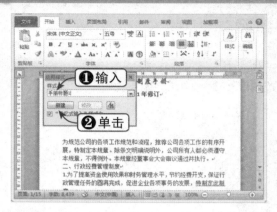

Step 12 单击"修改"按钮

单击"新建"按钮后,新样式就生成了。单击"应用样式"面板中的"修改"按钮,如下图所示。

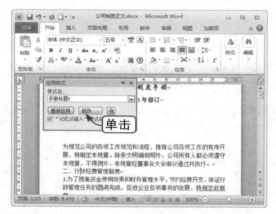

Step 13 修改样式

弹出"修改样式"对话框,对新样式设置一种新的字体格式和段落格式,如下图所示。

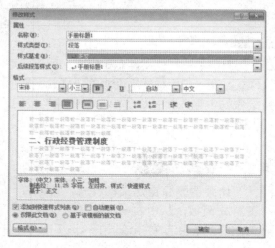

Step 14 更多格式设置

单击"格式"按钮,会弹出新对话框,选择更多的设置选项,完成后单击"确定"按钮即可,如下图所示。

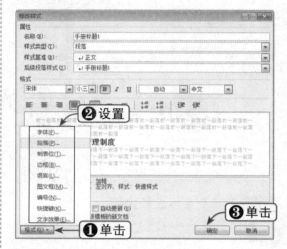

Step 15 应用新样式

选中标题,然后在"样式"列表框或"应用样式"面板中选择"手册标题 1"选项,如下图所示。

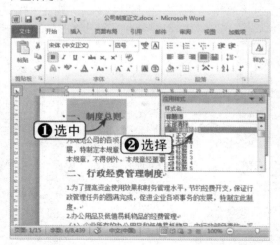

Step 16 修改样式

如果需要修改样式,可以单击"应用样式"面板中的"样式"按钮,在弹出的"样式"新面板中选择"手册标题 1"选项,单击右侧下拉按钮,在弹出的列表中选择"修改"选项,如下图所示。

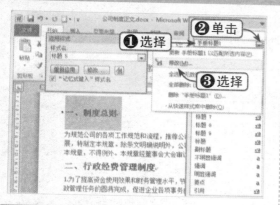

Step17 设置新格式

弹出"修改样式"对话框，修改各个新的样式格式即可，单击"确定"按钮，如下图所示。

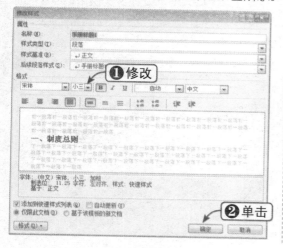

Step18 查看设置效果

此时，即可查看设置好各级标题和正文格式后的效果，如下图所示。

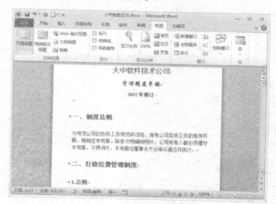

知识点拨

设置样式时，注意相同级别的标题要使用相同的样式，这样在以后生成目录时将会非常方便。

8.2.5 添加页眉和页脚

设置好正文格式之后，下面为手册添加页眉和页脚，并且奇数页和偶数页的页眉和页脚可以设置不同的效果，具体操作方法如下：

Step01 选择偶数页页眉样式

将光标置于第二页，选择"插入"选项卡，单击"页眉和页脚"组中的"页眉"下拉按钮，在弹出的下拉列表中选择一种偶数页页眉样式，如右图所示。

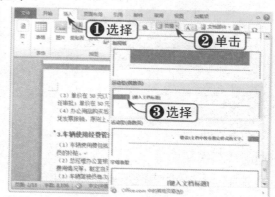

Step 02 编辑文字

插入偶数页页眉之后，重新编辑文字，如下图所示。

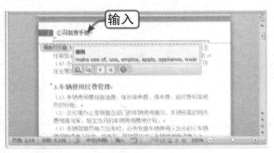

Step 03 插入奇数页页眉

将光标置于奇数页页眉，选择"设计"选项卡，单击"页眉"下拉按钮，如下图所示。

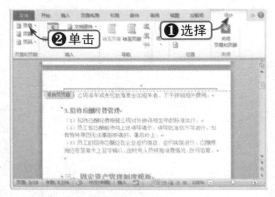

Step 04 选择奇数页页眉样式

在弹出的下拉列表中选择对应的奇数页页眉样式，如下图所示。

Step 05 编辑页眉内容

重新编辑页眉的内容，编辑完成后单击"设

计"选项卡下的"关闭"按钮，如下图所示。

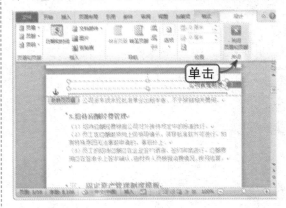

Step 06 设置页眉选项

双击页眉，选择"设计"选项卡，选中"选项"组中的"首页不同"和"奇偶页不同"复选框，如下图所示。

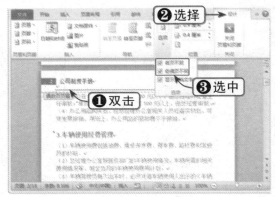

Step 07 选择奇数页页码样式

将光标定位于首页页脚，选择"设计"选项卡，单击"页眉和页脚"组中的"页码"下拉按钮，在弹出的下拉列表中选择一种奇数页页码样式，如下图所示。

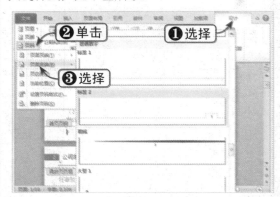

Step 08 插入偶数页页码

将光标定位于正文偶数页页码位置，使用同样的方法插入对应的页码样式，如下图所示。

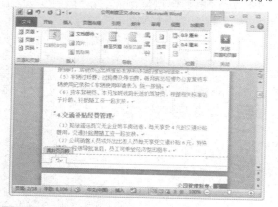

Step 09 插入奇数页页码

将光标定位于正文奇数页页码位置，然后使用同样的方法插入对应的页码样式，如下图所示。

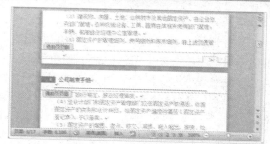

Step 10 调整页眉位置

双击页眉，选择"设计"选项卡，调整"位置"组"页眉顶端距离"数值框中的数值，如下图所示。

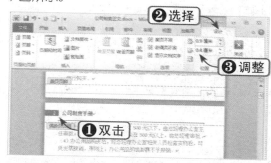

8.2.6　自动生成目录

公司制度手册是长文档，少则几页，多则几十页，因此为了便于查找内容，应当建立目录。Word 2010 提供了自动生成目录的功能，具体操作方法如下：

Step 01 插入目录

将光标置于空白位置，选择"引用"选项卡，单击"目录"组中的"目录"下拉按钮，在弹出的下拉列表中选择"插入目录"选项，如下图所示。

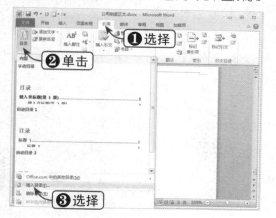

Step 02 设置目录选项

弹出"目录"对话框，选择"目录"选项卡，设置"显示级别"为7，取消选择"使用超链接而不使用页码"复选框，单击"确定"按钮，如下图所示。

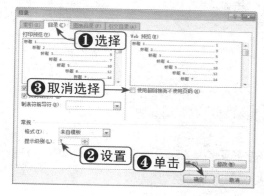

Step 03 调整一级标题缩进位置

单击一级标题，拖动上标尺的左缩进滑块，调整一级标题的左缩进位置，如下图所示。

Step 04 调整二级标题缩进位置

参照调整一级标题的方法，调整二级标题的左缩进位置，如下图所示。

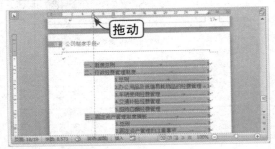

Step 05 单击"修改"按钮

在"目录"对话框中单击"修改"按钮，如下图所示。

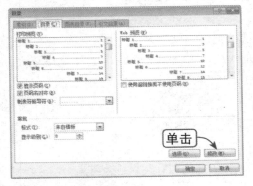

Step 06 选择修改的目录

弹出"样式"对话框，在"样式"列表框中选择要修改的目录级别，单击"修改"按钮，如下图所示。

Step 07 修改选定目录格式

弹出"修改样式"对话框，在此修改选定目录的格式，如下图所示。依次单击"确定"按钮，关闭对话框。

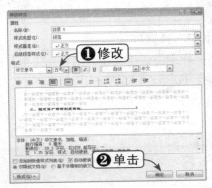

Step 08 查看提示信息

弹出提示信息框，单击"确定"按钮，如下图所示。

Step 09 查看目录效果

修改目录后，标题的格式使用了自定义选项，效果如下图所示。

8.2.7 制作分栏目录

用户也可以将目录设置成两栏，使目录显得更加紧凑，具体操作方法如下：

Step 01 新建文档

新建一个空白文档，保存并重命名文档。选择"页面布局"选项卡，单击"页面设置"组中的对话框启动器按钮，如下图所示。

Step 02 设置纸张大小

弹出"页面设置"对话框，选择"纸张"选项卡，在"纸张大小"下拉列表框中选择"32开（13×18.4厘米）"选项，如下图所示。

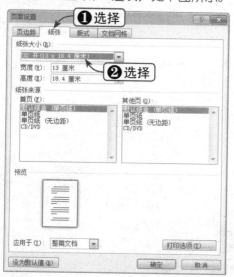

Step 03 设置页边距

选择"页边距"选项卡，设置"上"、"下"、"左"、"右"、"装订线"分别为1.5厘米、1厘米、

1厘米、1厘米、0.5厘米，单击"确定"按钮，如下图所示。

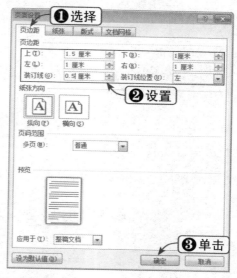

Step 04 设置分栏

选择"页面布局"选项卡，单击"页面设置"组中的"分栏"下拉按钮，在弹出的下拉列表中选择"两栏"选项，如下图所示。

Step 05 粘贴目录

将前面自动生成的目录粘贴到文档中来，注意不要使用选择性粘贴，如下图所示。

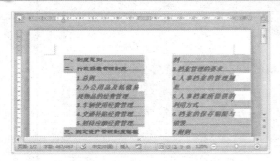

Step 06 调整缩进

单击一级标题，拖动上标尺的左缩进滑块，调整左缩进量，如下图所示。

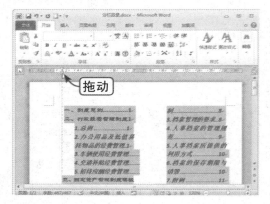

Step 07 调整二级标题

单击二级标题，按上面的操作方法调整二级标题的左缩进量，如下图所示。

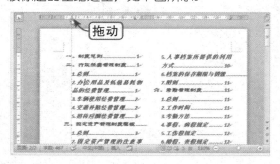

Step 08 删除一级标题的页码

一般章或一级标题可以不使用页码，选中一级标题右侧的前导符和页码，按【Delete】键进行删除，如下图所示。

Step 09 设置左对齐

单击一级标题，选择"开始"选项卡，单击"段落"组中的"左对齐"按钮，如下图所示。

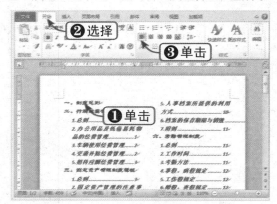

Step 10 插入直线

选择"插入"选项卡，单击"插图"组中的"形状"下拉按钮，在弹出的下拉列表中选择"直线"选项，如下图所示。

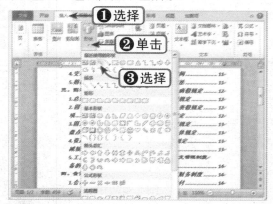

Step 11 绘制直线

按住【Shift】键并拖动鼠标，在目录的中间绘制一条竖直直线并右击，在弹出的快捷菜单中选择"设置形状格式"选项，如下图所示。

Step 12 设置线条颜色

弹出"设置形状格式"对话框,在左侧选择"线条颜色"选项,在右侧选中"实线"单选按钮,如下图所示。

Step 13 设置线型

在左侧选择"线型"选项,在右侧选择一种满意的线型,单击"关闭"按钮,如下图所示。

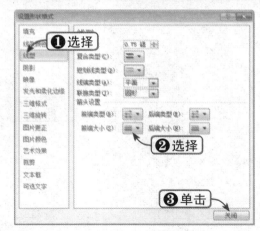

Step 14 查看分栏目录效果

设置完成后,即可查看分栏目录的最终效果,如下图所示。

● 读书笔记

第9章 Excel的基本操作

本章主要介绍 Excel 2010 的文档操作，如单元格的操作，表格的操作，工作表的基本操作，以及对数据的安全性操作等内容进行较为全面的讲解，其中包括不同的实现方法，以便读者灵活运用，从而提高工作效率。

 本章学习重点

1. 文档的操作
2. 工作表的基本操作
3. 单元格的处理
4. 单元格的美化
5. 保护数据安全

 重点实例展示

设置单元格填充样式

 本章视频链接

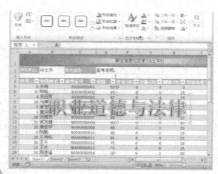

输入艺术字文本

选择表格样式

9.1 文档的操作

对文档的操作是使用 Excel 软件的基础，其中包括创建空白文档，使用模板创建文档，保存及查看文档等办公常用的操作。

9.1.1 创建文档

Excel 2010 提供了多种创建文档的方法，用户可以根据具体情况进行选择，以下是几种常用的操作方法：

方法一：通过"开始"菜单创建文档

Step 01 单击 Microsoft Excel 2010 命令

单击"开始"|"所有程序"| Microsoft Office | Microsoft Excel 2010命令，如下图所示。

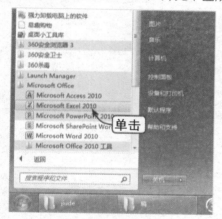

Step 02 创建空白工作簿

打开 Excel 2010 应用程序，同时创建了一个空白工作簿，如下图所示。

方法二：使用快捷菜单创建文档

在目标路径下右击，在弹出的快捷菜单中选择"新建"|"Microsoft Excel 工作表"选项即可新建工作表，如下图所示。

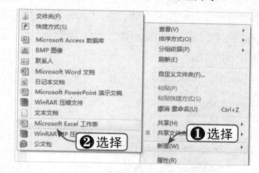

方法三：使用模板创建不同文档

如果已经打开了 Excel 窗口，则可以使用如下方法进行创建：

Step 01 创建空白工作簿

选择"文件"选项卡，选择"新建"选项，在"可用模板"列表中选择"空白工作簿"选项，单击"创建"按钮即可，如下图所示。

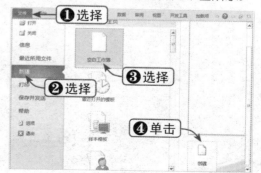

Step 02 使用样本模板

如在"可用模板"列表中选择"样本模板"选项，即可看到样本模板列表，选中合适的模板，单击"创建"按钮即可，如下图所示。

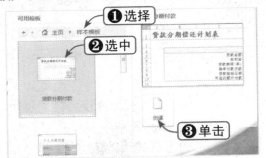

Step 03 使用在线模板

Excel 2010 提供了在线模板支持，用户可以在线查找需要的模板。在"Office.com 模板"列表中选择合适的选项，即可看到样本模板列表，选中合适的模板，单击"创建"按钮即可，如下图所示。

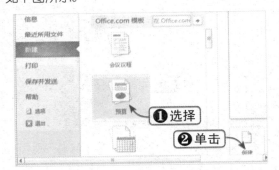

Step 04 选择并下载模板

联机加载后，可以看到一系列模板，选择某一模板，可以在右侧预览效果，单击"下载"按钮即可进行下载，如下图所示。

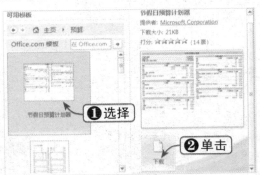

Step 05 选择其他类别

Office 提供了丰富的模板供用户选择。在"Office.com 模板"列表中选择"其他类别"选项，如下图所示。

Step 06 更多模板选择

打开其他模板类别，每个文件夹都包含了多个模板，如下图所示。

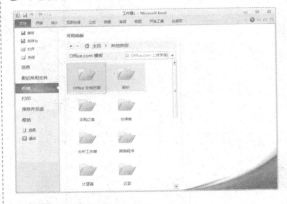

Step 07 选择需要的模板

打开某个文件夹，出现详细的模板列表，选择需要的模板，单击"下载"按钮即可，如下图所示。

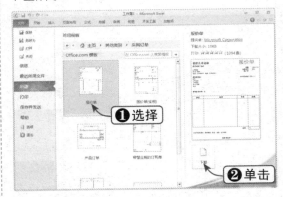

9.1.2 保存文档

编辑后的文档应当及时进行保存，保存的格式会影响不同用户的使用。下面将介绍在 Excel 2010 中保存文档的方法。

素材文件	光盘：素材文件\第9章\成绩表.xlsx

方法一： 在原位置保存文档

打开"素材文件 \ 第 9 章 \ 成绩表 .xlsx"，编辑完成后选择"文件"选项卡，选择"保存"选项即可，如下图所示。

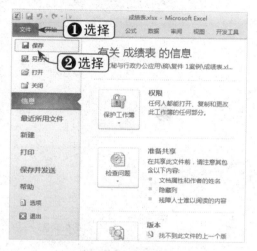

方法二： 转移保存文档

Step 01 选择"另存为"选项

要把当前文档保存到新的路径中，则选择"文件"选项卡，选择"另存为"选项，如下图所示。

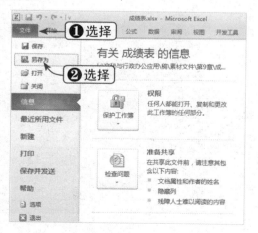

Step 02 选择目标路径

弹出"另存为"对话框，选择目标路径，单击"保存"按钮即可，如下图所示。

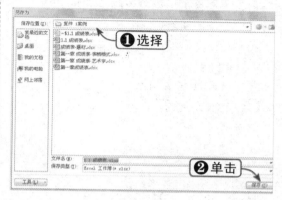

方法三： 保存为其他格式

保存为其他格式可以使 Excel 2003 等较低版本程序也可以打开使用 Excel 2010 创建的文档。在"另存为"对话框中选择目标路径，在"保存类型"下拉列表框中选择保存格式，如"Excel 97-2003 工作簿（*.xls）"选项，单击"保存"按钮即可，如下图所示。

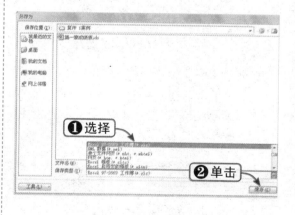

9.1.3 创建PDF文档

PDF 文档是一种常用的阅读文档，由于它可以不依赖操作系统的语言和字体及显示设备，因此阅读起来很方便。Excel 2010 集成了创建 PDF 文档这一新功能，具体操作步骤如下：

Step 01 单击"创建 PDF/XPS 文档"按钮

继续使用上一节的素材文件，选择"文件"选项卡，在弹出的 Backstage 视图中选择"保存并发送"选项，单击"创建 PDF/XPS 文档"按钮，如下图所示。

Step 02 选择保存路径

弹出"发布为 PDF 或 XPS"对话框，选择保存路径，单击"发布"按钮即可，如下图所示。

9.1.4 缩放视图

对工作区进行适当的缩放可以更方便地进行各种操作，缩放视图的具体操作方法如下：

方法一：调整显示比例缩放视图

Step 01 使用"显示比例"按钮

继续上一节进行操作，单击"视图"选项卡下"显示比例"组中的"显示比例"按钮，如右图所示。

知识点拨

在"显示比例"组中单击 100% 按钮，可以将文档以 100% 比例显示。

Step 02 设置显示比例

弹出"显示比例"对话框，选中合适的显示比例单选按钮，或在"自定义"数值框中输入缩放比例，单击"确定"按钮即可，如下图所示。

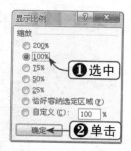

方法二：缩放到选定区域

Step 01 单击"缩放到选定区域"按钮

选中单元格区域，单击"视图"选项卡下"显示比例"组中的"缩放到选定区域"按钮，如下图所示。

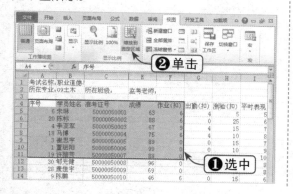

Step 02 查看缩放效果

缩放后工作区正好显示选定区域，省去了手动调节的麻烦，如下图所示。

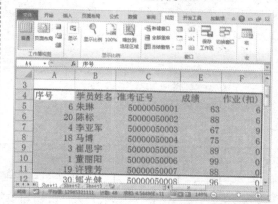

方法三：单击缩放按钮或拖动缩放滑块

单击状态栏中的⊖或⊕按钮缩小或放大视图，或拖动缩放滑块也可以缩放视图，如下图所示。

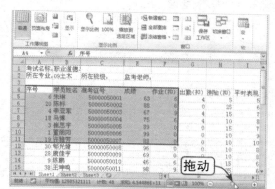

9.1.5 并排查看文档

当需要同时查看打开的多个 Excel 文档时，可以使用并排查看功能，具体操作方法如下：

Step 01 单击"并排查看"按钮

打开要查看的文档，单击"视图"选项卡下"窗口"组中的"并排查看"按钮，如右图所示。

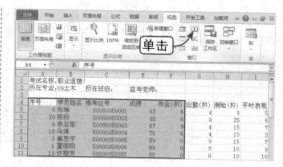

Step 02 调节窗口大小

多个文档自动按上下位置并列显示，当鼠标指针指到窗口分隔线上时变成形状，拖动鼠标可以调节窗口大小，如下图所示。

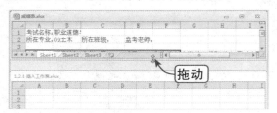

Step 03 还原窗口

单击"窗口"组中的"重设窗口位置"按钮，可以还原窗口的大小，如下图所示。

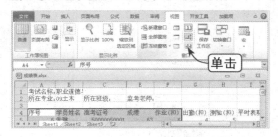

9.1.6 同步滚动比较文档

有时需要比较两个文档，这时可以使用同步滚动功能，具体操作方法如下：

Step 01 单击"同步滚动"按钮

继续上一节操作，单击"视图"选项卡下"窗口"组中的"同步滚动"按钮，如下图所示。

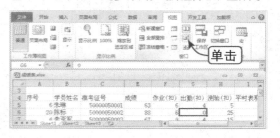

Step 02 查看滚动效果

此时，滚动任意文档，可以看到两个文档以相同的速度滚动到同一行数，如下图所示。

9.1.7 拆分窗口

拆分窗口便于对同一窗口的不同部分进行操作，具体操作方法如下：

Step 01 单击"拆分"按钮

继续使用上一节的文档，选中处于分界点的单元格，单击"视图"选项卡下"窗口"组中的"拆分"按钮，如下图所示。

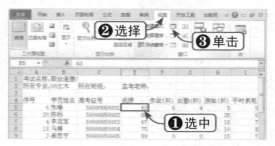

Step 02 查看拆分效果

此时，选定单元格的左上方出现了拆分框架，窗口被分成四个部分，如下图所示。

Step 03 调节窗口大小

当鼠标指针指向框架中心时变成十字形状，按住鼠标左键并拖动可以调节窗口大小，如下图所示。

将鼠标指针移动到横分割框或竖分割框，然后按住鼠标左键并拖动，可以只调整上下或左右分割的比例。

9.1.8 冻结窗口

冻结窗口就是将表中行或列固定显示在工作区内，拖动滚动条对其显示无影响。冻结窗口的具体操作步骤如下：

Step 01 选择冻结方式

继续使用上一节的文档，选择要冻结位置的标题行，单击"视图"选项卡下"窗口"组中的"冻结窗口"下拉按钮，在弹出的下拉列表中选择冻结方式，如下图所示。

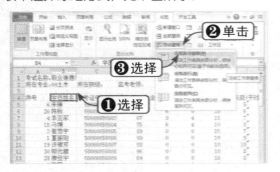

Step 02 查看设置效果

选择"冻结拆分窗格"选项后滚动窗口，其他行正常滚动，而标题行不动，如下图所示。

9.2 工作表的基本操作

工作表是存储和处理数据的主要场所，下面将介绍对工作表的主要操作，其中包括如何插入、删除、移动、复制和重命名工作表，以及如何设置标签颜色等知识。

9.2.1 插入工作表

默认空白工作簿包含三张工作表，用户可以根据需要增加工作表的数量，具体操作方法如下：

Step 01 选择"插入"选项

打开"素材文件\第9章\成绩表.xlsx"，右击工作表标签，在弹出的快捷菜单中选择"插入"选项，如下图所示。

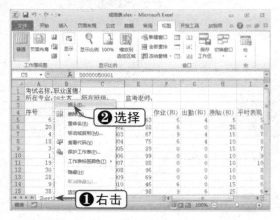

Step 02 选择插入项目

弹出"插入"对话框，在"常用"选项卡下选择"工作表"选项，单击"确定"按钮即可，如下图所示。

Step 03 查看插入工作表效果

此时，插入后当前工作表前已经插入了新的空白工作表，如下图所示。

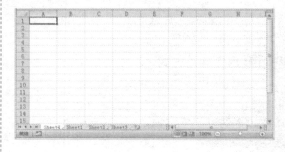

9.2.2 删除工作表

对于不需要的工作表可以对其进行删除操作，具体操作方法如下：

Step 01 选择"删除"选项

打开"素材文件\第9章\成绩表.xlsx"，右击工作表标签，在弹出的快捷菜单中选择"删除"选项，如下图所示。

Step 02 查看删除效果

进行删除操作后，原来的工作表消失，效果如下图所示。

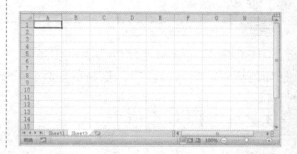

9.2.3 移动工作表

新建工作表默认是位于选定工作表前面，用户可以移动工作表间的相对位置，操作步骤如下：

| 素材文件 | 光盘：素材文件\第9章\成绩表.xlsx |

Step 01 拖动工作表

打开"素材文件\第9章\成绩表.xlsx"。按住鼠标左键并拖动要移动的工作表标签，工作表标签上方出现随之移动的箭头，如下图所示。

Step 02 查看移动效果

拖动到目标工作表位置处释放鼠标，即可移动工作表，效果如下图所示。

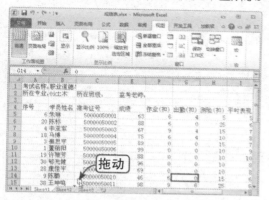

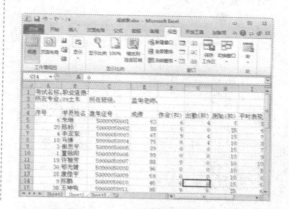

9.2.4 复制工作表

对于工作表中数据量较大的表格，采用复制的方法就比较麻烦，可以直接复制工作表，具体操作方法如下：

| 素材文件 | 光盘：素材文件\第9章\成绩表.xlsx |

Step 01 快捷复制工作表

打开"素材文件\第9章\成绩表.xlsx"，在移动工作表时按住【Ctrl】键即可实现复制效果，区别是复制拖动时指针附近会出现一个+标志，如下图所示。

Step 02 出现新工作表

拖动到目标位置释放鼠标即可，默认是以原工作表名称加上数字序号命名，效果如下图所示。

9.2.5 重命名工作表

默认情况下工作表以 Sheet1、Sheet2、Sheet3 命名，用户可以对名称进行修改，具体操作步骤如下：

 素材文件 | 光盘：素材文件\第9章\成绩表.xlsx

Step 01 双击工作表标签

打开"素材文件\第 9 章\成绩表 .xlsx"，双击要修改的工作表标签，标签名被选中并处于可编辑状态，如下图所示。

Step 02 输入工作表名称

输入新工作表名称，单击任意单元格或按【Enter】键即可，如下图所示。

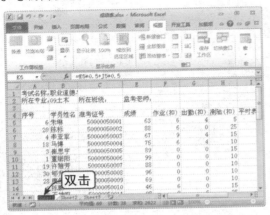

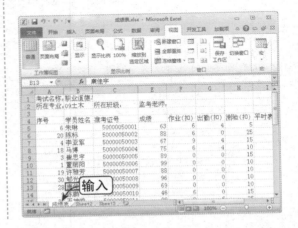

9.2.6 设置标签颜色

为了表示强调，用户可以对工作表标签设置不同的颜色，具体操作方法如下：

 素材文件 | 光盘：素材文件\第9章\成绩表.xlsx

Step 01 选择"工作表标签颜色"选项

打开"素材文件\第 9 章\成绩表 .xlsx"。右击工作表标签，在弹出的快捷菜单中选择"工作表标签颜色"选项，在颜色列表中选择合适的颜色，如"红色"，如下图所示。

Step 02 查看设置效果

切换到其他工作表，可以看到设置工作表标签颜色后的效果，如下图所示。

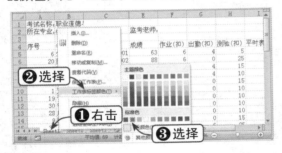

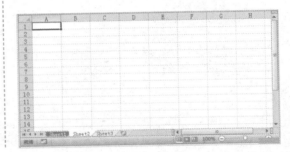

9.3 单元格的处理

用户可以对单元格进行增加、合并和删除等操作，也可以设置其他属性，以满足不同情况的需要。

9.3.1 插入单元格

用户可以在已有的单元格数据附近插入新的空白单元格，具体操作方法如下：

 素材文件 光盘：素材文件\第9章\成绩表.xlsx

Step01 选择"插入"选项

打开"素材文件\第9章\成绩表.xlsx"，选中要插入单元格附近的单元格并右击，在弹出的快捷菜单中选择"插入"选项，如下图所示。

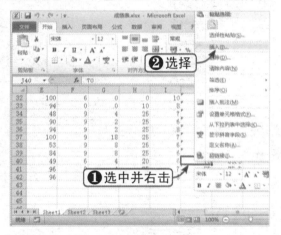

Step02 选择单元格移动方式

弹出"插入"对话框，选择插入后选定单元格的移动方式，如选中"活动单元格下移"单选按钮，单击"确定"按钮，如下图所示。

Step03 查看插入效果

此时，即可查看插入后效果，如下图所示。若在"插入"对话框中选中"整行"单选按钮，则会插入一行。

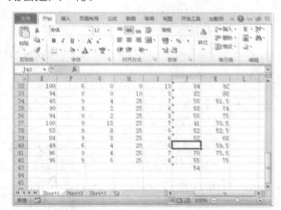

9.3.2 合并单元格

在使用 Excel 制作办公表格时，经常需要对标题行单元格进行合并操作，具体操作方法如下：

 素材文件 光盘：素材文件\第9章\成绩表.xlsx

Step 01 单击"合并后居中"按钮

打开"素材文件\第9章\成绩表.xlsx"，选中要合并的单元格区域并右击，在弹出的浮动工具栏中单击"合并后居中"按钮，如下图所示。

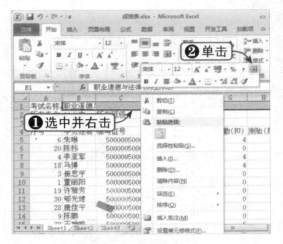

Step 02 确认合并操作

如果要合并的单元格包含内容，则会弹出如下图所示的对话框，提示合并后只能保留左上角一个单元格中的内容，若确认合并，则单击"确定"按钮。

Step 03 合并后内容居中

合并后内容居中显示，此时的表格效果如下图所示。

9.3.3 删除单元格

对于不需要的单元格可以对其进行删除操作，具体操作方法如下：

 素材文件 　光盘：素材文件\第9章\成绩表.xlsx

Step 01 选择"删除"选项

打开"素材文件\第9章\成绩表.xlsx"，选中要删除的单元格并右击，在弹出的快捷菜单中选择"删除"选项，如下图所示。

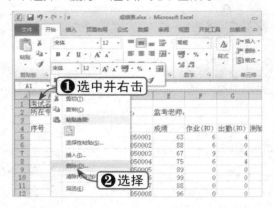

Step 02 选择单元格移动方式

弹出"删除"对话框，与插入单元格时类似，同样要选择删除后其他单元格移动的方式，如选中"右侧单元格左移"单选按钮，单击"确定"按钮，如下图所示。

Step 03 查看删除效果

删除后右侧的单元格向左移，弥补删除后的位置，效果如下图所示。

Step 04 选择"清除内容"选项

删除操作会造成其他单元格的位置移动。选中单元格并右击，在弹出的快捷菜单中选择"清除内容"选项，如下图所示。

Step 05 查看清除内容效果

此时只清空单元格内容，不删除单元格，不会造成其他单元格的移动，如下图所示。

知识点拨

双击单元格，出现光标后可以通过按【Delete】键或【Backspace】键删除单元格内容。

9.3.4 调整行高与列宽

由于不同单元格输入的内容量不同，为了更好地显示内容，就需要调整行高或列宽。行与列的调整方法类似，下面将以调整列宽为例进行介绍。

 | 素材文件 | 光盘：素材文件\第9章\成绩表.xlsx

Step 01 手动调整

打开"素材文件\第9章\成绩表.xlsx"，将鼠标指标移至列标交界处，指针变成左右双向箭头形状时，按住鼠标左键并向左或向右拖动鼠标即可手动调整列宽，如下图所示。

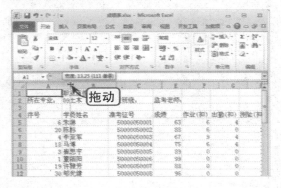

Step 02 使用对话框调整

右击列标，在弹出的快捷菜单中选择"列宽"选项，如下图所示。

Step 03 设置调整数值

弹出"列宽"对话框,在"列宽"文本框中输入数值,单击"确定"按钮即可调整列宽,如下图所示。

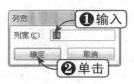

知识点拨

选择多行或多列,再拖动鼠标进行调整,可以实现多行或多列的调整。

9.3.5 设置单元格数据类型

单元格中可以输入文本、数字等不同类型的内容,要限定和识别这些类型就要为单元格指定类型。设置单元格数据类型的具体操作步骤如下:

	素材文件	光盘:素材文件\第9章\成绩表.xlsx

Step 01 选择"设置单元格格式"选项

打开"素材文件\第9章\成绩表.xlsx",选中要设置的单元格区域并右击,在弹出的快捷菜单中选择"设置单元格格式"选项,如下图所示。

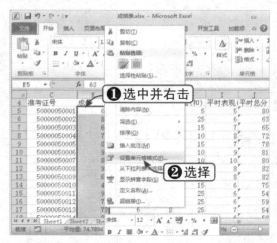

Step 02 设置单元格格式

弹出"设置单元格格式"对话框,在"分类"列表框中选择"数值"选项,在"小数位数"数值框中设置数值小数位数,单击"确定"按钮即可,如下图所示。

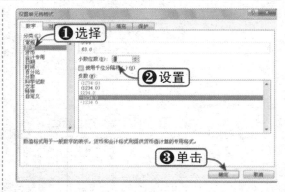

Step 03 查看设置类型效果

设置后成绩变为右对齐(文本为左对齐),且增加了一位小数,效果如下图所示。

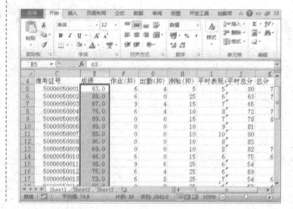

9.4 单元格的美化

为了美观起见，用户还可以对单元格进行美化操作，如设置单元格颜色和边框等，下面将分别对其进行介绍。

9.4.1 设置单元格边框

设置单元格边框是美化表格的一个基本方法，具体操作步骤如下：

素材文件	光盘：素材文件\第9章\美化－成绩表.xlsx

Step 01 选择"设置单元格格式"选项

打开"素材文件\第9章\美化－成绩表.xlsx"，选中单元格或单元格区域并右击，在弹出的快捷菜单中选择"设置单元格格式"选项，如下图所示。

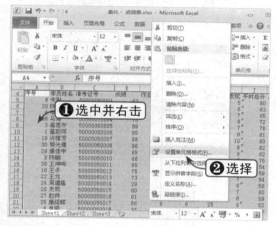

Step 02 设置边框样式

弹出"设置单元格格式"对话框，选择"边框"选项卡，单击"颜色"下拉按钮，在下拉列表中可以选择一种边框颜色，在"样式"列表框中选择一种边框线型，单击"外边框"按钮，最后单击"确定"按钮，如下图所示。

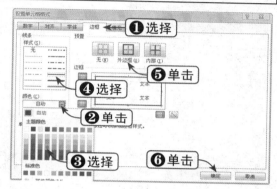

Step 03 查看边框设置效果

此时，即可得到设置单元格边框后的效果，如下图所示。用户还可以根据需要选择不同的设置，在此不再赘述。

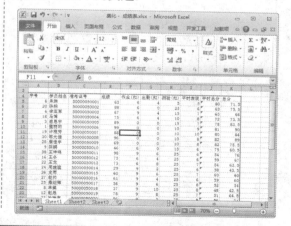

9.4.2 填充单元格

用户可以将不同的单元格设置成不同的颜色，以对不同的内容进行区别，以使单元格看上去更加美观。填充单元格的具体操作步骤如下：

Step 01 选择"设置单元格格式"选项

继续上一节进行操作，选中需要设置的单元格区域并右击,在弹出的快捷菜单中选择"设置单元格格式"选项，如下图所示。

Step 02 设置单元格填充样式

弹出"设置单元格格式"对话框,选择"填充"选项卡，在"背景色"列表中选择合适的色块，单击"确定"按钮，如下图所示。

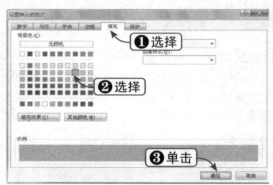

Step 03 为单元格设置填充效果

选中首行第一个单元格，在"设置单元格格式"对话框的"填充"选项卡下单击"填充效果"按钮,弹出"填充效果"对话框,在"颜色"和"底纹样式"选项区中选择合适的选项，单击"确定"按钮，如下图所示。

Step 04 查看填充效果

此时，即可查看设置单元格填充后的效果，如下图所示。

9.4.3 套用单元格样式

Excel 2010 提供了许多现成的样式供用户选择使用，应用样式可以快速美化表格。下面将详细介绍如何套用单元格样式。

Step 01 单击"单元格样式"下拉按钮

继续上一节进行操作，选中A2、C2单元格，选择"开始"选项卡，单击"格式"组中的"单元格样式"下拉按钮，如下图所示。

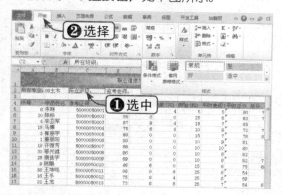

Step 02 选择样式

在弹出的下拉列表中选择合适的样式即可，如下图所示。

Step 03 查看单元格样式效果

设置后单元格添加了背景、字体等格式变化，如下图所示。

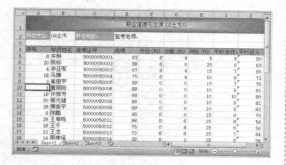

Step 04 设置新样式项目

若在选择样式下拉列表中选择"新建单元格样式"选项，弹出"样式"对话框。在"样式名"文本框中输入新样式名，在"包括样式"选项区中选中新样式包含的格式，单击"格式"按钮，如下图所示。

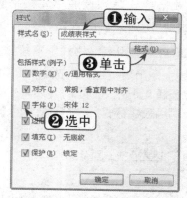

Step 05 设置单元格新样式

弹出"设置单元格格式"对话框，为新样式设置各项格式，单击"确定"按钮依次返回即可，如下图所示。

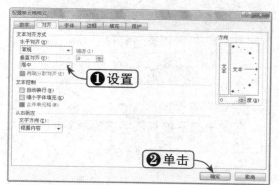

Step 06 查看新建的样式

单击"单元格样式"下拉按钮，在弹出的下拉列表中即可看到新建的样式，如下图所示。

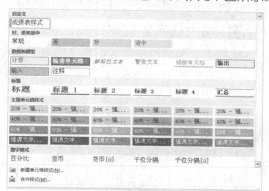

9.4.4 套用表格格式

单元格样式是预设的单元格格式，而对于一张表格来说，Excel 则提供了许多表格格式供用户使用。套用表格样式的操作方法如下：

Step 01 单击"套用表格格式"下拉按钮

继续上一节进行操作，选中 A4:K42 单元格区域，选择"开始"选项卡，然后单击"样式"组中的"套用表格格式"下拉按钮，如下图所示。

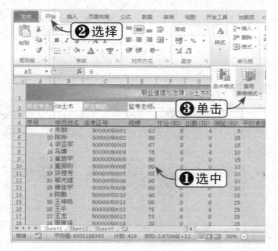

Step 02 选择表格格式

在弹出的下拉列表中选择满意的格式即可，如下图所示。

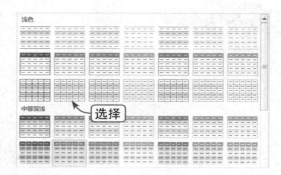

Step 03 查看应用表格格式效果

应用格式后，整个表格包括标题行都应用了不同的格式，效果如下图所示。

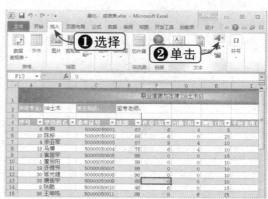

9.4.5 使用艺术字

为了美观起见，常常需要对表格标题等文字进行一些艺术化处理，此时可以使用 Excel 的艺术字功能，具体操作步骤如下：

Step 01 单击"艺术字"下拉按钮

继续上一节进行操作，选择"插入"选项卡，单击"文本"组中的"艺术字"下拉按钮，如右图所示。

知识点拨

在 Excel 中插入艺术字与在 Word 中插入艺术字的方法是相同的，读者可以参考本书 3.7 节的内容。

Step 02 选择艺术字样式

在弹出的"艺术字样式"列表中选择所需要的艺术字样式，如下图所示。

Step 03 输入艺术字文本

此时工作表中出现艺术字框，在艺术字框中输入文本，如下图所示。

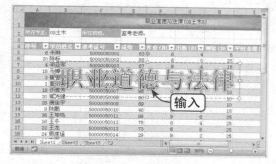

Step 04 设置字体格式

选中艺术字并右击，在弹出的快捷菜单和浮动工具栏中设置艺术字的其他格式，如下图所示。

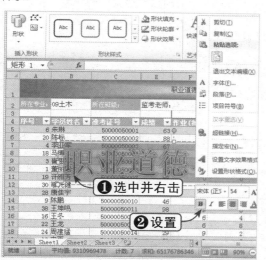

Step 05 移动艺术字

在此用艺术字代替原来的标题，清除 A1 单元格原来的内容，移动鼠标指针到艺术字框边框上，指针变成移动指针后按住鼠标左键并拖动，调整艺术字的位置，如下图所示。

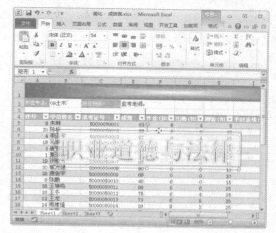

Step 06 查看表格效果

移动艺术字到目标位置，此时的表格效果如下图所示。

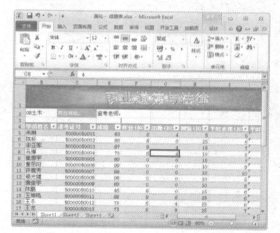

知识点拨

插入的艺术字是不受单元格限制的，它实际是一个形状。

9.5 保护数据安全

在实际办公过程中，工作表中可能保存着大量的数据，这些数据可能不需要让别人看到，或不想让其他人修改，因此需要对数据进行一些保护操作。

9.5.1 隐藏与显示行与列

对不想让其他人看到的数据行或列，用户可以将其隐藏，具体操作方法如下：

	素材文件	光盘：素材文件\第9章\成绩表.xlsx

Step 01 选择"隐藏"选项

打开"素材文件\第9章\成绩表.xlsx"，选中要隐藏的行并右击，在弹出的快捷菜单中选择"隐藏"选项，如下图所示。

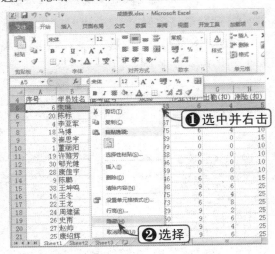

Step 02 查看隐藏效果

隐藏后该行不可见，如下图所示。隐藏列的方法与此类似，在此不再赘述。

Step 03 重新显示隐藏的行或列

选中跨越隐藏行的上下两行，选择"开始"选项卡，单击"单元格"组中"格式"下拉按钮，在弹出的下拉列表中选择"隐藏和取消隐藏"|"取消隐藏行"选项即可，如下图所示。

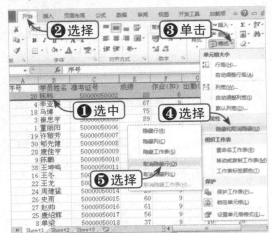

Step 04 使用快捷菜单隐藏

也可右击选中的两行，在弹出的快捷菜单中选择"取消隐藏"选项，如下图所示。

9.5.2 加密工作表

如果不想让其他人修改工作表，可以对工作表进行加密，具体操作方法如下：

素材文件	光盘：素材文件\第9章\成绩表.xlsx

Step 01 单击"保护工作表"按钮

打开"素材文件\第9章\成绩表.xlsx"，选择"审阅"选项卡，单击"更改"组中的"保护工作表"按钮，如下图所示。

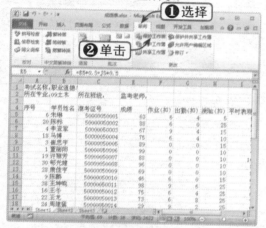

Step 02 设置密码

弹出"保护工作表"对话框，在"取消工作表保护时使用的密码"文本框中输入密码，在"允许此工作表的所有用户进行"列表框中选中允许对方操作的项目，单击"确定"按钮即可，如下图所示。

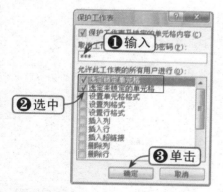

Step 03 确认密码

弹出"确认密码"对话框，在"重新输入密码"文本框中再次输入密码，单击"确定"

按钮，如下图所示。

Step 04 查看设置效果

返回工作表，右击工作表任意单元格，可以看到快捷菜单中的部分选项已不可用，如下图所示。

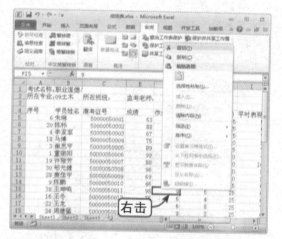

Step 05 提示保护信息

对单元格进行任意不允许的操作，会弹出提示信息框，提示该工作表受保护，需要输入密码，如下图所示。

Step 06 撤销保护

打开要撤销保护的工作表，选择"审阅"选项卡，单击"更改"组中的"撤销工作表保护"按钮，如下图所示。

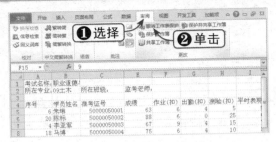

弹出"撤销工作表保护"对话框，输入原来的密码，单击"确定"按钮即可，如下图所示。

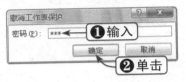

9.5.3 加密工作簿

用户也可以对整个工作簿进行加密，一个密码同时保护多张工作表，具体操作方法如下：

	素材文件	光盘：素材文件\第9章\成绩表.xlsx

Step 01 选择"用密码进行加密"选项

打开"素材文件\第9章\成绩表.xlsx"，选择"文件"选项卡，选择"信息"选项，单击"保护工作簿"下拉按钮，在弹出的下拉列表中选择"用密码进行加密"选项，如下图所示。

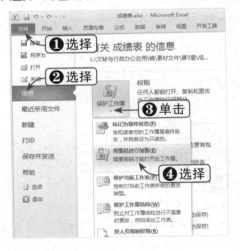

Step 02 设置密码

弹出"加密文档"对话框，在"密码"文本框中输入密码，单击"确定"按钮，如下图所示。

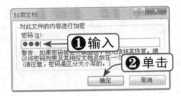

Step 03 确认密码

弹出"确认密码"对话框，在"重新输入密码"文本框中再次输入密码，单击"确定"按钮，如下图所示。

Step 04 查看加密效果

重新打开加密的工作簿，弹出"密码"对话框，要求输入密码，否则无法打开，如下图所示。

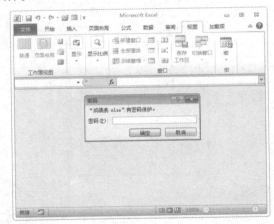

9.5.4 加密工作簿结构

除了对整个工作簿加密外，用户还可以对工作簿的结构进行加密，工作表就不会被删除、移动、隐藏、取消隐藏或重新命名。

素材文件	光盘：素材文件\第9章\成绩表.xlsx

Step 01 选择"保护工作簿结构"选项

打开"素材文件\第9章\成绩表.xlsx"，选择"文件"选项卡，选择"信息"选项，单击"保护工作簿"下拉按钮，在弹出的下拉列表中选择"保护工作簿结构"选项，如下图所示。

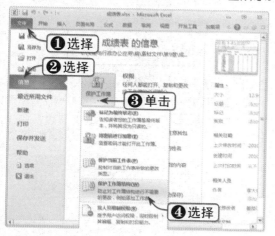

Step 02 设置密码

弹出"保护结构和窗口"对话框，在"密码"文本框中输入密码，单击"确定"按钮，如下图所示。

Step 03 确认密码

弹出"确认密码"对话框，重新在文本框中输入密码，单击"确定"按钮，如下图所示。

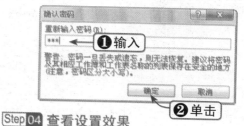

Step 04 查看设置效果

右击工作表标签，在弹出的快捷菜单中可以看到对工作表的插入、删除、重命名等选项均不可用，如下图所示。

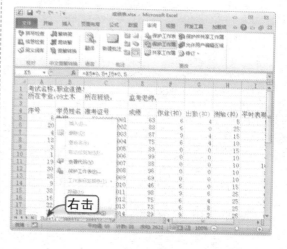

9.5.5 隐藏工作表

用户也可以将某一张工作表进行隐藏，而其他的工作表可以被查看或修改，具体操作方法如下：

素材文件	光盘：素材文件\第9章\成绩表.xlsx

Step 01 选择"隐藏"选项

打开"素材文件\第9章\成绩表.xlsx"，右击要隐藏的工作表标签，在弹出的快捷菜单中选择"隐藏"选项，如下图所示。

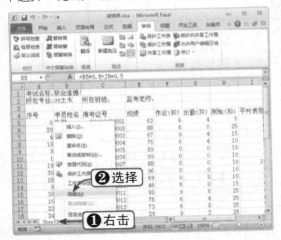

Step 02 查看隐藏效果

隐藏后工作表不可见，此时的表格效果如下图所示。

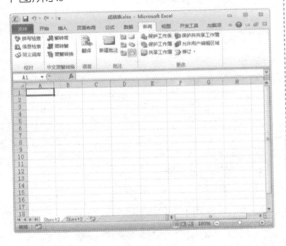

Step 03 选择"取消隐藏"选项

右击任意工作表标签，在弹出的快捷菜单中选择"取消隐藏"选项，如下图所示。

Step 04 选择取消隐藏的工作表

弹出"取消隐藏"对话框，在"取消隐藏工作表"列表框中选择要显示的工作表，单击"确定"按钮即可，如下图所示。

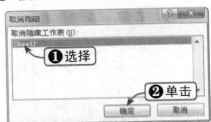

● 读书笔记

第10章 图表的生成与美化

图表是直观表现数据的一种方式，根据数据生成图表用于公司事务分析、汇报演讲等是办公中常用的技巧。本章将详细介绍图表的生成与美化知识，其中包括创建并设计图表，修改图表布局，设置图表格式，以及如何使用数据透视表和数据透视图等。

 ## 本章学习重点

1. Excel中图表的种类
2. 创建并设计图表
3. 修改图表布局
4. 设置图表格式
5. 数据透视表和数据透视图

 ## 重点实例展示

插入图表

本章视频链接

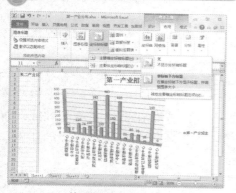

修改坐标轴标题

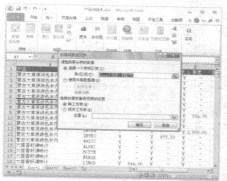

选择数据源

10.1 Excel中图表的种类

为了满足不同用户的需求，Excel预设了多种图表类型，以帮助用户使用有意义的方式来显示数据。正确选择图表是分析单位各项数据的关键因素之一。

10.1.1 柱形图

柱形图用于显示一段时间内的数据变化或显示各项之间的比较情况。在柱形图中，通常沿水平轴组织类别，而沿垂直轴组织数值，如右图所示。

柱形图适用的数据：一般横坐标适合用间断性数据，纵坐标适合连续性数据。横坐标可以是同一事物的不同阶段或不同层次的数据对比，也可以是不同事物的相同阶段或属性的对比。柱形图的使用频率极高。

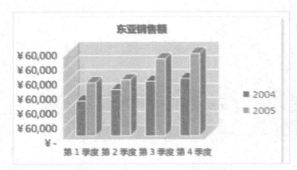

10.1.2 折线图

折线图可以显示随时间（根据常用比例设置）而变化的连续数据，因此非常适用于显示在相等时间间隔下数据的趋势。在折线图中，类别数据沿水平轴均匀分布，所有值数据沿垂直轴均匀分布，如右图所示。

折线图适用的数据：折线图可以表现两个连续性数据，即横坐标的数据可以是连续性的，同时纵坐标的数据也可以是连续性的。另外，与柱形图相比，折线图可以更加直观地表现数据变化趋势，也可以对比两个不同组不同数据的时间波动。折线图的使用频率也极高。

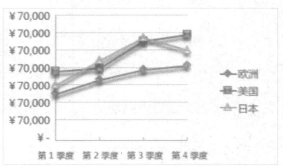

10.1.3 饼图

饼图是显示一个字段下数据的构成情况，或者说仅排列在工作表的一列或一行中的数据可以绘制到饼图中。饼图显示一个数据系列中各项大小与各项总和的比例，如下图所示。

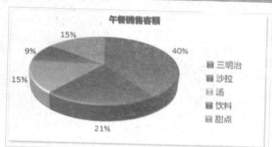

饼图适合连续性数据或间断性数据，是一种形象、直观的数据表现方式。它能较好地表现数据的构成及各自在整体中的比例，但不善于表现数据的值。饼图还能较好地对比同一事物的阶段或构成上的比例，但不善于对多个事物作同时的对比。饼图的使用频率较高。

10.1.4 条形图

条形图显示各个项目之间的比较情况，它类似于柱形图的转置，如下图所示。条形图适用于对比数据的差距，它的使用频率一般。

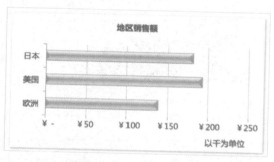

10.1.5 面积图

排列在工作表的列或行中的数据可以绘制到面积图中。面积图强调数量随时间而变化的程度，也可用于引起人们对总值趋势的关注，如右图所示。例如，表示随时间而变化的利润的数据可以绘制在面积图中，以强调总利润。

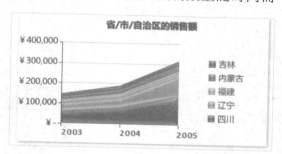

通过显示所绘制的值的总和，面积图还可以显示部分与整体的关系。面积图的使用频率较低。

10.1.6 圆环图

仅排列在工作表的列或行中的数据可以绘制到圆环图中。像饼图一样，圆环图显示各个部分与整体之间的关系，但它可以包含多个数据系列，饼图只有一个数据系列，如右图所示。

圆环图在实现饼图功能的同时，可以更好地对多个数据进行对比。圆环图的使用频率一般。

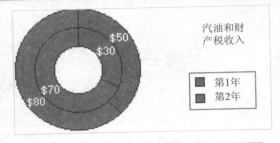

10.1.7 直方图

直方图是对数据的对比显示。直方图与柱形图相似，但直方图在横坐标是连续的系列形状，柱形图在横坐标上是断开的，如下图所示。直方图另一个特点是面积总和等于单位1，而柱形图不必遵守这一点。直方图是一种统计学常用的图，使用频率较高。

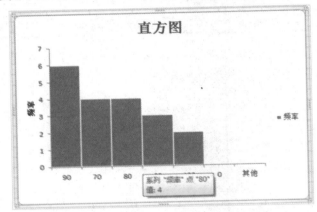

10.1.8 XY 散点图

排列在工作表的列或行中的数据可以绘制到 XY 散点图中。散点图显示若干数据系列中各个数值之间的关系，或将两组数绘制为 xy 坐标的一个系列。

散点图有两个数值轴，沿水平轴（x 轴）方向显示一组数值数据，沿垂直轴（y 轴）方向显示另一组数值数据，如下图所示。散点图将这些数值合并到单一数据点，并以不均匀间隔或簇显示它们。散点图通常用于显示和比较数值，如科学数据、统计数据和工程数据。

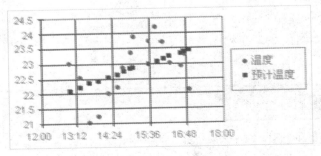

10.2 创建并设计图表

Excel 2010 不再提供图表向导功能，不过可以通过在"插入"选项卡上的"图表"组中单击所需的图表类型来创建基本图表。

10.2.1 快速生成图表

虽然 Excel 2010 不再提供图表向导，但制作图表的方式更加简单，具体操作方法如下：

⊙	素材文件	光盘：素材文件\第10章\招生分布表.xlsx

Step 01 选择插入图表类型

打开"素材文件\第10章\招生分布表.xlsx"，选择数据区域 A2:B18，选择"插入"选项卡，在"图表"组中单击一种图表类型下拉按钮，在弹出的下拉列表中选择一种图表类型，如"簇状柱形图"，如下图所示。

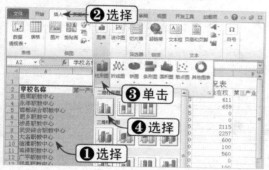

Step 02 查看插入图表效果

此时 Excel 2010 使用默认值创建图表，插入图表后的效果如下图所示。

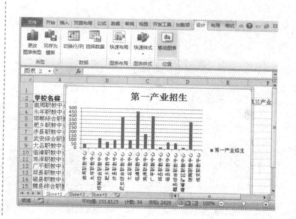

10.2.2 重新选择数据

创建好的图表还可以方便地修改数据源，具体操作方法如下：

Step 01 单击"选择数据"按钮

继续上一节进行操作，单击图表的任意位置，选择"设计"选项卡，单击"数据"组中的"选择数据"按钮，如右图所示。

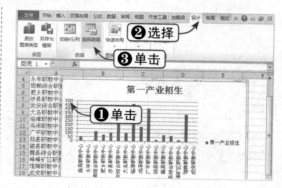

Step 02 修改数据区域

弹出"选择数据源"对话框，在"图表数据区域"文本框中输入新的单元格区域，或单击折叠按钮，如下图所示。

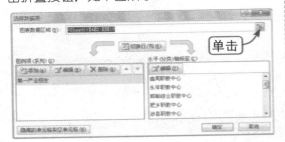

Step 03 重新选择数据

返回工作表，重新选择数据区域，单击折叠按钮，如下图所示。

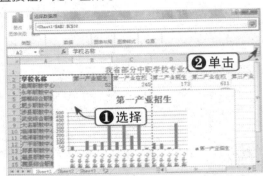

Step 04 设置数据源选项

返回"选择数据源"对话框，设置其他选项，单击"确定"按钮，如下图所示。

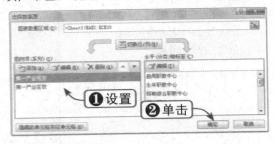

Step 05 查看重新选择效果

重新选择数据后，图表产生了新变化，效果如下图所示。

10.2.3 修改图表布局

Excel 2010 提供了丰富的图表布局供用户选择，用户可以快速地改变图表布局，具体操作方法如下：

Step 01 选择布局

继续上一节进行操作，单击图表，在"设计"选项卡下"图表布局"组中单击"快速布局"下拉按钮，在弹出的下拉列表中选择一种布局，如右图所示。

知识点拨

除了选择软件自带的布局样式外，用户可以在"布局"选项卡中自定义图表布局。

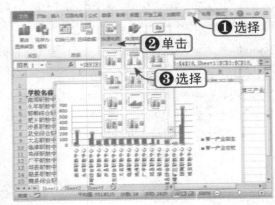

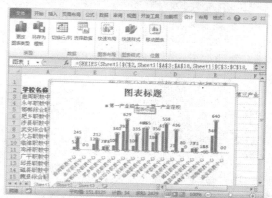

Step 02 查看应用布局效果

此时，即可查看应用新布局后的图表效果，如右图所示。

知识点拨

即使使用了某种布局，用户也可以继续对其进行编辑操作。

10.2.4 使用样式快速美化图表

用户也可以像使用样式美化单元格一样为图表快速应用一种样式，具体操作方法如下：

Step 01 单击"快速样式"按钮

继续上一节进行操作，单击图表，单击"设计"选项卡下"图表样式"组中的"快速样式"下拉按钮，如下图所示。

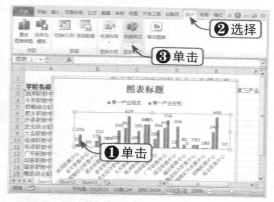

Step 03 查看应用新样式效果

在应用样式后，图表的部分格式发生了变化，效果如下图所示。

Step 02 选择图表样式

在弹出的下拉列表中选择一种图表样式，如下图所示。

10.2.5 移动图表

默认情况下，图表是嵌入在原数据所在工作表中的，用户在制作好图表后可以将其移动到其他位置，具体操作方法如下：

Step **01** 单击"移动图表"按钮

　　继续上一节进行操作,单击图表,单击"设计"选项卡下"位置"组中的"移动图表"按钮,如下图所示。

图所示。

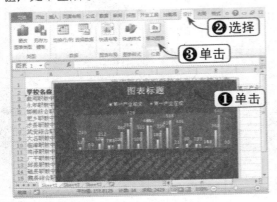

Step **03** 查看图表移动效果

　　此时,即可将图表移动到一张新工作表中,如下图所示。

Step **02** 选择新位置

　　弹出"移动图表"对话框,选择图表将移动到哪张工作表中,单击"确定"按钮,如下

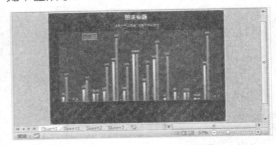

10.2.6　修改图表类型

　　用户可以直接修改图表的类型,而不用重新生成图表,具体操作方法如下:

Step **01** 单击"更改图表类型"按钮

　　继续上一节进行操作,单击图表,单击"设计"选项卡下"类型"组中的"更改图表类型"按钮,如下图所示。

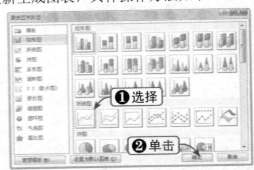

Step **03** 查看修改效果

　　此时,即可查看修改为折线型后的图表效果,如下图所示。

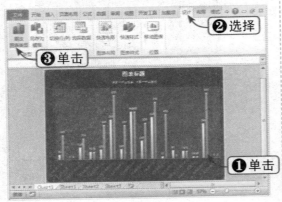

Step **02** 选择图表类型

　　弹出"更改图表类型"对话框,在各类图表列表框中选择新类型,单击"确定"按钮,如下图所示。

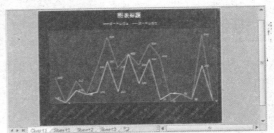

10.2.7 保存为模板

如果想以后创建更多类似的图表效果，可以将此图表保存为模板，具体操作方法如下：

Step 01 单击"另存为模板"按钮

继续上一节进行操作，单击图表，单击"设计"选项卡下"类型"组中的"另存为模板"按钮，如下图所示。

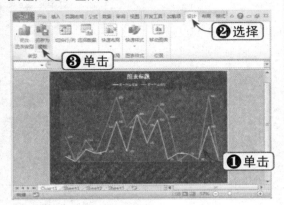

Step 02 选择保存位置

弹出"保存图表模板"对话框，选择保存位置，单击"保存"按钮，如下图所示。

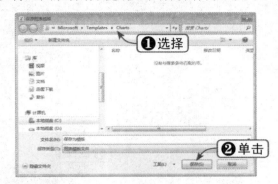

Step 03 查看模板文件

保存后出现一个扩展名为 .crtx 的文件，即为模板文件，如下图所示。

知识点拨

自定义布局或格式不能保存，但可以通过将图表另存为图表模板，再次使用自定义布局或格式。

10.3 修改图表布局

修改图表布局是对图表各个布局元素进行个性化修改，以满足具体的制作要求。下面将介绍如何修改图表标签，修改坐标轴，添加网络线，插入图片，插入形状，添加趋势线，以及添加误差线等知识。

10.3.1 修改图表标签

用户可以对图表标题、坐标轴标题、图例等进行修改，具体操作方法如下：

	素材文件	光盘：素材文件\第10章\第一产业分布.xlsx

Step 01 修改图表标题

打开"素材文件\第10章\第一产业分布.xlsx",单击图表,单击"布局"选项卡下"标签"组中的"图表标题"下拉按钮,在弹出的下拉列表中选择"图表上方"选项,如下图所示。

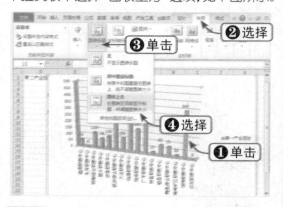

Step 02 显示标题

此时,显示的标题如下图所示。用户也可以隐藏标题。

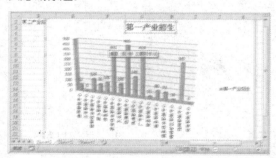

Step 03 修改坐标轴标题

单击图表,单击"布局"选项卡下"标签"组中的"坐标轴标题"下拉按钮,在弹出的下拉列表中选择"坐标轴下方标题"选项,如下图所示。

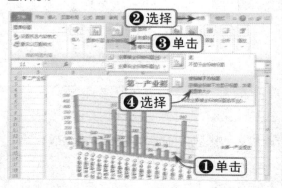

Step 04 输入新坐标轴名称

双击坐标轴名称,输入新坐标轴名称,如下图所示。

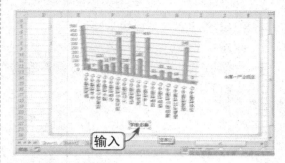

Step 05 设置图例

单击图表,单击"布局"选项卡下"标签"组中的"图例"下拉按钮,在弹出的下拉列表中选择"无"选项,如下图所示。

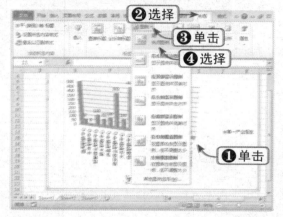

Step 06 隐藏图例效果

此时,即可取消图例的显示,效果如下图所示。

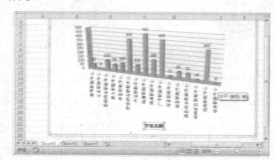

Step 07 设置数据标签

单击图表,单击"布局"选项卡下"标签"组中的"数据标签"下拉按钮,在弹出的下拉

第10章 图表的生成与美化

列表中选择"无"选项，如下图所示。

Step 08 查看隐藏效果

此时，即可将数据标签隐藏起来，效果如下图所示。

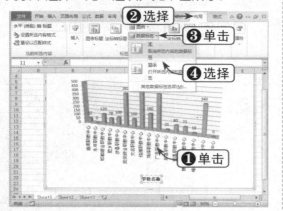

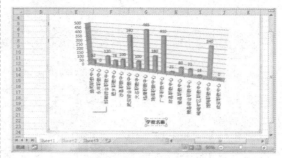

10.3.2 修改坐标轴

默认坐标轴显示是从左向右的，用户可以根据实际需要重新设置坐标轴，具体操作方法如下：

	素材文件	光盘：素材文件\第10章\第一产业分布.xlsx

Step 01 设置坐标从右向左显示

打开"素材文件\第10章\第一产业分布.xlsx"，单击图表，单击"布局"选项卡下"标签"组中的"坐标轴"下拉按钮，在弹出的下拉列表中选择"显示从右向左坐标轴"选项，如下图所示。

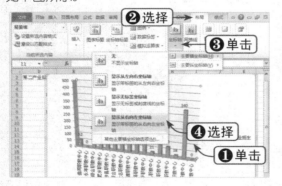

Step 02 查看设置效果

修改后坐标轴移到了右边，方向相反，效果如下图所示。

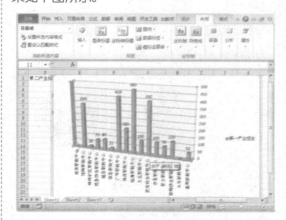

10.3.3 添加网格线

为了方便用户估计、比较各个数据，在图表中可以添加网格线作参考，具体操作方法如下：

	素材文件	光盘：素材文件\第10章\产业分布表－添加网格线.xlsx

255

Step 01 选择网格线类型

打开"素材文件\第 10 章\产业分布表 -
添加网格线 .xlsx",单击图表,单击"布局"
选项卡下"坐标轴"组中的"网格线"下拉按钮,
在弹出的下拉列表中选择"主要网格线"选项,
如下图所示。

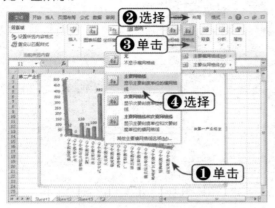

Step 02 查看添加网格线效果

此时,即可查看添加主要横网格线后的效
果,如下图所示。

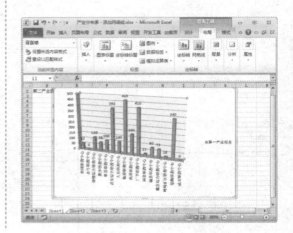

10.3.4 插入图片

在图表中还可以插入图片,如同在工作表中插入图表一样,这会使图表的功能大
大增强,具体操作方法如下:

	素材文件	光盘:素材文件\第10章\第二产业分布表.xlsx

Step 01 单击"图片"按钮

打开"素材文件\第 10 章\第二产业分布
表 .xlsx",单击图表,选择"布局"选项卡,
单击"插入"组中的"图片"按钮,如下图所示。

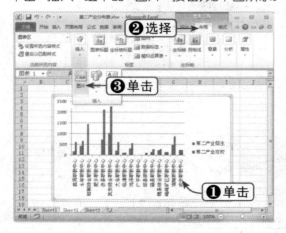

Step 02 选择图片

弹出"插入图片"对话框,选择目标图片,
单击"插入"按钮,如下图所示。

Step 03 调整图片位置

拖动图片到合适的位置即可,此时的图表
效果如下图所示。

10.3.5　插入形状

在图表区中还可以插入形状，用于完善图表，使其看起来更加专业、美观，具体操作方法如下：

Step 01 选择形状

继续上一节进行操作，单击图表，选择"布局"选项卡，单击"插入"组中的"形状"下拉按钮，在弹出的下拉列表中选择合适的形状，如下图所示。

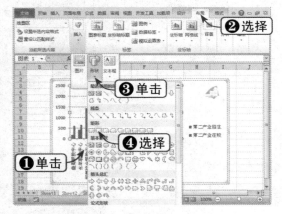

Step 02 绘制形状图形

在图表中按住鼠标左键并拖动，绘制形状图形，效果如下图所示。

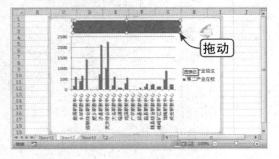

Step 03 选择"编辑文字"选项

右击形状，在弹出的快捷菜单中选择"编辑文字"选项，如下图所示。

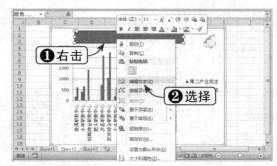

Step 04 输入文字并设置格式

输入文字，并可以对文字进行格式设置，如下图所示。

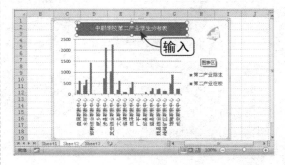

10.3.6 添加趋势线

一般通过柱状图、折线图等都可以粗略地预测数据发展趋势，Excel 提供了专门的数据趋势分析，通过趋势线可以对数据进行更直观的展示。添加趋势线的具体操作步骤如下：

Step 01 选择趋势线类型

继续上一节进行操作，选中图表，选择"布局"选项卡，单击"分析"组中的"趋势线"下拉按钮，在弹出的下拉列表中选择合适趋势线类型，如下图所示。

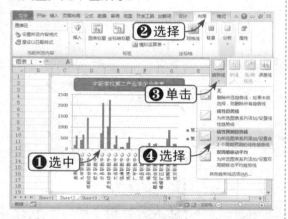

Step 02 选择目标系列

弹出"添加趋势线"对话框，选择为哪个系列添加趋势线，单击"确定"按钮，如下图所示。

Step 03 查看添加趋势线图表效果

此时，即可查看添加趋势线后的图表效果，如下图所示。

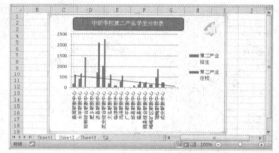

10.3.7 添加误差线

误差线是反映每一项数据的潜在误差或不确定度，一般用于数据统计和科学计数。添加误差线的具体操作方法如下：

Step 01 选择误差线类型

继续上一节进行操作，选中图表，选择"布局"选项卡，单击"分析"组中的"误差线"下拉按钮，在弹出的下拉列表中选择"标准误差误差线"选项，如右图所示。

Step 02 查看误差线

此时，即可查看添加误差线后的图表效果，如右图所示。

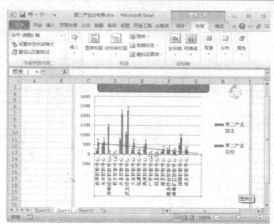

知识点拨

单击"分析"组中的"误差线"下拉按钮，在弹出的下拉列表中选择"无"选项可以去掉误差线。

10.4 设置图表格式

应用图表格式可以对图表进行全方位的美化，使图表在实用的同时也更加美观。图表由坐标轴、数据标签、图例等元素构成，这些元素都可以不同程度地进行美化。

10.4.1 选择图表中的对象

要对某一元素设置格式首先要选择该对象，选择各个元素的操作方法一样，具体操作方法如下：

方法一：直接单击选择对象

单击图表中要设置的元素，被选中的元素会出现控制柄，如下图所示。

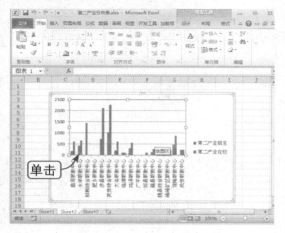

方法二：通过功能区选择对象

单击图表任意位置，选择"格式"选项卡，单击"当前所选内容"组中的下拉按钮，在弹出的下拉列表中选择元素即可，如下图所示。

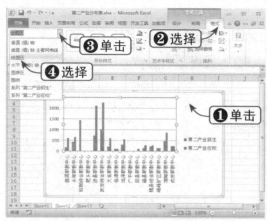

10.4.2　使用形状样式

使用形状样式可以快速、方便地美化图表中的元素，具体操作方法如下：

💿	素材文件	光盘：素材文件\第10章\第二产业分布表.xlsx

Step 01 单击形状样式下拉按钮

打开"素材文件\第10章\第二产业分布表.xlsx"，单击图表中目标对象，选择"格式"选项卡，单击"形状格式"组中的样式列表中合适选项，或单击下拉按钮，如下图所示。

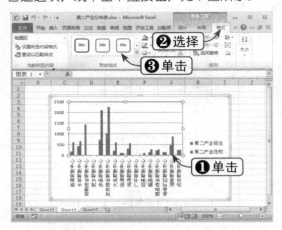

Step 02 选择合适的样式

在弹出的样式列表中选择合适的样式，如下图所示。

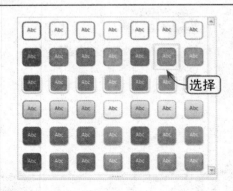

Step 03 查看应用样式效果

此时，即可查看对图表区应用选样式的效果，如下图所示。

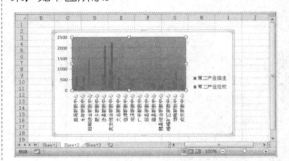

10.4.3　使用形状轮廓

形状轮廓是为所选元素添加一个外边框，可以设置其颜色、线型等可选参数，具体操作方法如下：

Step 01 选择合适的颜色

继续上一节进行操作，选中图表中要使用形状轮廓的对象,选择"格式"选项卡,单击"形状样式"组中的"形状轮廓"下拉按钮，在弹出的下拉列表中选择合适的颜色，即可设置颜色，如右图所示。

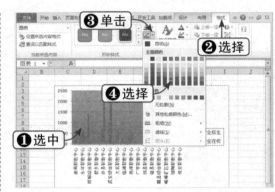

Step 02 选择线宽

在"形状轮廓"下拉列表中选择"粗细"级联菜单中的合适宽度，即可设置线宽，如下图所示。

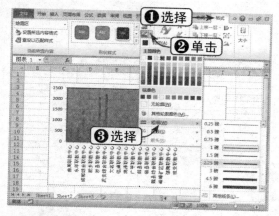

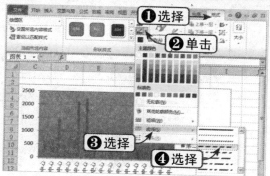

Step 04 查看轮廓效果

此时，即可查看为图例添加轮廓后的效果，如下图所示。

Step 03 选择线型

在"形状轮廓"下拉列表中选择"虚线"级联菜单中的合适线型，即可设置线型，如下图所示。

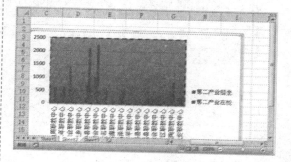

10.4.4 添加形状效果

用户还可以对图表中的元素添加形状效果，以对图表进行更加细腻的美化，具体操作方法如下：

Step 01 选择形状样式效果

继续上一节进行操作，选中要设置的图例，选择"格式"选项卡，单击"形状样式"组中的"形状效果"下拉按钮，在弹出的下拉列表中选择一种效果，如下图所示。

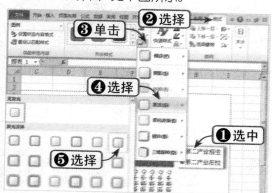

Step 02 选择"阴影选项"选项

在"形状效果"下拉列表中选择最下方的"阴影选项"选项，如下图所示。

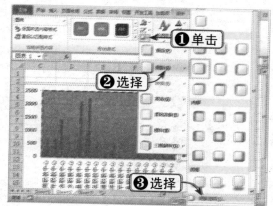

Step 03 设置数据系列格式

弹出"设置数据系列格式"对话框，设置各项属性后单击"关闭"按钮即可，如下图所示。

Step 04 查看格式设置效果

此时，即可查看对图例进行形状效果设置后的效果，如下图所示。

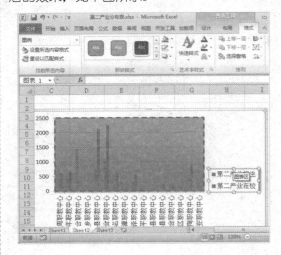

10.4.5　设置背景墙

背景墙只适用于使用三维图表的情况，背景墙的使用可以使图表的显示效果更好，具体操作方法如下：

| 素材文件 | 光盘：素材文件\第10章\三维图表.xlsx |

Step 01 选择"其他背景墙选项"选项

打开"素材文件\第10章\三维图表.xlsx"，选中图表，选择"布局"选项卡，单击"背景"组中的"图表背景墙"下拉按钮，在弹出的下拉列表中选择"其他背景墙选项"选项，如下图所示。

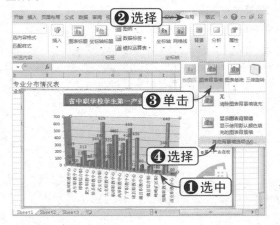

Step 02 设置背景墙格式

弹出"设置背景墙格式"对话框，设置填充、边框和三维等格式，然后单击"关闭"按钮，如下图所示。

Step 03 查看背景墙效果

添加背景墙后，三维图表的视觉效果有所改善，效果如右图所示。

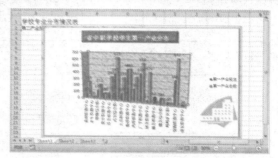

知识点拨

只有是三维样式的图表，"图表背景墙"、"图表基底"这些命令才可用。

10.4.6 设置图表基底

图表基底是图表中位于 X 轴的底色设置，可以是一种颜色，也可以是一种填充图案。设置图表基底的具体操作方法如下：

Step 01 选择"其他基底选项"选项

继续上一节进行操作，选中图表，选择"布局"选项卡，单击"背景"组中的"图表基底"下拉按钮，在弹出的下拉列表中选择"其他基底选项"选项，如下图所示。

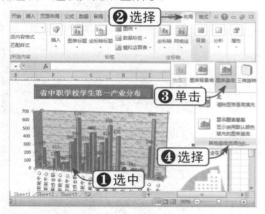

Step 02 设置图表基底格式

弹出"设置基底格式"对话框，设置填充、边框和三维等格式，然后单击"关闭"按钮，如下图所示。

Step 03 设置基底效果

添加基底效果后，横坐标附近就会有底色效果，如下图所示。

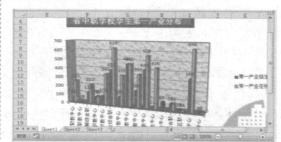

10.5 数据透视表和数据透视图

使用数据透视表可以汇总、分析、浏览和提供摘要数据。使用数据透视图可以在数据透视表中可视化此摘要数据，并且可以方便地查看、比较、分析和预测。数据透视表和数据透视图都能使用户根据关键数据作出相应的决策。

10.5.1 数据透视表

数据透视表是一种可以快速汇总大量数据的交互式方法。使用数据透视表可以深入分析数值，并且可以回答一些数据的动态预测问题。

素材文件	光盘：素材文件\第10章\产品销售表.xlsx

Step 01 选择"数据透视表"选项

打开"素材文件\第 10 章\产品销售表 .xlsx"，选择"插入"选项卡，单击"表格"组中的"数据透视表"下拉按钮，然后在弹出的下拉列表中选择"数据透视表"选项，如下图所示。

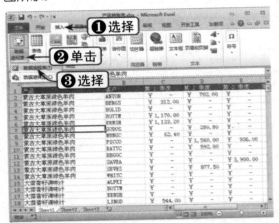

Step 02 选择数据源

弹出"创建数据透视表"对话框，选中"选择一个表或区域"单选按钮，Excel 会自动选中默认区域，或单击"表/区域"文本框右侧的折叠按钮手动选择区域，为数据透视表指定放置的位置，然后单击"确定"按钮，如下图所示。

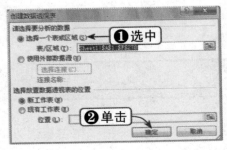

Step 03 设置字段

此时，窗口右侧出现"数据透视表字段列表"面板，拖动"选择要添加到报表的字段"列表中的字段项目，如"产品"选项，拖动三个季度字段到"数值"列表框中，如下图所示。

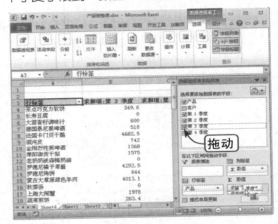

Step 04 查看数据透视表

此时，数据透视表对各个产品在三个季度的销售数值进行求和统计，如下图所示。

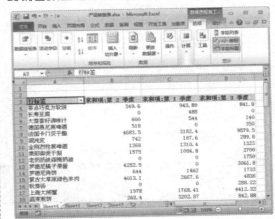

10.5.2 数据透视图

数据透视图是在数据透视表的基础上生成的，它将数据透视表中的数据转换成直观的图表形式，如同将工作表转换为图表。

Step 01 单击"数据透视图"按钮

继续上一节进行操作，单击数据透视表中任意单元格，选择"选项"选项卡，单击"工具"组中的"数据透视图"按钮，如下图所示。

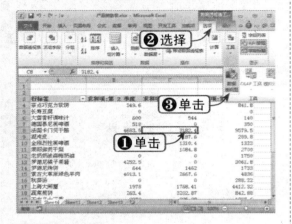

Step 02 选择图表类型

弹出"插入图表"对话框，在不同的图表类别和样式列表中选择合适的图表类型，单击"确定"按钮，如下图所示。

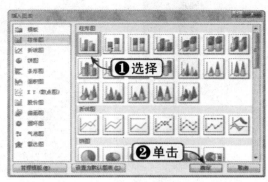

Step 03 查看数据透视图

此时，即可插入数据透视图，效果如下图所示。

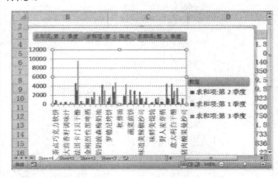

● 读书笔记

第11章 Excel数据的操作

Excel 数据的操作包括对单元格内的数据设置不同的类型、填充数据、对数据进行排序与筛选，以及对数据使用函数与公式进行计算等操作。这是利用 Excel 进行文秘与行政办公应用的重要操作，因此读者应该熟练掌握。

本章学习重点

1. 设置数据类型
2. 自动填充数据
3. 数据的排序
4. 对数据进行筛选
5. 使用公式计算数据
6. 使用函数计算数据
7. 数据的分类汇总
8. 使用数据工具

重点实例展示

查看汇总结果

本章视频链接

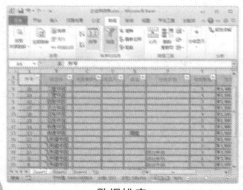

数据排序

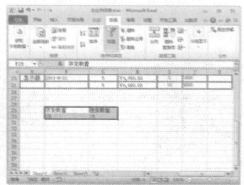

设置筛选条件

11.1 设置数据类型

因为不同的数据可接受的操作不同，所以对数据设置不同的类型就显得特别重要。下面将对单元格中的数据类型设置进行详细介绍。

11.1.1 认识数据类型

Excel 提供了许多选项，以便将数字显示为百分比、货币和日期等。但实际上最常用的数据只有三种，它们分别是：数值、文本和公式。

◎ **数值**

概括地说，数值可以理解为一些数据类型的数量。数值有一个共同的特点，就是常常用于各种数学计算。工资数、学生成绩、员工年龄、销售额等数据都属于数值类型。当然，我们常常使用日期、时间数据也都属于数值类型的数据。

◎ **文本**

说明性、解释性的数据描述即为文本类型。文本当然是非数值类型的，例如，员工信息表的列标题"员工编号"、"姓名"、"性别"、"出生年月"等字符都属于文本类型。文本和数值有时容易混淆，比如手机号码、银行账号，从表面上看它们是由数字组成的，但实际上 Excel 将它们作为文本处理，因为并不需要对手机号和银行卡号进行加减乘除等运算，而是作为一种文本代号来处理。

◎ **公式**

我们把公式列为不同于"数值"和"文本"之外的第三种数据类型。公式的共同特点是以"="号开头，它可以是简单的数学式，也可以是包含各种 Excel 函数的式子。用户可以通过公式计算数据或对其他单元格的数据进行处理，从而得出需要的结果。Excel 之所以具有如此强大的数据处理能力，公式是最为重要的因素之一。

11.1.2 设置数据类型

下面以设置文本、数字和日期三种类型为例，说明设置单元格内容的类型的操作方法。

素材文件	光盘：素材文件\第11章\企业供货表.xlsx

Step 01 选择"设置单元格格式"选项

打开"素材文件\第 11 章\企业供货表.xlsx"，选择 G6:G25 单元格区域并右击，在弹出的快捷菜单中选择"设置单元格格式"选项，如右图所示。

Step 02 选择货币类型

弹出"设置单元格格式"对话框,在"分类"列表中选择"货币"选项,单击"确定"按钮,如下图所示。

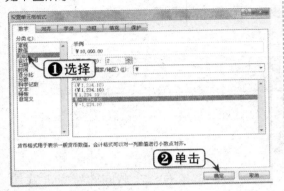

Step 03 选择数字类型

重新选择单元格区域,在"设置单元格格式"对话框中的"分类"列表中选择"数值"选项,单击"确定"按钮,如下图所示。

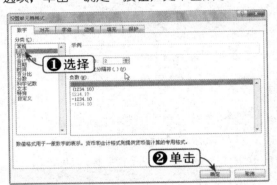

Step 04 选择日期类型

重新选择单元格区域,在"设置单元格格式"对话框中的"分类"列表中选择"日期"选项,单击"确定"按钮,如下图所示。

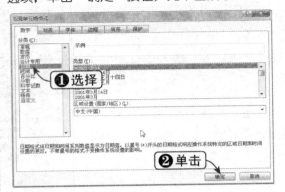

Step 05 查看设置效果

设置后不同的单元格的内容类型不一样,效果如下图所示。

11.2 自动填充数据

当需要输入大量相同或相近的内容时,工作量和工作时间成为一个关键的问题。使用 Excel 的自动填充功能可以帮助用户大大提高工作效率。

11.2.1 快速填充

快速填充用于对行或列的相邻单元格填充相同或具有数列规律的内容,具体操作方法如下:

方法一:

Step 01 拖动填充

继续上一节进行操作,在 A6 单元格中输入起始数字,如 1,选中该单元格,移动鼠标指针到单元格右下角,指针变成十字形,按住【**Ctrl**】键的同时按住鼠标左键并向下拖动,如下图所示。

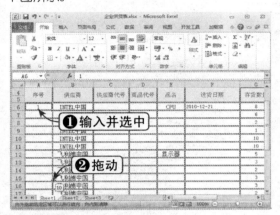

Step 02 查看填充效果

拖动到终点单元格后释放鼠标即可,默认是按自然数填充,如下图所示。

方法二:

Step 01 拖动填充

在起始单元格输入内容,选中该单元格,移动鼠标指针到单元格右下角,指针变成十字形,按住鼠标左键并向下拖动,如下图所示。

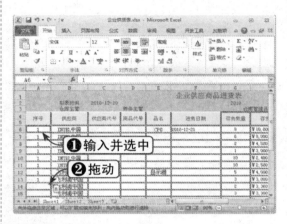

Step 02 查看填充效果

此种方法填充的效果类似于复制,适合对文本的操作,如下图所示。

知识点拨

填充数据完成后将出现"自动填充选项"下拉按钮,单击该按钮,在弹出的下拉列表中可以设置"填充序列"或"复制单元格"等选项。

11.2.2 智能填充

快速填充适合对序列数字或相同文本填充,但如果填充的内容只是单元格内容的一部分,就需要使用智能填充功能。

Step 01 拖动填充

继续上一节进行操作，在 C6 单元格中输入内容，尾部为数字，使用快速填充的方法填充单元格，效果如下图所示。

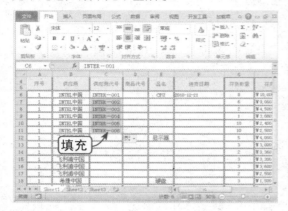

Step 02 选择"复制单元格"选项

单击"自动填充选项"下拉按钮，在弹出的下拉列表中选中"复制单元格"单选按钮，

如下图所示。

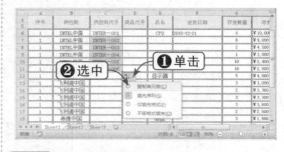

Step 03 查看复制效果

此时，可以复制填充单元格内容，效果如下图所示。

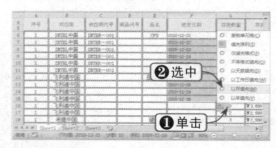

11.2.3　日期填充

在 Excel 2010 中，日期也可以实现自动填充，具体操作方法如下：

Step 01 以天数填充

继续上一节进行操作，在 F6 单元格中输入日期，使用快速填充的方法进行填充即可，如下图所示。

Step 02 选中"以月填充"单选按钮

若单击"自动填充选项"按钮，在弹出的下拉列表中选中"以月填充"单选按钮，如下图所示。

Step 03 查看填充效果

此时，填充后月份将自动增加，效果如下图所示。

11.3 数据的排序

数据排序是对工作表中的数据按行或列，或根据一定的次序重新组织数据的顺序，排序后的数据可以方便地进行查找。下面将详细介绍数据排序的相关知识。

11.3.1 简单排序

简单排序是对数据进行快速的大小排序，具体操作方法如下：

Step 01 单击"筛选"按钮

继续上一节操作，选择包括标题行在内的数据区域，选择"数据"选项卡，单击"排序和筛选"组中的"筛选"按钮，如下图所示。

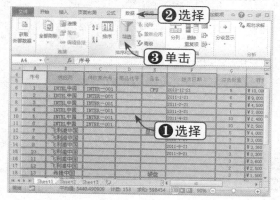

Step 02 选择排序方式

单击序号标题行单元格出现的下拉按钮，在弹出的列表中选择排序方式，如下图所示。

Step 03 查看排序效果

此时排序的列按数值的大小进行排列，效果如下图所示。

11.3.2 复杂排序

对多个列进行排序，按其他方式排序等较复杂的排序需要使用对话框，具体操作方法如下：

Step 01 单击"排序"按钮

参照上一节选择单元格区域，选择"数据"选项卡，单击"排序和筛选"组中的"排序"按钮，如右图所示。

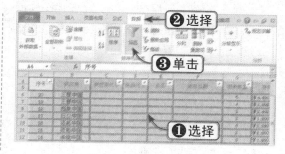

Step 02 设置排序条件

弹出"排序"对话框，在三个下拉列表框中选择第一个列的排序条件，如下图所示。

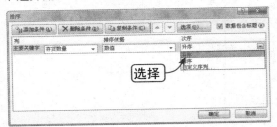

Step 03 添加条件

单击"添加条件"按钮，出现"次要关键字"列的设置下拉列表，设置次要关键字排序，单击"确定"按钮，如下图所示。

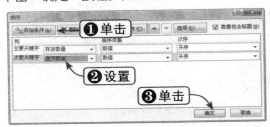

Step 04 查看排序效果

此时排序效果是存货数量从小到大排列，存货数量相同时按进货数量从小到大排列，如下图所示。

知识点拨

添加多个排序条件，将按顺序对关键字进行排序。

11.4 对数据进行筛选

筛选是只显示符合特定条件记录的操作，筛选后的数据更加简洁，以方便用户进行查看和分析数据。下面将详细介绍如何对数据进行筛选。

11.4.1 简单筛选

用户可以使用自动筛选功能使不符合条件的数据隐藏，具体操作方法如下：

Step 01 选择筛选项目

继续上一节进行操作，单击供应商标题行单元格出现的下拉按钮，取消选择不需显示项目的复选框，然后单击"确定"按钮，如右图所示。

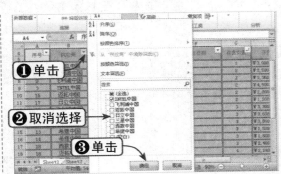

Step 02 查看筛选效果

筛选后工作表中只显示符合条件的记录，效果如下图所示。

Step 03 按范围筛选

如果是筛选某范围的记录，如存货数量介于 1~5 的记录，则单击存货数量右侧的下拉按钮，在弹出的下拉列表中选择"数字筛选" | "介于"选项，如下图所示。

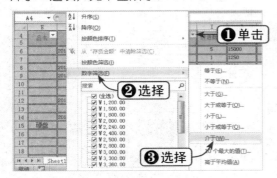

Step 04 设置自动筛选范围

弹出"自定义自动筛选方式"对话框，在第一行下拉列表框中分别选择"大于或等于"选项和 1 选项，选中"与"单选按钮；在第二行下拉列表框中分别选择"小于或等于"选项和 5 选项，然后单击"确定"按钮，如下图所示。

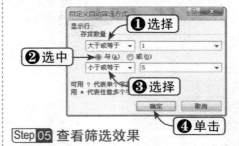

Step 05 查看筛选效果

此时筛选后只显示 1~5 范围内的数据，操作结果如下图所示。

11.4.2 高级筛选

前面介绍的筛选操作能够满足大部分工作的需要，但总有些筛选不能通过前面的操作来实现，此时可以采用自设条件的高级筛选，具体操作方法如下：

Step 01 设置筛选条件

首先需要将筛选的条件在数据区以外的单元格列出。第一行为筛选项目，第二行为筛选条件，如筛选存货数量小于 5 并且进货数量大于 5 的记录，如右图所示。

Step 02 单击"高级"按钮

继续上一节进行操作，选择"数据"选项卡，单击"排序和筛选"组中的"高级"按钮，如下图所示。

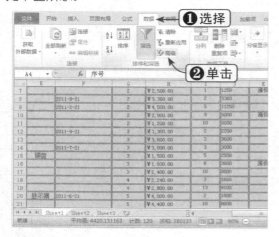

Step 03 选择列表区域

弹出"高级筛选"对话框，选中"将筛选结果复制到其他位置"单选按钮，单击"列表区域"文本框右侧的折叠按钮，如下图所示。

Step 04 选择数据源

按住鼠标左键拖动以选中数据区域，包括标题行和数据行，然后再次单击折叠按钮，如下图所示。

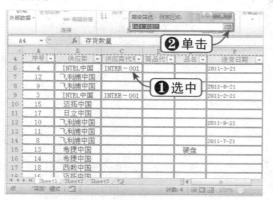

Step 05 设置条件区域

返回"高级筛选"对话框，单击"条件区域"文本框右侧的折叠按钮，如下图所示。

Step 06 选择条件区域

返回工作表，选择前面设置的条件区域，如下图所示。

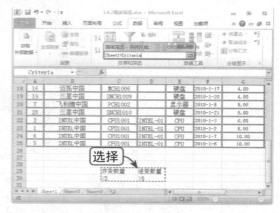

Step 07 选择筛选结果区域

单击"复制到"文本框右侧的折叠按钮，如下图所示。

Step 08 选择新位置

返回工作表，选择空白单元格，再单击折叠按钮，如下图所示。

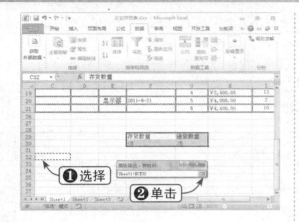

①选择
②单击

Step 09 查看操作效果

返回对话框，单击"确定"按钮，操作结果如下图所示。

11.5 使用公式计算数据

Excel对数据处理的强大功能主要体现在对数据的计算操作方面，其中就包括公式的使用。使用公式可以满足各种计算需要，非常方便、快捷。

11.5.1 公式的基本类型

公式是可以进行以下操作的算式：执行计算、返回信息、操作其他单元格的内容和测试条件等。公式始终以等号"="开头，下面将举例说明可以在工作表中输入的公式类型。

=5+2*3	将5加到2与3的乘积中
=A1+A2+A3	将单元格A1、A2和A3中的值相加
=SQRT(A1)	使用SQRT函数返回A1中值的平方根
=TODAY()	返回当前日期
=UPPER("hello")	使用UPPER工作表函数将文本hello转换为HELLO
=IF(A1>0)	测试单元格A1，确定它是否包含大于0的值

以下是公式中常用的运算符：

+（加号）	加法，如3+3
-（减号）	减法，如3-1
*（星号）	乘法，如3*3
/（正斜杠）	除法，如3/3
%（百分号）	百分比，如20%
=（等号）	等于，如A1=B1
>（大于号）	大于，如A1>B1
<（小于号）	小于，如A1<B1

单元格数据的引用需用 ":"（冒号），生成对两个引用之间所有单元格的引用（包括这两个引用），如 B5:B15。

若要更改求值的顺序，需要将公式中要先计算的部分用括号括起来。例如，"=5+2*3" 的结果是 11，因为 Excel 先进行乘法运算后进行加法运算。但是，如果用括号对该语法进行更改，如 "=(5+2)*3"，Excel 将先求出 5 加 2 之和，再用结果乘以 3 得 21。

11.5.2 编辑公式

下面通过几个常用的公式来说明公式的编辑方法，具体操作方法如下：

	素材文件	光盘：素材文件\第11章\每周考核表.xlsx

Step 01 编辑求和公式

打开"素材文件\第 11 章\每周考核表.xlsx"，如对各班一周各项考评总分的计算。在 G3 单元格输入以下公式 "=B3+C3+D3+E3+F3"，即对第一个班一周的得分相加，如下图所示。

Step 02 自动计算列

输入后单击其他单元格，Excel 2010 会自动以第一个公式填充下方单元格，并计算结果，如下图所示。

Step 03 使用判断语句

在 H3 单元格中输入以下公式 "=IF(G3>20,"不合格","合格")"，即当总扣分大于 20 时为不合格，否则为合格，输入后按【Enter】键或单击其他单元格，如下图所示。

Step 04 查看计算效果

此时 Excel 会自动向下填充公式，计算结果如下图所示。

11.5.3 公式的审核

公式的审核是对编辑的公式进行检查和修改等操作提供方便的途径，具体包括显示公式、查看引用等。

Step01 追踪引用单元格

继续上一节操作，单击公式所在的单元格，选择"公式"选项卡，单击"公式审核"下拉列表中的"追踪引用单元格"按钮，如下图所示。

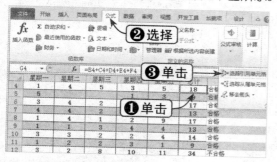

Step02 查看追踪结果

此时箭头连接引用的单元格，并最终指向公式单元格，如下图所示。

Step03 追踪从属单元格

单击公式所引用的单元格，选择"公式"选项卡，单击"公式审核"下拉列表中的"追踪从属单元格"按钮，如下图所示。

Step05 查看从属单元格

从属单元格也是用一个箭头来指向引用它的单元格，如下图所示。

Step05 单击"显示公式"下拉按钮

单击公式所在的单元格，选择"公式"选项卡，单击"公式审核"下拉列表中的"显示公式"按钮，如下图所示。

Step06 查看公式

单元格中的公式不显示为结果，而是公式本身，如下图所示。

Step 07 单击"公式求值"按钮

单击公式所在的单元格，选择"公式"选项卡，单击"公式审核"下拉列表中的"公式求值"按钮，如下图所示。

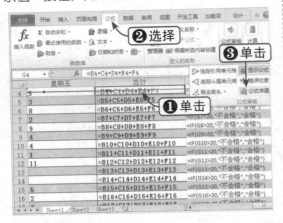

Step 08 逐步求值

弹出"公式求值"对话框，在"求值"文本框中显示了公式，单击"求值"按钮，如下图所示。

Step 09 查看求值过程

此时，可以看到公式随着步骤求值的过程，如下图所示。

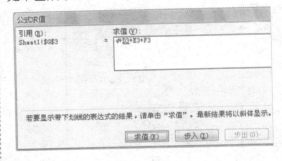

11.5.4 定义名称

用户可以为单元格或单元格区域重新命名，以便以后引用，具体操作方法如下：

Step 01 选择"定义名称"选项

继续上一节进行操作，选择"公式"选项卡，单击"定义名称"下拉按钮，在弹出的下拉列表中选择"定义名称"选项，如下图所示。

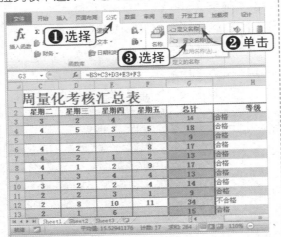

Step 02 设置新名称

弹出"新建名称"对话框，输入新名称，在"范围"下拉列表框中选择该定义适用的范围，单击"引用位置"文本框右侧的折叠按钮，如下图所示。

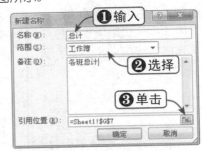

Step 03 选择单元格区域

返回工作表，选择 G3:G18 单元格区域，再次单击折叠按钮，如下图所示。

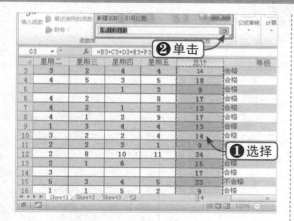

Step 04 设置备注信息

用户可以设置备注信息，设置完成后单击"确定"按钮即可，如下图所示。

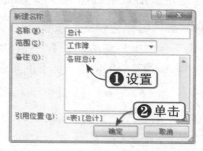

11.5.5 使用定义

定义好名称之后就可以像引用变量一样把公式或函数作为参数来使用，具体操作方法如下：

Step 01 单击"自动求和"按钮

继续上一节进行操作，选择"公式"选项卡，单击"函数库"组中的"自动求和"按钮，如下图所示。

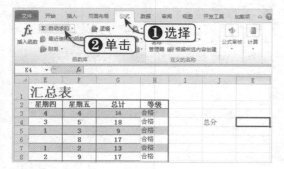

Step 02 选择"总计"选项

保持插入公式参数的选中状态，单击"定义的名称"组中的"用于公式"下拉按钮，在弹出的下拉列表中选择"总计"选项，如下图所示。

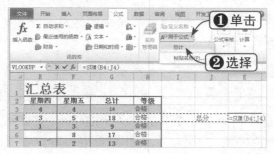

Step 03 插入名称

此时，在公式中即插入了名称，效果如下图所示。

Step 04 显示计算结果

按【Enter】键，即可计算出名称对应的单元格总和，如下图所示。

11.5.6 编辑定义

创建定义后还可以根据需要进行修改，具体操作方法如下：

Step 01 单击"名称管理器"按钮

继续上一节进行操作，单击"公式"选项卡下的"名称管理器"按钮，如下图所示。

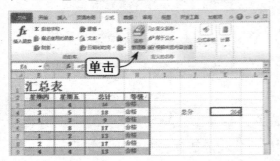

Step 02 选择要编辑的名称

弹出"名称管理器"按钮，选择要编辑的名称，单击"编辑"按钮，如下图所示。

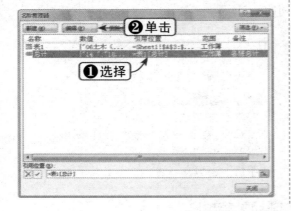

Step 03 编辑名称

弹出定义名称时出现的"编辑名称"对话框，对名称进行重新设置即可，单击"确定"按钮，如下图所示。

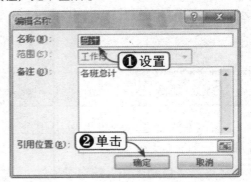

知识点拨

创建定义后，选择名称对应的单元格，可以在名称框中看到对应的名称。

11.6 使用函数计算数据

函数实际就是定义好的公式，用户使用这些函数时，只需要为函数指定参数即可。函数的一般格式为"=函数名｛参数1、参数2、参数3……｝"。

11.6.1 函数的类型

由于不同学科领域有不同的公式，所以在不同领域工作的人员对函数的需要也就不同。Excel 2010提供了多种函数，基本包括了数学、统计、工程和财务等不同领域中的常用函数，能够满足用户的不同需要。

（1）兼容性函数：包括 BINOMDIST 函数（返回二项式分布的概率值）等，Excel 2010 以后的版本可能不再兼容这些函数，会有新函数替代。

（2）多维数据集函数：返回多维数据或集合中的相关值。

（3）数据库函数：针对数据库记录的统计学相关函数。

（4）日期和时间函数：处理年、月、日及时间的函数。

（5）工程函数：包括二进制、十进制及复数的操作。

（6）财务函数：财务管理中常用函数基本都在其中。

（7）信息函数：基本为判断类函数，返回值多为布尔值（真或假）。

（8）逻辑函数：包括"真"、"假"、"与"、"或"、"非"、"如果"等逻辑判断函数。

（9）查找和引用函数：多用于对文本、数组等字符或元素的查找。

（10）数学和三角函数：数学常用计算公式。

（11）统计函数：描述性统计量、方差、分布特性的函数。

（12）文本函数：使用率较高的函数，用于对文本的操作。

11.6.2 求和函数

下面以使用最普遍的求和函数为例，详细介绍函数使用的基本方法。

素材文件	光盘：素材文件\第11章\每周考核表.xlsx

Step 01 单击"插入函数"按钮

打开"素材文件\第11章\每周考核表.xlsx"，单击放置结果的单元格，选择"公式"选项卡，单击"函数库"组中的"插入函数"按钮，如下图所示。

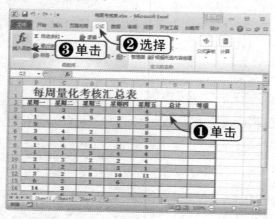

Step 02 选择 SUM 选项

弹出"插入函数"对话框，在"或选择类别"下拉列表框中选择"数学与三角函数"选

项，在"选择函数"列表框中选择 SUM 选项，单击"确定"按钮，如下图所示。

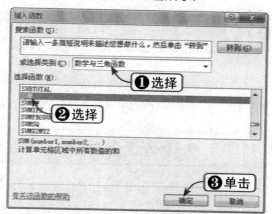

Step 03 插入数据源

弹出"函数参数"对话框，在 Number1 文本框中输入引用单元格，或单击文本框右侧的折叠按钮，如下图所示。

Step 04 选择数据源

返回工作表窗口，选择要计算的单元格，再次单击折叠按钮，如下图所示。

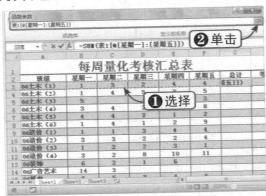

Step 05 确认函数设置操作

返回"函数参数"对话框，单击"确定"按钮即可，如下图所示。

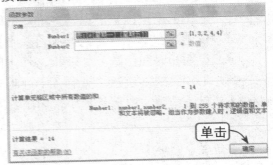

Step 06 查看设置效果

使用求和函数的结果和手动编辑求和效果一样，但使用起来更加方便，如下图所示。

11.7 数据的分类汇总

分类汇总是对表格内的数据按不同的类别进行详细分类汇总的操作。与数据透视表一样，分类汇总也是分析数据的得力帮手。

11.7.1 什么是分类汇总

分类汇总是通过使用 SUBTOTAL 函数与汇总函数（一种计算类型，用于在数据透视表或合并计算表中合并源数据，或在列表或数据库中插入自动分类汇总）一起计算得到的。可以为每列显示多个汇总函数类型。分类汇总的效果示例如右图所示。

分类汇总中的总计是从明细数据派生的，而不是从分类汇总中的值派生的。例如，如果在表格内使用了"平均值"

	A	B
1	运动	销售额
2	高尔夫	¥5,000
3	高尔夫	¥2,000
4	高尔夫	¥1,500
5	高尔夫 汇总	¥8,500
6	户外	¥9,000
7	户外	¥4,000
8	户外 汇总	¥13,000
11	网球 汇总	¥2,000
12	总计	¥23,500

汇总函数，则总计行将显示列表中所有明细数据行的平均值，而不是分类汇总行中汇总值的平均值。

如果将工作簿设置为自动计算公式，则在编辑明细数据时"分类汇总"命令将自动重新计算分类汇总和总计值。"分类汇总"命令还会分级显示列表，以便用户可以显示或隐藏每个分类汇总的明细行。

分级显示：对工作表数据中的明细数据行或列进行了分组，以便能够创建汇总报表。分级显示可以汇总整个工作表或其中的一部分。

11.7.2 分类汇总的操作

分类汇总的操作相对来说比较简单，但分类汇总前要求对汇总项进行排序操作。分类汇总的具体操作方法如下：

	素材文件	光盘：素材文件\第11章\家电销售表.xlsx

Step 01 单击"分类汇总"按钮

打开"素材文件\第 11 章\家电销售表.xlsx"，选中数据区域，选择"数据"选项卡，单击"分级显示"下拉列表中的"分类汇总"按钮，如下图所示。

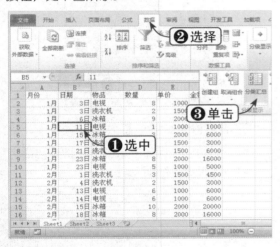

Step 02 设置分类项目

弹出"分类汇总"对话框，在"分类字段"下拉列表框中选择分类项目，在"汇总方式"下拉列表框中选择汇总的方式，如"求和"，在"选定汇总项"列表框中选择对哪些项目进行汇总，然后单击"确定"按钮，如下图所示。

Step 03 查看汇总结果

此时，可以看到分类汇总后按月份显示金额总和，并分类显示，汇总结果如下图所示。

11.7.3 嵌套分类汇总

如果情况比较复杂，可以进行嵌套汇总，即再次对数据进行汇总。嵌套汇总依然需要对数据进行排序操作，具体操作方法如下：

Step 01 折叠汇总项

继续上一节进行操作，单击行号左侧折叠按钮，将汇总项折叠起来，如下图所示。

Step 02 设置排序方式

单击"数据"选项卡下"排序和筛选"组中的"排序"按钮，在弹出的对话框设置排序方式，单击"确定"按钮，如下图所示。

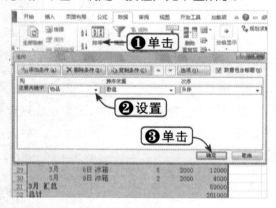

Step 03 再次汇总

返回工作表，查看是否排序，再次单击"分类汇总"按钮，如下图所示。

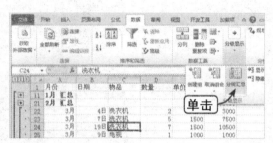

Step 04 不替换分类汇总

在弹出的"分类汇总"对话框中取消选择"替换当前分类汇总"复选框，单击"确定"按钮，如下图所示。

Step 05 查看嵌套分类汇总效果

再次汇总后在月份的基础上又按物品进行了汇总，效果如下图所示。

11.8 使用数据工具

数据工具用于对数据进行分列、数据有效性、合并计算等操作，具体操作方法如下：

11.8.1 分列

分列是根据某一列单元格中文本的某一分隔符号将其分成一个或多个列，具体操作方法如下：

素材文件	光盘：素材文件\第11章\考试成绩.xlsx

Step 01 单击"分列"按钮

打开"素材文件\第11章\考试成绩.xlsx"，选择要分列的列或单元格区域，单击"数据"选项卡下"数据工具"组中的"分列"按钮，如下图所示。

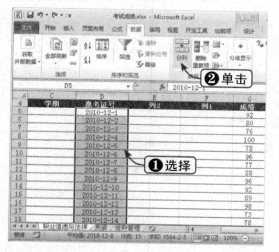

Step 02 选择文件类型

弹出"文本分列向导"对话框，根据要分隔的文本选中"分隔符号"单选按钮，单击"下一步"按钮，如下图所示。

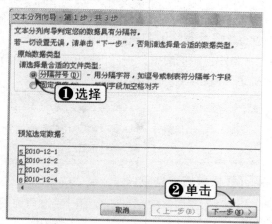

Step 03 设置分隔符

根据文本特点选中"其他"复选框，在后面的文本框中输入分隔符"-"，单击"下一步"按钮，如下图所示。

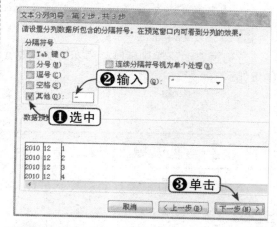

Step 04 选择数据格式

首先对第一列设置格式，分出第一列为入学年份，以文本格式保存，所以选中"文本"单选按钮，如下图所示。

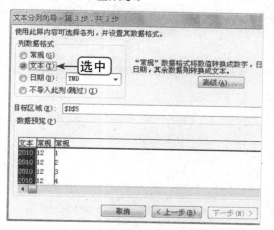

Step 05 设置第二列和第三列

单击"数据预览"列表框中第二列，设置

为文本格式。采用同样的方法设置第三列，完成后单击"完成"按钮，如下图所示。

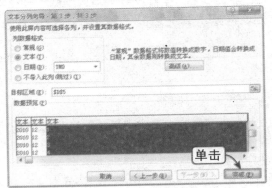

Step 06 查看分列结果

分列后自动添加列标题，依次排列数据，结果如下图所示。

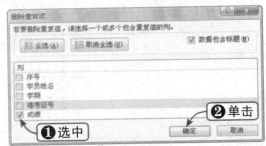

Step 07 查看应用效果

分列后一般还要修改默认的列标题，以达到分列的最终目的，如下图所示。

11.8.2 删除重复项

如果需要查看不重复的记录，可以使用删除重复项的功能，具体操作方法如下：

Step 01 单击"删除重复项"按钮

继续上一节进行操作，切换到"英语"工作表，单击"数据"选项卡下"数据工具"组中的"删除重复项"按钮，如下图所示。

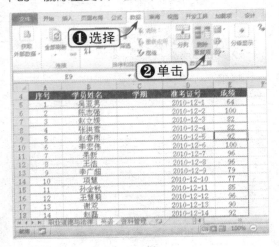

Step 02 选择列

弹出"删除重复项"对话框，根据要删除的内容所在列进行选择，此处只选中"成绩"

复选框，单击"确定"按钮，如下图所示。

Step 03 提示删除的数量

弹出提示信息框，提示删除的数量，单击"确定"按钮，如下图所示。

Step 04 查看返回结果

返回工作表，成绩列的数值已经没有重复项了，如下图所示。

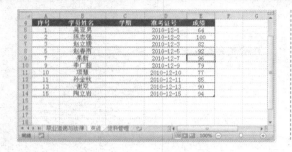

知识点拨

用户也可以通过使用"高级筛选"功能来删除重复项，在此不再赘述。

11.8.3 设置数据有效性

数据有效性是限定单元格填写内容的范围，一方面可以提高填写效率，另一方面也可以防止填写错误，具体操作方法如下：

Step 01 设置有效范围

继续使用上一节的工作簿，切换到"资料管理"工作表。在空白位置输入 G8:G13 内容，如下图所示。

Step 02 选择"数据有效性"选项

选择要设置的单元格 C5:C19，选择"数据"选项卡，单击"数据工具"组中的"数据有效性"下拉按钮，在弹出的下拉列表中选择"数据有效性"选项，如下图所示。

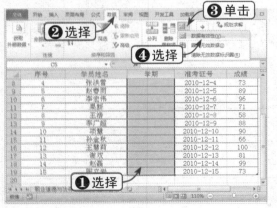

Step 03 设置数据有效性选项

弹出"数据有效性"对话框，在"允许"下拉列表框中选择"序列"选项，单击"来源"文本框右侧的折叠按钮，如下图所示。

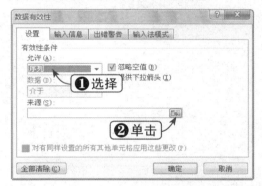

Step 04 选择来源

返回工作表，选择第一步中设置的范围，再次单击折叠按钮，如下图所示。

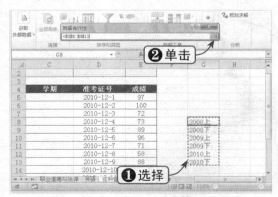

Step 05 设置标题和内容

选择"输入信息"选项卡，为提示信息设置标题和内容，如下图所示。

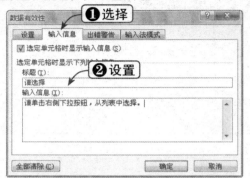

Step 06 设置出错警告

选择"出错警告"选项卡，在"样式"、"标题"和"错误信息"文本框中分别设置警告信息，单击"确定"按钮，如下图所示。

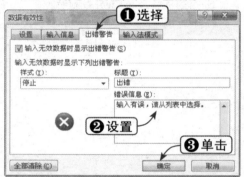

Step 07 查看提示信息效果

选中设置了数据有效性的单元格，显示提示信息，如下图所示。

Step 08 选择要输入的内容

单击单元格右侧的下拉按钮，可以从中选择要输入的内容，如下图所示。

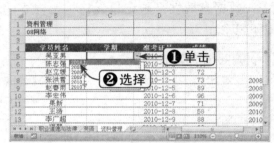

Step 09 弹出出错提示

如果输入错误内容，则会弹出警告提示信息，如下图所示。

● 读书笔记

第12章 产品管理

产品管理是以制造、运输、营销为经营业务的企业对产品统计、分析与决策的重要内容。本章将以制作产品发货单、产品差额分析表、产品销售表等为例进行详细介绍，读者应该熟练掌握。

本章学习重点

1. 制作产品发货单
2. 制作产品差额分析表
3. 制作产品表和销售表
4. 销售数据的统计与查询
5. 制作销售图表

重点实例展示

选择数据源

本章视频链接

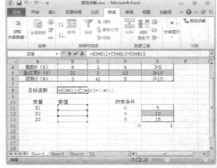

设置标题样式

编辑目标函数

12.1 制作产品发货单

对于生产、销售等企业，产品的流通是企业经营中的重要内容。发货单是产品发送过程中的常用文本，下面将介绍如何利用 Excel 2010 制作产品发货单。

12.1.1 建立表格

下面首先制作产品发货单的基本框架和内容，具体操作方法如下：

Step 01 创建文件

打开 Excel 2010，默认会新建一个空白工作簿，保存并修改工作簿的名称为"发货单"，如下图所示。

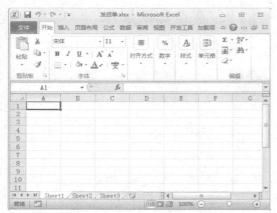

Step 02 设计发货单项目

发货单包含客户姓名、客户联系方式等基本信息，货物名称、数量、价格等货物信息，以及货款的统计、双方签字部分等，如下图所示。

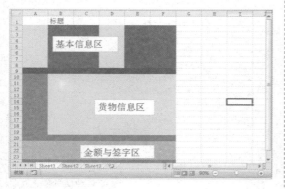

Step 03 输入项目标题

将需要的各个项目标题输入到单元格中，如下图所示。

Step 04 合并单元格

选中需要合并的单元格，单击"开始"选项卡下"对齐方式"组中的"合并后居中"下拉按钮，在弹出的下拉列表中选择"合并单元格"选项即可，如下图所示。

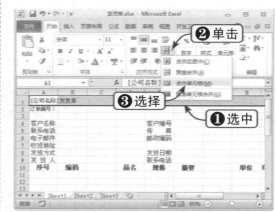

12.1.2 美化发货单

用户可以利用对单元格和表格的格式化操作来美化发货单，以增强发货单的美观性，具体操作方法如下：

Step 01 选择"设置单元格格式"选项

继续上一节进行操作，选中表格区域，标题和订单编号所在行可以不用选中。右击选中区域，在弹出的快捷菜单中选择"设置单元格格式"选项，如下图所示。

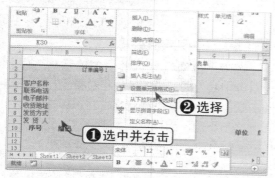

Step 02 添加外边框

在弹出的对话框中选择"边框"选项卡，单击"外边框"按钮，在"样式"列表框中选择一种线条样式，外边框可以用较粗实线型，单击"确定"按钮，如下图所示。

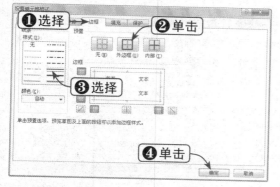

Step 03 添加内边框

再次打开"设置单元格格式"对话框，在"边框"选项卡中单击"内部"按钮，在"样式"下拉列表框中选择一种线型，单击"边框"选项区中的内边框按钮，单击"确定"按钮，效果如下图所示。

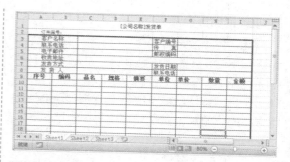

Step 04 设置颜色背景

选中需要设置的单元格区域，再次打开"设置单元格格式"对话框，选择"填充"选项卡，单击"其他颜色"按钮，弹出"颜色"对话框，选择一种颜色，单击"确定"按钮，如下图所示。

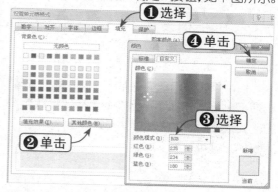

Step 05 查看设置效果

对于重要的区域，如金额，可以设置成其他颜色，如下图所示。

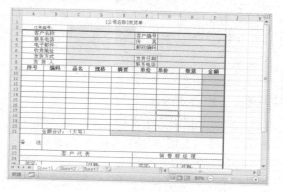

12.1.3 设置发货单

美化了发货单之后，还可以对表格进行功能性设置，如添加公式等，具体操作方法如下：

Step 01 自动填充序号

继续上一节进行操作，在"序号"标题下输入起始号1，选中该单元格，将鼠标指针移至单元格右下角，当其变成十字形状时按住【Ctrl】键，按住鼠标左键并向下拖动至合适的行数，即可自动填充序号，如下图所示。

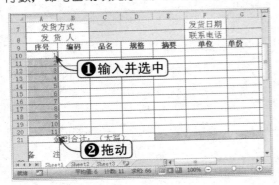

Step 02 单击"新建批注"按钮

选中需要添加批注的单元格，选择"审阅"选项卡，单击"批注"组中的"新建批注"按钮，如下图所示。

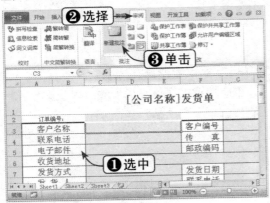

Step 03 添加批注内容

此时单元格附近出现批注框，输入批注内容即可。将需要填写的单元格分别加上批注，效果如下图所示。

Step 04 为金额列设置公式

选中"金额"列下第一个单元格，输入"=G10*H10"，即对应的单价和数量，按【Enter】键。选中输入公式的单元格，将鼠标指针移至单元格右下角，当其变成十字形状后使用拖动的方法填充下方的单元格，如下图所示。

Step 05 查看最终效果

为发货单添加数据后，即可实现自动计算，产品发货单的最终效果如下图所示。

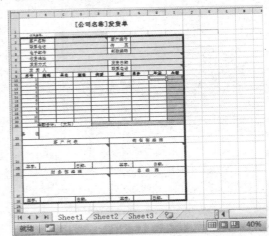

12.2 制作产品差额分析表

产品差额分析是计算产品的各项预算量与实际量的差异，以此来比较分析产品销售等方面的情况。下面将介绍产品差额分析表的制作方法。

12.2.1 创建产品差额分析表

产品差额分析是对预定的产品销售目标与实际销售额的分析，是对销售情况的统计分析，也是决策反馈和销售目标调整的依据。产品差额分析表的制作方法如下：

Step01 创建工作簿

选择"文件"选项卡，选择"新建"选项，在右侧选择"空白工作簿"选项，单击"创建"按钮，如下图所示。

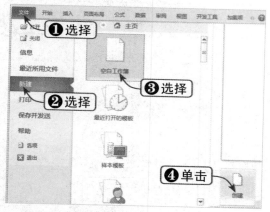

Step02 输入表格内容

为产品差额分析表输入标题、产品项目等内容，如下图所示。

Step03 合并单元格

对标题栏等合并单元格，将各字段设为居

中对齐，"编号："设置为左对齐，如下图所示。

Step04 设置字体

选中要设置字体的单元格，在"开始"选项卡下"字体"组中为内容设置字体格式，如下图所示。

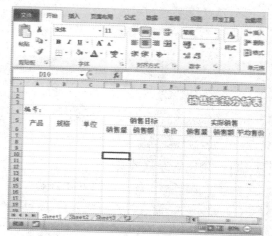

Step05 设置金额为人民币格式

选中属于货币数字的单元格区域，单击"开始"选项卡下"数字"组中的"会计数字格式"

下拉按钮，在弹出的下拉列表中选择人民币货币符号，如下图所示。

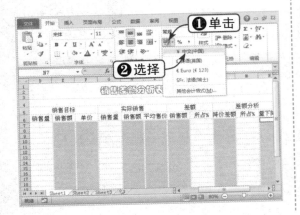

Step 06 设置百分比格式

选中内容是百分比格式的单元格区域，单击"数字"组中的"百分比样式"按钮，即可设置百分比格式，如下图所示。

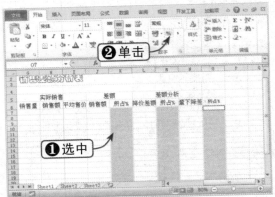

12.2.2 输入要计算的公式

对产品差额分析表中一些需要计算的单元格，可以使用公式来计算，以省去人工计算的麻烦，具体操作方法如下：

Step 01 使用平均售价公式

继续上一节进行操作，选中 I7 单元格，输入公式"=H7/G7"，按【Enter】键即可。输入数值后可以自动计算结果，如下图所示。

Step 02 使用销售差额公式

选中 J7 单元格，输入公式"=E7-H7"，按【Enter】键即可。输入数值后可以自动计算结果，如下图所示。

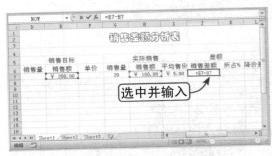

Step 03 降价差额

降价差额＝（目标单价 - 实际平均售价）/ 实际销售量，所以第一个数据的计算公式为"=(F7-I7)*G7"，如下图所示。

Step 04 填充公式

　　使用拖动填充的方法将各个公式填充到相应的单元格中，由于是引用单元格没有数据可能会有出错提示，填充数据后将自动计算结果，如右图所示。

12.2.3　美化表格

　　表格基本上制作完成了，在功能上已经完全可以使用了，但表格的外观还需要进一步设置，具体操作方法如下：

Step 01 设置标题样式

　　继续上一节进行操作，选中标题区域，在"开始"选项卡下单击"样式"下拉按钮，在弹出的下拉列表中选择一种标题样式，如下图所示。

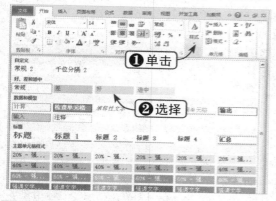

Step 02 选择"设置单元格格式"选项

　　右击标题单元格，在弹出的快捷菜单中选择"设置单元格格式"选项，如下图所示。

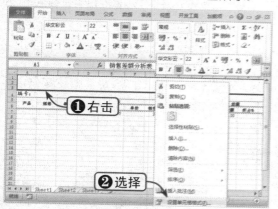

Step 03 设置填充格式

　　弹出"设置单元格格式"对话框，选择"填充"选项卡，选择填充的颜色或效果，单击"确定"按钮，如下图所示。

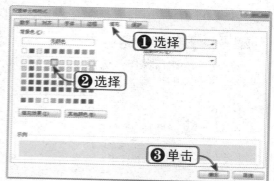

Step 04 选择"设置单元格格式"选项

　　选择表格主体区域并右击，在弹出的快捷菜单中选择"设置单元格格式"选项，如下图所示。

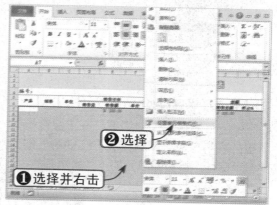

Step 05 选择边框线型

弹出"设置单元格格式"对话框,选择"边框"选项卡,为内外边框设置线型,单击"确定"按钮,如下图所示。

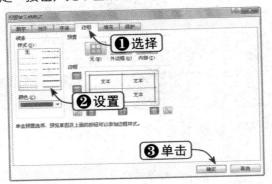

Step 06 查看表格设置效果

此时,即可查看对表格进行各项设置后的效果,如下图所示。

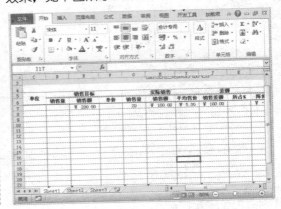

12.2.4 保存成模板

用户可以将常用的表格保存为模板,以方便日后应用,具体操作方法如下:

Step 01 选择"另存为"选项

继续上一节进行操作,选择"文件"选项卡,选择"另存为"选项,如下图所示。

Step 02 选择保存类型

弹出"另存为"对话框,在"保存类型"下拉列表中选择"Excel 模板(*.xltx)"选项,单击"保存"按钮即可,如下图所示。

Step 03 查看模板

保存后即可看到保存的模板文件图标与工作簿图标略有区别,如下图所示。

12.3 制作产品表和销售表

产品表和产品销售记录表是企业生产和销售环节中重要的数据表格，它们是企业对产品实施管理的重要内容，是企业掌握的最直接的数据资料。下面将详细介绍如何制作产品表和销售表。

12.3.1 制作产品表

产品表是企业生产、销售的产品记录，它记录了企业销售或正在生产的产品有哪些种类、型号、品名和价格等重要的信息。制作产品表的具体操作方法如下：

Step 01 输入产品基本信息项目

新建工作表，在首行输入标题，在第二行输入产品基本信息项目，如下图所示。

Step 02 合并后居中标题

选中标题所需横跨的单元格，单击"开始"选项卡下"对齐方式"组中的"合并后居中"按钮，如下图所示。

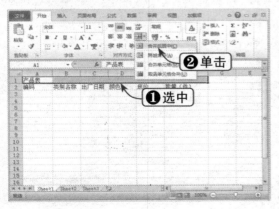

Step 03 单击对话框启动器按钮

选中需要设置的单元格，单击"开始"选项卡下"字体"组中的对话框启动器按钮，如下图所示。

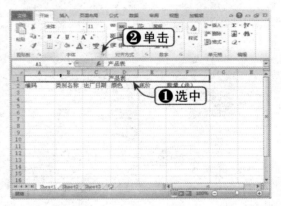

Step 04 详细设置

弹出"设置单元格格式"对话框，设置字体、背景等各项参数，单击"确定"按钮，如下图所示。按照此方法设置其他单元格。

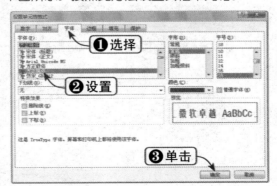

新手学Word/Excel文秘与行政应用宝典

Step 05 输入表格数据

设置格式后就可以将数据输入到单元格中了，效果如下图所示。

Step 06 选择"文本包含"选项

选中"颜色"单元格区域，单击"开始"选项卡下"样式"组中的"条件格式"下拉按钮，在弹出的下拉列表中选择"突出显示单元格规则"|"文本包含"选项，如下图所示。

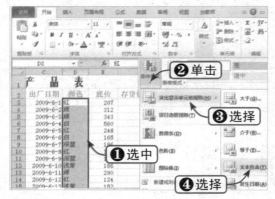

Step 07 选择单元格

弹出"文本中包含"对话框，单击折叠按钮，返回工作表选择要设置的单元格，如第一个包含"红"字的单元格，如下图所示。

Step 08 选择"自定义格式"选项

返回"文本中包含"对话框，在"设置为"下拉列表框中选择"自定义格式"选项，如下图所示。

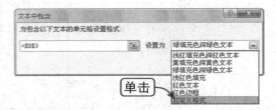

Step 09 设置单元格格式

弹出"设置单元格格式"对话框，设置一种格式，如红色产品属性可设为红色背景，设置完成后单击"确定"按钮，如下图所示。

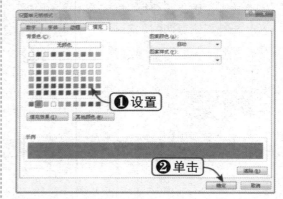

Step 10 查看格式设置效果

设置格式后可以看到产品的颜色属性列分别以背景色标示了产品的特性，比单一的文字更加直观，效果如下图所示。

298

Step 11 设置其他条件格式

为其他条件设置不同的颜色格式，效果如下图所示。

知识点拨

用户也可以根据实际需要设置符合条件的单元格显示其他格式效果，读者可以自行尝试。

12.3.2 制作销售记录表

销售记录表是产品销售的最主要的信息，它是企业营销额、利润、部门及员工绩效考核的重要依据。下面开始制作销售记录表。

 素材文件 　光盘：素材文件\第12章\产品表.xlsx

Step 01 输入标题

打开"素材文件\第12章\产品表.xlsx"，在空白工作簿中根据要记录的内容输入标题，并重命名该工作表，如下图所示。

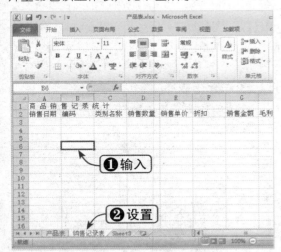

Step 02 复制标题格式

为了保持风格上的统一，可以直接复制其他工作表中标题的格式。切换到"产品表"工作表，选中标题单元格，然后单击"开始"选

项卡下"剪贴板"组中的"格式刷"按钮，如下图所示。

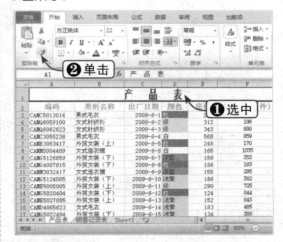

Step 03 使用格式刷操作

切换到"销售记录表"工作表，在目标单元格上单击或拖动格式刷，由于需要合并的列数不同，这里要对表格标题再次使用合并居中操作。对所有标题项使用格式刷操作后的效果如下图所示。

Step 04 输入部分内容

为了便于讲解，下面对不需要公式的单元格首先输入数据，如下图所示。

Step 05 输入销售金额公式

在"销售金额"标题下输入第一行的计算公式 "＝D3*E3*F3"，即"销售数量 × 销售单价 × 折扣"，并按【Enter】键，如下图所示。

Step 06 自动填充数据

使用自动填充的方法向下填充数据，如下图所示。

Step 07 使用 VLOOKUP 函数

下面用函数实现根据填写的编码自动填写类别名称。在"类别名称"下第一个单元格中输入"=VLOOKUP($B3,产品表!$A$3:$F$100,2,FALSE)"，并按【Enter】键，如下图所示。

Step 08 显示查找结果

函数根据编码在"产品表"工作表中查找到对应的产品类别，并返回函数单元格，如下图所示。

Step 09 填充函数

使用自动填充方法填充下方的单元格，如下图所示。

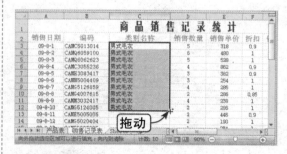

Step 10 查看最终效果

按【Ctrl+S】组合键保存文档，更新数据，可以看到实现产品类别会根据编码自动填写，如下图所示。

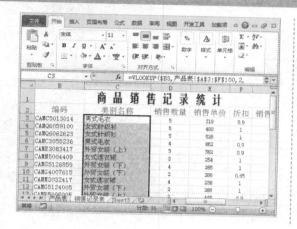

VLOOKUP 是查找函数，可以返回查找值所在行中特定单元格的值，当比较值位于需要查找的数据左边的第一列时可用此函数。函数中参数的含义依次为：第一列中查找的数值、查找数据的区域、返回值位于查找值右侧第几列、FALSE 为不对查找区域第一列进行排序（省略或 TURE，需要排序）。

12.4 销售数据的统计与查询

对销售数据进行统计分析是从已有销售情况来分析销售的业绩、销售特性，从而为决策提供参考。销售查询也是销售数据使用的重要方面。

12.4.1 分类汇总销售记录

如果产品有多个种类，或销售有多个部门，或有多个季度，那么如何分析它们的销售情况呢？分类汇总可以解决这个问题。

Step 01 单击"升序"或"降序"按钮

继续上一节操作，首先对要汇总的项目进行排序。单击"数据"选项卡下"排序和筛选"组中的"升序"或"降序"按钮，如下图所示。

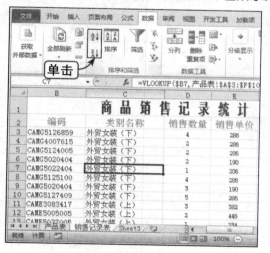

Step 02 单击"分类汇总"按钮

在"数据"选项卡下单击"分级显示"组中的"分类汇总"按钮，如下图所示。

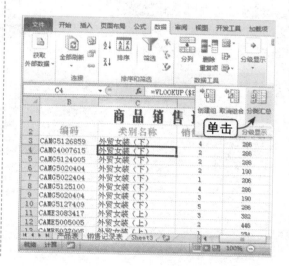

Step 03 设置汇总项目

在"分类字段"下拉列表框中选择"类别名称"选项，在"汇总方式"下拉列表框中选择"求和"选项，在"选定汇总项"列表框中选择"销售金额"选项，单击"确定"按钮，如下图所示。

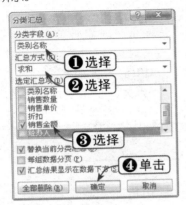

Step 04 查看汇总效果

分类汇总后，按产品类别分别进行求和，最后显示汇总数值，如下图所示。

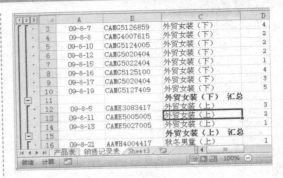

Step 05 查看销售总金额

单击左侧的折叠按钮，将细节折叠，可以看到各大类的销售总金额，如下图所示。

12.4.2 销售员业绩统计

销售员的工资经常是根据完成的销售额来确定，这就需要根据销售记录表将每一位员工的销售情况统计出来。此时可以使用分类汇总实现这一目的，在此介绍另外一种函数的使用方法。

Step 01 建立基本表格信息

新建工作表，并将其命名为"员工销售统计"。建立基本表格信息，如下图所示。

Step 02 计算销售数量

在 B3 单元格中输入公式 "=SUMIF(销售

记录表 !$H$3:$H$100,A3, 销售记录表 !$D$3:$D$100)"，并按【Enter】键，如下图所示。

Step 03 自动填充公式

使用自动填充功能向下填充单元格，即可计算员工的销售数量，如下图所示。

拖动

Step 04 计算提成率

在 D3 中输入公式 "=SUMIF(销售记录表！$H$3:$H$100,A3,销售记录表！$G$3:$G$100)"，并按【Enter】键，如下图所示。

Step 05 计算业绩

假定提成率为 10%，则"业绩资金＝销售金额×提成率"。因此在 E3 单元格输入的公式为"＝C3*D3"，输入后按【Enter】键即可，如下图所示。

知识点拨

"=SUMIF(销售记录表!$H$3:$H$100, A3, 销售记录表 !$D$3:$D$100)"，即从销售记录表 H3:H100 中查找等于 A3 中姓名的员工，如果找到则将销售记录表 D3: D100 间对应的销售数量加起来。公式中的行数 100 是估计值，即考虑到数据会不断增加，因此要把区域设置得大一些。

12.5 制作销售图表

使用图表分析销售数据是一种形象、直观的方法，对于不同的数据和不同的分析目的，应当选择的图表种类也不同，下面将以两种图表为例进行介绍。

12.5.1 比较多类产品销售量

Excel 2010 的图表功能非常强大，用户可以对多个产品的数据同时制作出图表，以作比较与分析之用，具体操作方法如下：

素材文件	光盘：素材文件\第12章\分类汇总.xlsx

Step 01 折叠明细

打开"素材文件\第12章\分类汇总.xlsx"，单击工作表左侧的折叠按钮，只保留汇总项目，如下图所示。

Step 02 选择数据源

按住【Ctrl】键，选择汇总项目和汇总金额区域，如下图所示。

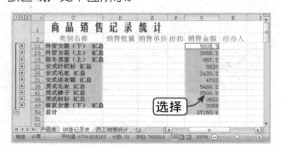

Step 03 选择图表类型

选择"插入"选项卡，在"图表"组中的"条形图"下拉列表中选择一种图表类型，如下图所示。

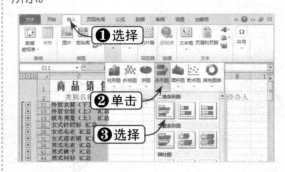

Step 04 查看图表效果

此时即可生成条形图，显示各产品的汇总数据图形，如下图所示。

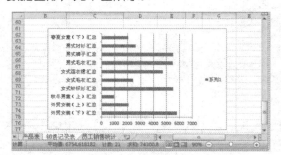

12.5.2 制作员工销售饼图

饼图适合分析各部分在整体中所占据的比例，如每个员工在本部门的业绩比例。制作员工销售饼图的具体操作方法如下：

Step 01 选择数据

继续上一节进行操作，切换到"员工销售统计"表按住【Ctrl】键，选择员工姓名和销售金额列数据，如下图所示。

Step 02 选择图表类型

选择"插入"选项卡，在"图表"组中的"饼图"下拉列表中选择一种图表类型，如下图所示。

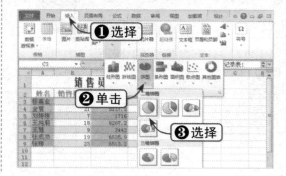

Step 03 查看饼图效果

此时即可生成饼图，它比较清楚地反映了员工的销售比例，效果如下图所示。

Step 04 选择百分比样式

单击图表，选择"设计"选项卡，在"快速布局"组中选择一种带有百分比的样式，如"布局1"，如下图所示。

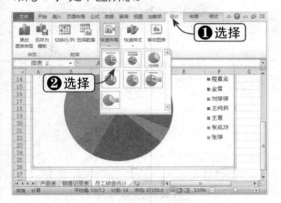

Step 05 添加快速样式

在"设计"选项卡下选择"快速样式"组中的一种样式，如下图所示。

Step 06 查看最终效果

此时，即可显示所选择数据的数值饼图，效果如下图所示。

● 读书笔记

第13章 人力资源管理

人力资源管理是企事业单位的重要管理内容之一，通过使用 Excel 2010 制作各种表格来记录、统计和分析各种信息，可以大大提高管理的工作效率。本章将详细介绍如何制作应聘统计表，如何进行员工档案管理、员工出勤管理、员工培训成绩统计等知识。

 本章学习重点

1. 制作应聘统计表
2. 员工档案管理
3. 员工出勤管理
4. 员工培训成绩统计

 重点实例展示

设置数据有效性

 本章视频链接

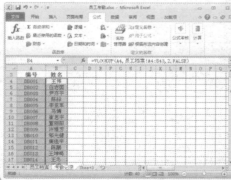

填充公式

自动输入平均值公式

13.1 制作应聘统计表

应聘统计表用于对应聘人员的信息进行统一登记，它比较清晰地反映了应聘者的基本情况，同时也是筛选和比较应聘者的重要方法。下面将介绍如何制作应聘统计表。

13.1.1 表格的设计

首先要设计好应聘表中对应聘人员的信息要求。表格的设计方法如下：

Step 01 输入标题

在空白工作表中输入应聘人员的信息标题，如序号、姓名、性别和学历等，并对标题进行合并居中操作，如下图所示。

Step 02 设置标题栏数字格式

选中 A1:A2 单元格，选择"开始"选项卡，在"数字"组中的"数字格式"下拉列表中选择"文本"选项，如下图所示。

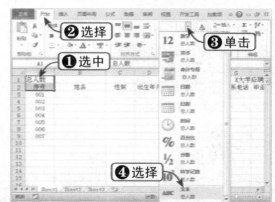

13.1.2 设置序号格式

序号可以用三位数字，前面补零，可以使用填充功能设置序号，具体操作方法如下：

Step 01 单击对话框启动器按钮

继续上一节进行操作，在 A3 单元格中输入起始序号 1，单击"开始"选项卡下"数字"组中的对话框启动器按钮，如下图所示。

Step 02 设置单元格格式

弹出"设置单元格格式"对话框，在"分类"列表框中选择"自定义"选项，在"类型"文本框中输入 000，单击"确定"按钮，如下图所示。

Step 03 填充序号

此时第一个序号由 1 变成 001，使用自动填充功能向下填充，如下图所示。

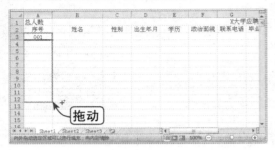

Step 04 查看填充效果

进行填充后序号始终显示为三位数字，效果如下图所示。

13.1.3 统计人数

在应聘统计表标题行左侧显示当前报名总人数，以便于进行查看，具体操作方法如下：

Step 01 选择 COUNT 函数

继续上一节进行操作，选中 B1 单元格，选择"公式"选项卡，单击"其他函数"下拉按钮，在弹出的下拉列表中选择"统计" | COUNT 选项，如下图所示。

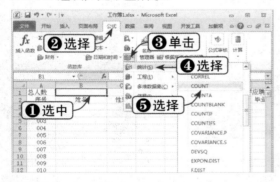

Step 02 设置函数参数

弹出"函数参数"对话框，在 Value1 文本框中输入要计数的单元格区域，在此设置为 A3:A100，或单击右侧的折叠按钮，如下图所示。

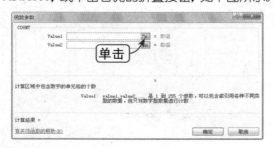

Step 03 选择单元格区域

返回工作表，选择 A3:A100 区域，再次单击折叠按钮，如下图所示。

Step 04 查看统计人数

返回对话框，设置其他选项后单击"确定"按钮即可，B1 中即可显示统计人数，如下图所示。

13.1.4 使用下拉列表填写学历

为了快速输入一些特定的内容，可以使用下拉列表来填写内容，具体操作方法如下：

Step 01 列出填写项

继续上一节进行操作，在空白区域填写表格项目，如学历中可有：专科、本科、硕士和博士等，如下图所示。

Step 02 单击"数据有效性"按钮

选中 E3 以下的单元格区域，选择"数据"选项卡，单击"数据工具"组中的"数据有效性"按钮，如下图所示。

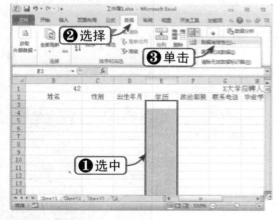

Step 03 设置允许条件

弹出"数据有效性"对话框，在"允许"下拉列表框中选择"序列"选项，然后单击"来源"文本框右侧的折叠按钮，如下图所示。

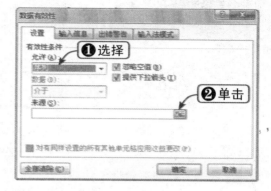

Step 04 选择设置项目

返回工作表，选择第 1 步中设置好的项目，再次单击折叠按钮，如下图所示。

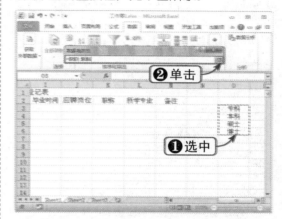

Step 05 选中"提供下拉箭头"复选框

返回"数据有效性"对话框，选中"提供下拉箭头"复选框，单击"确定"按钮，如下图所示。

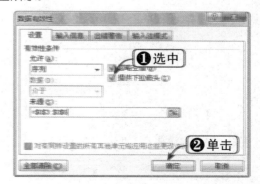

Step 06 选择填写内容

单击 E3 以下的任意单元格，单元格右侧出现下拉按钮，在弹出的下拉列表可以选择填写的内容，如右图所示。

13.1.5 设置电话有效性

为了便于及时联系到应聘者，要求应聘者提供手机号码，可以限定单元格数值为手机的号码位数。设置电话有效性的具体操作方法如下：

Step 01 单击"数据有效性"按钮

继续上一节进行操作，选择手机号码所在列，即 G3 以下的单元格区域。选择"数据"选项卡，单击"数据工具"组中的"数据有效性"按钮，如下图所示。

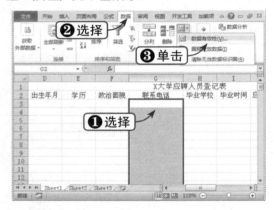

Step 02 设置限定长度

弹出"数据有效性"对话框，在"允许"下拉列表框中选择"文本长度"选项，在"数据"下拉列表框中选择"等于"选项，在"长度"文本框中输入11，如下图所示。

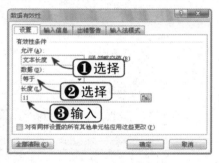

Step 03 设置提示信息

选择"输入信息"选项卡，在"标题"和"输入信息"文本框中输入提示信息，如下图所示。

Step 04 设置出错提示

选择"出错警告"选项卡，在"标题"和"错误信息"文本框中输入信息，单击"确定"按钮，如下图所示。

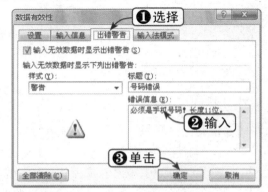

Step 05 查看设置效果

此时，将鼠标指针移到单元格上，就会出

现提示信息，如下图所示。

Step 06 **出现错误提示**

当输入号码不是 11 位时，就会弹出出错提示信息框，如下图所示。

13.2 员工档案管理

员工档案管理是人事管理的重要内容，是员工在公司内的最基本的信息。下面将详细介绍如何建立表格进行员工档案管理。

13.2.1 建立档案表格

首先根据需要建立员工的基本项目，如编号、姓名、性别和身份证号等，并合理布局项目，档案表格的制作方法如下：

Step 01 设计表格基本内容

新建工作簿，保存并命名为"员工档案管理"，命名空白工作表为"员工档案"。根据需要设计出档案中应当包含的内容项目，如姓名、性别等，设计好标题，如下图所示。

Step 02 合并标题单元格

选中跨标题列的第一行单元格，单击"开始"选项卡下"对齐方式"组中的"合并并居中"按钮，如下图所示。

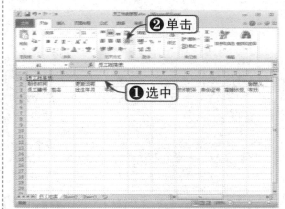

Step 03 设置字体

选中标题"员工档案表",在"开始"选项卡下"字体"组中设置字体格式,并设置其他部分的字体,如下图所示。

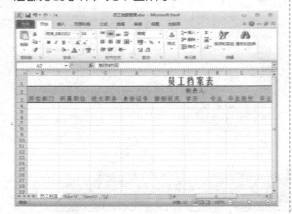

Step 04 冻结窗口

为了便于浏览记录,可以冻结标题栏。选中 A4 单元格,单击"视图"选项卡下"窗口"组中的"冻结窗格"下拉按钮,在弹出的下拉列表中选择"冻结拆分窗格"选项,如下图所示。

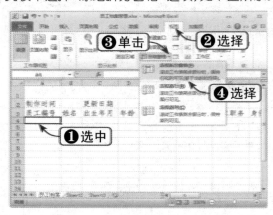

Step 05 选择"设置单元格格式"选项

选中需要设置格式的单元格并右击,在弹出的快捷菜单中选择"设置单元格格式"选项,如下图所示。

Step 06 设置单元格格式

在弹出的"设置单元格格式"对话框中设置字体、边框和填充等格式,单击"确定"按钮,如下图所示。

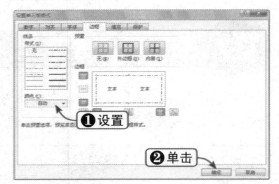

Step 07 设置表格格式

根据需要设置各部分的格式,包括数据区,身份证号要设置为文本格式,如下图所示。

13.2.2 自动填充内容

对于表中有规律或相同的内容,可以使用填充功能进行自动填充,以节省时间,具体操作方法如下:

Step 01 输入序号

继续上一节进行操作，在 A4、A5 单元格中分别输入 DB001、DB002 起始序号，然后选中这两个单元格，如下图所示。

Step 02 自动填充

将鼠标指针移到 A5 单元格右下角，当鼠标指针变成十字形状时按住鼠标左键并向下拖动，如下图所示。

Step 03 自动生成员工编号

填充完毕后，将自动生成员工编号，效果如下图所示。

13.2.3 设置数据有效性

设置部门、职位、婚姻状况和学历等内容要从限定的选项中选择，若使用下拉列表简单且不易出错，具体操作方法如下：

Step 01 选择"数据有效性"选项

继续上一节操作，选择"所在部门"下的单元格区域，单击"数据"选项卡下"数据工具"组中的"数据有效性"下拉按钮，在弹出的下拉列表中选择"数据有效性"选项，如下图所示。

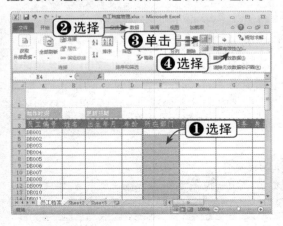

Step 02 设置序列

弹出"数据有效性"对话框，在"允许"下拉列表框中选择"序列"选项，在"来源"文本框中输入各序列值，以半角逗号分隔，如下图所示。

Step 03 设置提示内容

选择"输入信息"选项卡，选中"选定单元格时显示输入信息"复选框，在"标题"和"输入信息"文本框中输入要提示的内容，单击"确定"按钮，如下图所示。

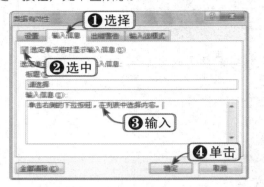

Step 04 设置其他可选内容

设置后的效果如下图所示，然后设置学历、婚姻状况等其他单元格的数据有效性。

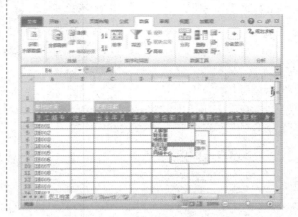

13.2.4 限定身份证号位数

身份证号包括 15 位和 18 位两种，限定身份证号位数即只能在单元格输入 15 或 18 位的数字，可以防止输入错误，具体操作步骤如下：

Step 01 选中单元格

继续上一节进行操作，将必要的姓名、部门职位等信息填写好，性别、年龄、出生和工龄不用填写。选中 H4 单元格，如下图所示。

Step 02 选择"数据有效性"选项

选择"数据"选项卡，单击"数据工具"组中的"数据有效性"下拉按钮，在弹出的下拉列表中选择"数据有效性"选项，如下图所示。

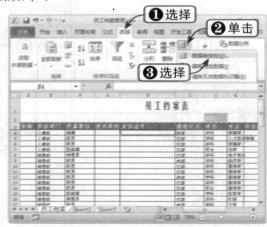

Step 03 设置公式

弹出"数据有效性"对话框，在"允许"下拉列表框中选择"自定义"选项，在"公式"文本框中输入公式"=or(len(H4)=15,len(H4)=18)"，如下图所示。

知识点拨

公民身份号码是特征组合码，由 17 位数字本体码和一位数字校验码组成。排列顺序从左至右依次为：6 位数字地址码，8 位数字出生日期码，3 位数字顺序码和一位数字校验码。

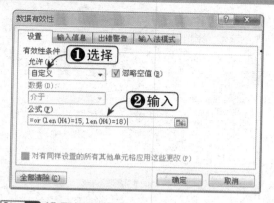

Step 04 设置提示信息

选择"输入信息"选项卡,在"标题"和"输入信息"文本框中设置提示信息,如下图所示。

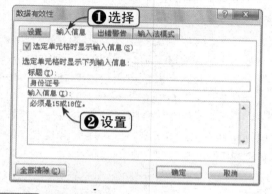

Step 05 设置警告信息

选择"出错警告"选项卡,在"标题"和"输入信息"文本框中设置出错警告信息,单击"确定"按钮,如下图所示。

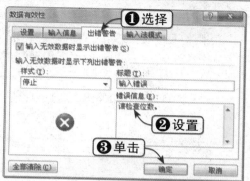

Step 06 向下填充单元格

选中 H4 单元格,将鼠标指针移至右下角,当其变成十字形状时,按住鼠标左键并向下拖动填充下方单元格,如下图所示。

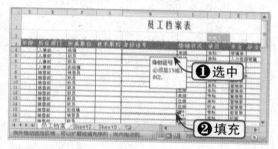

Step 07 查看设置效果

在此列各单元格中输入不是 15 或 18 位的数字时,就会弹出警告信息框,如下图所示。

13.2.5 由身份证号截取出生年月

由于身份证号包含了出生年月信息,因此可以由身份证号来获得出生年月,而不用进行手工填写,具体操作方法如下:

Step 01 取出 15 位身份证号的年份

继续上一节进行操作,填写好身份证号信息。15 位号码只包括年份后两位,因此只取两位数字。在 C5 单元格中输入"=MID(H5,7,2)",MID 函数从 H5 中第 7 个字符开始取 2 个字符,即 83,如右图所示。

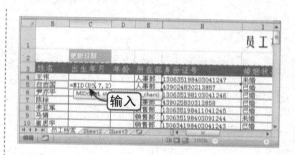

Step 02 取出 18 位身份证号的年份

18 位身份证号是从第 7 个字符开始取 4 个字符，因此公式应改为 "=MID(H4,7,4)"，如下图所示。

Step 03 取出月份

月份都是 2 位数字，位于年份后面。使用上面的函数，修改截取位置和长度即可。15 位和 18 位对应的公式分别为 "=MID(H5,9,2)"、"=MID(H4,11,4)"，如下图所示。

Step 04 取出日期

取出日期和方法与取出月份的方法类似，只要修改取出的位置即可，长度都是 2 位，将上面的公式修改为 18 位 "=MID(H11,13,2)"，15 位 "=MID(H12,11,2)" 即可，如下图所示。

修改

Step 05 连续年月日

上面有了取出年月日的方法，现在需要把它们连接起来，CONCATENATE 函数可以连接多个字符串。在 C4 中输入公式 "=CONCAT

ENATE(MID(H4,7,4),MID(H4,11,2),MID(H4,13,2))"，其中三个 MID 函数是前面讲的取出的年月日（在此为 18 位的，15 位的只需修改起始位置即可），CONCATENATE 把三个连接起来，如下图所示。

Step 06 添加分隔符

年月日中间还可以加 "-" 等分隔。CONCATENATE 函数中在年、月、日三者之间加 "-" 即可，公式为 "=CONCATENATE(MID(H4,7,4),"-",MID(H4,11,2),"-",MID(H4,13,2))"，各连接字符串间用 "," 分隔（15 位的公式则为 "=CONCATENATE(MID(H5,7,2),"-",MID(H5,9,2),"-",MID(H5,11,2))"，如下图所示。

Step 07 判断位数

由于 15 位和 18 位年份的起始位置不同，因此不能用同一公式，需要根据情况来判断。IF 函数可用于判断，IF（身份证号单元格位数 = 15，15 位公式，18 位公式），15 和 18 位的公式已经在上一步中得出，因此直接套入即可，公式为 "=IF(LEN(H4)=15,CONCATENATE("19",MID(H4,7,2),"-",MID(H4,9,2),"-",MID(H4,11,2)),CONCATENATE(MID(H4,7,4),"-",MID(H4,11,2),"-",MID(H4,13,2)))"，其中 LEN(H4) 是判断 H4 单元格即身份证号的长度，

如下图所示。

Step 08 填充公式

使用自动填充功能向下填充单元格，计算出对应的出生日期，如右图所示。

13.2.6 由身份证号获取性别

下面将根据身份证号自动判断性别，依然使用公式来实现，具体操作方法如下：

Step 01 判断身份证号的位数

继续上一节进行操作，首先判断身份证号的位数。参考上一节，依然可用 IF 和 LEN 函数，即 "=IF(LEN(H4)=15,"15位","18位")"，复制到 J4 单元格，并按【Enter】键，可以看到成功判断出位数，如下图所示。

Step 02 判断奇偶

在身份证号中某一位数字是偶数的为女性，奇数为男性。同样使用 IF 函数，再加上 MOD 函数。MOD 表示某数被 2 除的余数，即 1 或 0。例如，公式为"=IF(MOD(4,2)=1," 奇数 "," 偶数 ")"，即判断 4 除以 2 是否等于 1，等于 1 则输出奇数，否则输出偶数。判断结果如下图所示。

Step 03 取出性别数字

使用上一节用到的 MID 函数取出，15 位身份证号中最后一位代表性别，18 位身份证号中倒数第二位代表了性别，因此公式为 "=MID(H6,17,1)" 或 "=MID(H7,15,1)"，效果如下图所示。

Step 04 嵌套性别公式

上面分别得出各个子公式，然后将公式嵌套起来。"=IF(MOD(4,2)=1," 奇数 "," 偶数 ")"，用 =MID(H6,17,1) 代替 4，即 "=IF(MOD(MID(H6,17,1),2)=1," 男 "," 女 ")"，此 为 18 位 身份证号，15 位 的 为 "=IF(MOD(MID(H7,15,1),2)=1," 男 "," 女 ")"，如下图所示。

Step 05 嵌套判断函

将上一步中的两个公式分别代入公式"=IF(LEN(H4)=15,"15 位 ","18 位 ")"，即 "=IF(LEN(H4)=15, IF(MOD(MID(H4,15,1),2)=1," 男 "," 女 "), IF(MOD(MID(H4,17,1),2)=1," 男 "," 女 "))"，注意此时得出最后公式需要修改引用单元格统一为 H4，如下图所示。

Step 06 填充公式

选择 J4 单元格，将鼠标指针移到单元格右下角，当变成填充柄形状后拖动鼠标向下填充公式，如下图所示。

Step 07 查看计算结果

使用公式并填充后，可以根据身份证号自动计算性别，如下图所示。

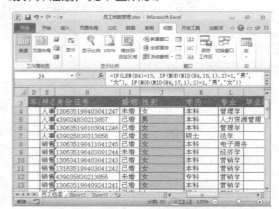

13.2.7 计算年龄

年龄的计算方法为当前年份减去出生年份，此处依然通过公式和填充来实现自动计算，具体操作方法如下：

Step 01 取得当前日期

继续上一节进行操作，使用 TODAY() 函

数，在 D4 单元格中输入 "=TODAY()"，按【Enter】键即可，如下图所示。

Step 02 截取当前年份

从当前日期中截取出年份,使用 YEAR() 函数。在 D4 单元格中输入"=YEAR(TODAY())",并按【Enter】键即可,如下图所示。

Step 03 截取出生年份

用当前年份减去出生年份即可。在 D4 中输入公式"=YEAR(TODAY())-YEAR(C4)",并按【Enter】键即可,如下图所示。

Step 04 填充公式

选择 D4 单元格,使用填充柄向下填充公式即可,如下图所示。

13.3 员工出勤管理

员工的出勤记录是企事业日常管理的重要内容,出勤管理是考核员工的重要指标,下面将介绍月度出勤管理表格的制作方法。

13.3.1 出勤记录表设计

出勤表以月度为统计区,一月一表,以日为最小单位,详细记录病假和事假等信息。设计出勤记录表的具体操作方法如下:

素材文件	光盘:素材文件\第13章\员工考核.xlsx

Step 01 建立基本表格框架

打开"素材文件\第 13 章\员工考勤.xlsx",

命名一个空白工作表为"考勤记录",并输入一些基本项目,如下图所示。

Step 02 复制员工编号

切换到"员工档案"工作表，将员工编号粘贴到"考勤记录"工作表中的相应位置，如下图所示。

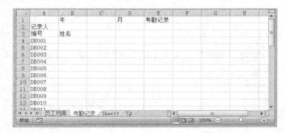

Step 03 设置字体

合并 E1:AG1 单元格，设置各个部分的字体，如下图所示。

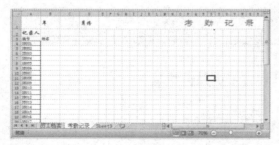

Step 04 设置单元格格式

选中编号和姓名列的内容单元格，单击"开始"选项卡下"对齐方式"组的对话框启动器按钮，弹出"设置单元格格式"对话框，设置单元格格式，单击"确定"按钮，如下图所示。

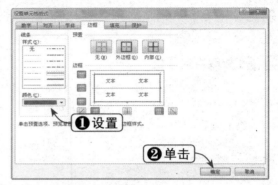

Step 05 设置其他单元格格式

C4:AD43 为记录数据的区域，A4:B43 为编号和姓名区，C2:AD3 为日期区，可以暂不设背景等格式，设置其他各部分格式，如下图所示。

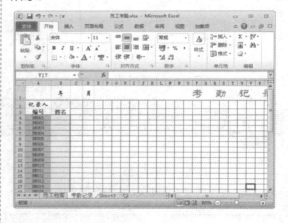

13.3.2 设置下拉列表

通过数据有效性可以为年和月设置下拉列表，从而实现选择输入，同样可以为记录区 C4:AI43 设置请假类型列表，具体操作方法如下：

Step 01 列出选项

继续上一节进行操作，在工作表空白区任意单元格，输入起始年份 2010，将鼠标指针移到单元格右下角,当其变成十字形状后按住【Ctrl】键的同时按住鼠标左键并向下拖动,如下图所示。

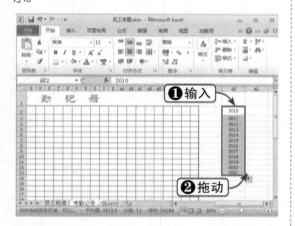

Step 02 单击"数据有效性"按钮

选中 A1 单元格,单击"数据"选项卡下"数据工具"组中的"数据有效性"按钮,如下图所示。

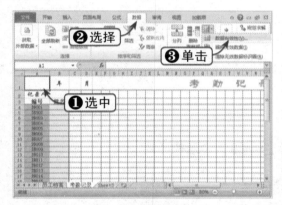

Step 03 设置数据有效性参数

弹出"数据有效性"对话框,在"允许"下拉列表框中选择"序列"选项,单击"来源"文本框右侧的折叠按钮,如下图所示。

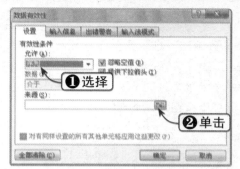

Step 04 选择序列单元格区域

返回工作表,选择之前设置的年份序列单元格区域,如下图所示。

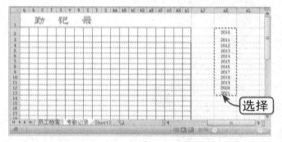

Step 05 查看设置效果

返回对话框后可以设置其他信息,完成后单击"确定"按钮即可。单击 A1 单元格,单击右侧的下拉按钮,可以选择年份,如下图所示。

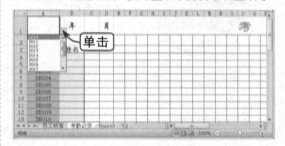

Step 06 设置其他部分

使用以上方法设置月份(序列:1~12),设置记录区(序列:病、事、公、旷、婚、迟等),可以通过命名来使记录更加精确,如事1代表事假半天,事2代表事假全天等。

13.3.3 自动填写姓名

因为前面已经制作了员工档案,因此可以根据员工编号查找出对应员工的姓名,具体操作方法如下：

Step 01 单击"插入函数"按钮

继续上一节进行操作，选中 B4 单元格，单击"公式"选项卡下"函数库"组中的"插入函数"按钮，如下图所示。

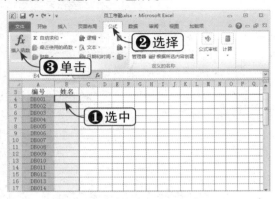

Step 02 选择函数

弹出"插入函数"对话框，在"搜索函数"文本框中输入 vlookup，单击"转到"按钮。在"选择函数"列表框中选择 VLOOKUP 函数，单击"确定"按钮，如下图所示。

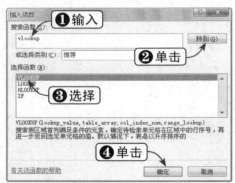

Step 03 选择查找值

弹出"函数参数"对话框，单击 Lookup_value 文本框右侧的折叠按钮，如下图所示。

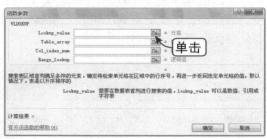

Step 04 选择要查找的值

返回工作表，选择要查找的第一个值，即 A4 单元格，再次单击折叠按钮，如下图所示。

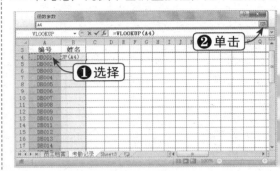

Step 05 选择查找区域

返回对话框，单击 Table_array 文本框右侧的折叠按钮，如下图所示。

Step 06 选中查找区域

返回工作表，切换到"员工档案"工作表，选中编号和姓名所在单元格区域，单击折叠按钮，如下图所示。

Step 07 设置其他参数

在 Col_index_num 文本框中输入 2，即返回对应的第二列的值，在 Range_lookup 文本框中输入 false，即对没有排序的列进行查找，单击"确定"按钮，如下图所示。

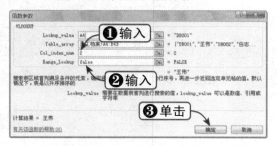

Step 08 填充公式

返回工作表即出现第一个值，使用填充的方法向下填充即可，如下图所示。

13.3.4 根据年月生成日

前面介绍过在下拉列表中可以方便地填写年和月，那么如何根据选择的年和月来实现自动填写日呢？此处需要编写公式来实现，具体操作方法如下：

Step 01 输入起始日

继续上一节进行操作，每个月必然有 1 日，在 C2 中输入 1，如下图所示。

Step 02 日期递增

在 D2 单元格输入 "=IF(C2<>"",C2 + 1,"")"，即 C2 不为空时，就加 1，否则为空。向右填充 31 列，如下图所示。

Step 03 限定月份

上一步实现了递增日期，但有的月份不是

31 天，因此要根据月份上限来填充。修改 D2 单元格公式"=IF(C2<>"",IF((C2+1)<=31,C2+1,""),"")"，即限定当少于 31 时才填充，否则为空，如下图所示。

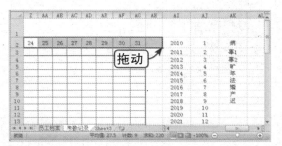

Step 04 限制日期

向右填充至第 32 天，可以看到 32 天时为空，如下图所示。

Step 05 取出天数

上一步用固定 31 天，现在要根据月来确定天数。用公式"DAY(EOMONTH(DATE(2010,11,15)-30,1))"代替31,即"=IF(C2<>"",IF((C2+1)<=DAY(EOMONTH(DATE(2010,11,15)-30,1)),C2+1,""),"")"。向右填充公式,如下图所示。

Step 06 动态的年月

上面实现按指定年月填充日期,这一步将年和月换成单元格地址,即随单元格内年月的改变而改变。在编辑栏中选中 D2 中公式中的2010,单击 A1 单元格,如下图所示。

Step 07 替换参数

此时,可以看到 2010 变成了 A1,如下图所示。

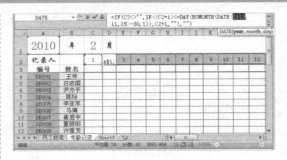

Step 08 使用绝对引用

在向右填充日期的过程中,引用的年份和月份单元格不能变,因此要使用绝对引用。选中编辑栏中 A1,按【F4】键,将相对引用 A1 变成绝对引用 $A$1,如下图所示。

Step 09 改变月份

使用与上一步相同的方法,将公式中的月份改成绝对引用 $C$1,如下图所示。

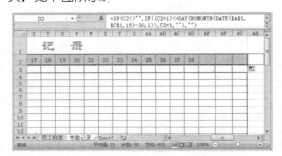

Step 10 填充公式

单击"确认"按钮后向右填充公式,可以看到当前是 2010 年 2 月,因此自动填充了 28 天,如下图所示。

知识点拨

第 5 步公式的含义:DAY 函数是从一个年月日中取出日,EOMONTH 是返回当前日期的前一个月的最后一天,DATE 是返回一个日期,其中 -30 是当前日期减去 30 天即为上一个月,而 -30 后面的则是下一个月,即取当前月的最后一天。

13.3.5 根据日期生成星期几

下面根据自动生成的日期得出是星期几，在日期下方填写，依然使用公式，具体操作方法如下：

Step01 输入公式

继续上一节进行操作，在 C3 单元格中输入公式"=IF(AD2<>"",IF((AD2+1)<=DAY(EOMONTH(DATE($A$1,$C$1,15)-30,1))+1,AD2+1,""),"")"，并按【Enter】键，如下图所示。

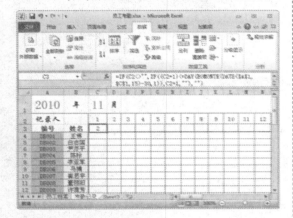

Step02 设置单元格格式

公式计算结果为 2，但不表示是周二。弹出"设置单元格格式"对话框，在"分类"列表中选择"日期"选项，在"类型"列表框中选择"周三"选项，单击"确定"按钮，如下图所示。

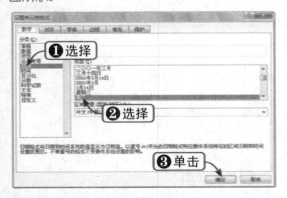

Step03 查看设置效果

此时，可以看到 C3 中的内容由原来的 2 变成"周一"了，如下图所示。

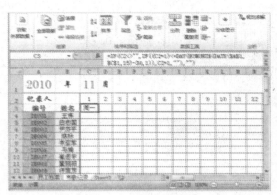

Step04 向右填充

使用公式得出星期数值后，再使用填充柄向右填充，如下图所示。

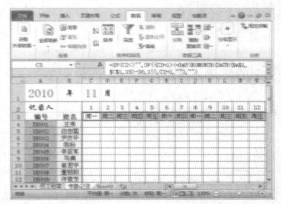

Step05 验证效果

在 A1 和 C1 中选择其他时间，可以看到自动更新日期，如下图所示。

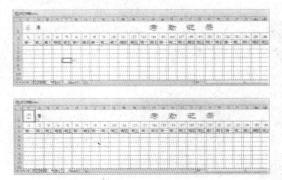

13.3.6 　出勤统计表设计

前面对员工平时出勤作了记录，下面制作一个表格自动对员工缺勤情况作出统计，具体操作方法如下：

Step 01 建立基本框架

继续上一节进行操作，命名一张空白工作表为"缺勤统计"，对照上一节的内容建立年月、编号、姓名及各种缺勤类型、统计项目等，如下图所示。

Step 02 快速调整列宽

为了节省空间又能显示内容，可以对列宽进行调整。选中要调整的列，将鼠标指针移到列边界上，当其变成双向箭头时按住鼠标左键

并拖动进行调整，如下图所示。

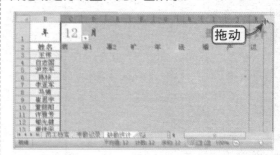

Step 03 查看表格效果

至此，基本表格框架设置完成，效果如下图所示。

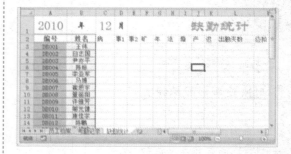

13.3.7 　统计缺勤情况

根据考勤记录表对各个员工的情况分别作出统计，具体操作方法如下：

Step 01 单击"插入函数"按钮

继续上一节进行操作，单击 C3 单元格，选择"公式"选项卡，单击"函数库"组中的"插入函数"按钮，如右图所示。

知识点拨

用户也可直接在编辑栏中单击"插入函数"按钮，即可打开"插入函数"对话框。

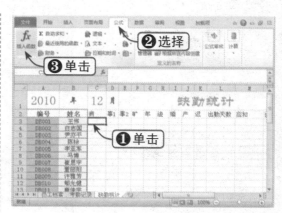

Step 02 插入函数

弹出"插入函数"对话框,在"搜索函数"文本框中输入 COUNTIF,单击"确定"按钮,如下图所示。

Step 03 设置数据源

弹出"函数参数"对话框,在 Range 文本框中输入计数区域,或单击右侧的折叠按钮,如下图所示。

Step 04 选择区域

返回工作表,切换到考勤记录工作表,选择第一行数据,即第一位员工一个月的记录区域 C4:AG4,再次单击折叠按钮,如下图所示。

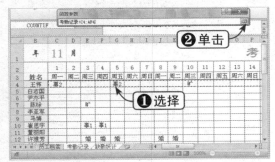

Step 05 设置查找值

在 Criteria 文本框中输入查找的第一个值 C2,单击"确定"按钮,C3 中将出现公式

"=COUNTIF(考勤记录 !C4:AF4,C2)",如下图所示。

Step 06 设置绝对引用

由于要向右和向下填充公式,因此有些单元格将会是绝对引用。在编辑栏中选中 C3 单元格参数,按【F4】键切换引用状态,设置为以下公式 "=COUNTIF(考勤记录 !$C4:$AG4,缺勤统计 !C$2)",如下图所示。

Step 07 向右填充

先使用填充柄向右填充,即可得出同一名员工的结果,如下图所示。

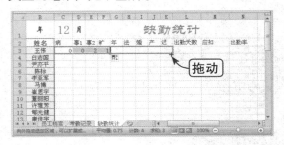

Step 08 向下填充

再选中 C3:K3,向下填充即可,结果如下图所示。

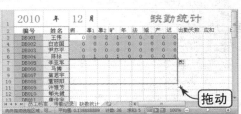

13.3.8 统计出勤天数

下面对员工的出勤天数进行统计，同样使用公式，具体操作方法如下：

Step 01 输入公式

继续上一节进行操作，在 L3 单元格中输入公式 "=NETWORKDAYS(DATE($A$1,$C$1,1),EOMONTH(DATE($A$1,$C$1,1),0))-COUNT(C3:K3)+COUNTIF(C3:K3,0)"，并按【Enter】键，如下图所示。

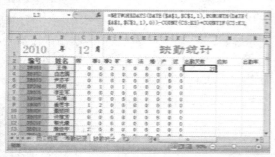

Step 02 填充公式

向下填充公式，自动计算出出勤天数，如下图所示。

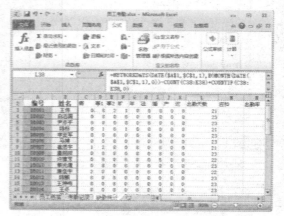

13.3.9 扣除工资额

假如每天工资是 100 元，则事假一天扣 100，病假扣 20%，法定假日、婚假和产假等均是全额工资。使用公式计算扣除工资额的具体操作方法如下：

Step 01 输入公式

在 M3 单元格中输入公式 "=C3*20+D3*100+E3*50+F3*100+K3*10"，并按【Enter】键即可，如下图所示。

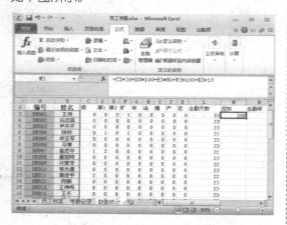

Step 02 填充公式

使用填充柄向下填充公式，结果如下图所示。

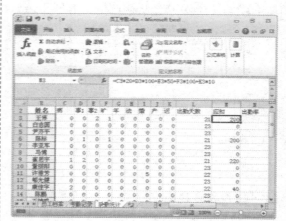

13.3.10 统计出勤率

这里是统计每个员工的月出勤率，即实际出勤天数与应出勤天数的比值，具体操作方法如下：

Step 01 输入公式

继续上一节进行操作，在 N3 单元格中输入公式 "=L3/NETWORKDAYS(DATE($A$1,$C$1,1),EOMONTH(DATE($A$1,$C$1,1),0))"，并按【Enter】键即可，如下图所示。

Step 02 填充公式

使用填充柄向下填充公式，结果如下图所示。

Step 03 修改数字类型

选中出勤率列，单击"开始"选项卡下"数字"组中的"百分比样式"按钮，结果如下图所示。

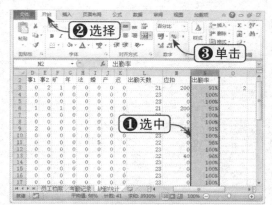

> **知识点拨**
>
> 在此统计出勤率时，事假半天也是按一天来计算的。

13.4 员工培训成绩统计

员工培训是提升员工能力的一种重要途径，对培训的结果进行考核，并对成绩进行分析是培训效果的分析方法。下面将详细介绍如何制作员工培训成绩统计表。

13.4.1 制作成绩统计表框架

根据考核内容、考核人数等规划好成绩统计表的框架，具体操作方法如下：

	素材文件	光盘：素材文件\第13章\员工培训成绩.xlsx

Step 01 重命名标签

打开"素材文件\第13章\员工培训成绩.xlsx",双击空白工作表标签,将其重命名为"员工培训成绩",如下图所示。

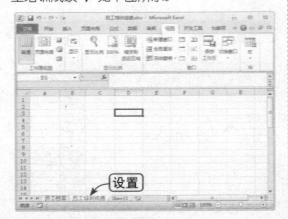

Step 02 建立表格框架

建立表格框架,包括编号、姓名、各科成绩、平均分、总分及排名等,如下图所示。

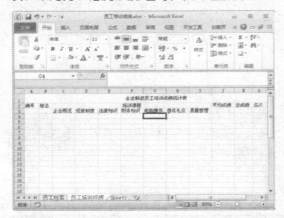

Step 03 选择"设置单元格格式"选项

选中要设置的单元格区域,选择"设计"选项卡,单击"快速样式"下拉按钮,在弹出的下拉面板中选择所需样式,如下图所示。

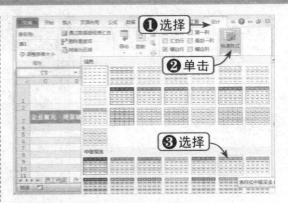

Step 04 设置单元格格式

选择要设置底纹的单元格,在"开始"选项卡的"字体"组中单击底纹下拉按钮,选择所需底纹颜色,如下图所示。

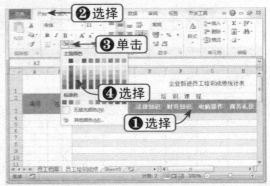

Step 05 查看设置效果

用相同的方法为其他单元格添加底纹并设置字体格式,效果如下图所示。

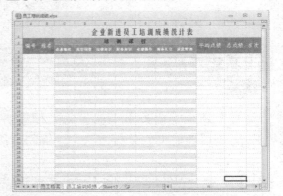

13.4.2　使用VLOOKUP函数查找姓名

使用 VLOOKUP 函数可以根据员工编号自动填写姓名,具体操作方法如下:

Step 01 填充序号

继续上一节进行操作，在编号列输入起始序号，使用填充功能进行填充，如下图所示。

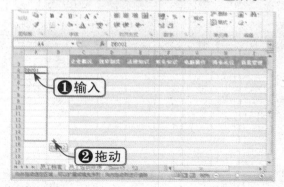

Step 02 输入公式

在 B4 中输入"=VLOOKUP(A4,员工档案!A4:B43,2,FALSE)"，即在员工档案工作表 A4:B43 单元格区域中查找与当前表 A4 中序号一样的行，然后返回员工档案工作表中第 2 列

的值，结果如下图所示。

Step 03 填充公式

使用填充功能向下填充公式，即可得出对应的姓名，如下图所示。

13.4.3 计算平均成绩

使用公式计算各个员工的平均分和总成绩，具体操作方法如下：

Step 01 选择"平均值"选项

继续上一节进行操作，填写各科分数。选择 J4 单元格，选择"公式"选项卡，单击"函数库"组中的"自动求和"下拉按钮，在弹出的下拉列表中选择"平均值"选项，如下图所示。

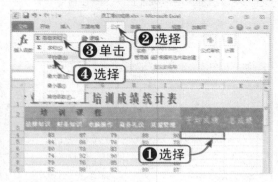

Step 02 自动输入平均值公式

此时 J4 单元格自动输入平均值公式并自动将左侧的数字列作为数据源，单击编辑栏中的"输入"按钮，如下图所示。

Step 03 填充公式

使用填充功能向下填充公式，自动计算对应行的平均值，如下图所示。

Step 04 减少小数位数

单击"开始"选项卡下"数字"组中的"减少小数位数"按钮，调整位数为 2 位，结果如右图所示。

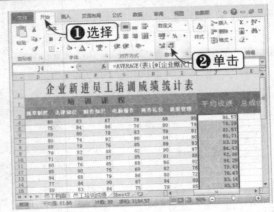

> **知识点拨**
>
> 用户也可以在"数字"组中单击"数字格式"下拉按钮，在弹出的下拉列表中选择"数字"选项进行操作。

13.4.4 计算总成绩

计算总成绩就是将各科成绩加起来，同样使用求和函数或使用公式，具体操作方法如下：

Step 01 输入公式

继续上一节进行操作，在 K4 单元格输入公式"=C4+D4+E4+F4+G4+H4+I4"，单击编辑栏中的"输入"按钮，如下图所示。

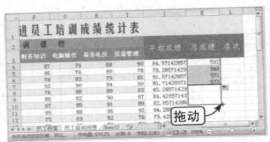

Step 03 自动计算总成绩

填充后自动计算各员工的总成绩，结果如下图所示。

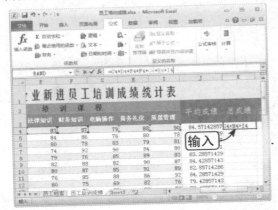

Step 02 填充公式

使用填充柄填充公式，结果如下图所示。

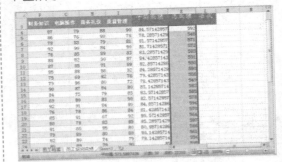

第14章 财务管理

财务管理是企业管理的重要组成部分，它是根据财经法规制度，按照财务管理的原则组织企业财务活动，处理财务关系的一项经济管理工作。本章将对差旅费报销单、往来账款表、员工工资表、企业总账表等常用财务表格的制作进行详细介绍。

本章学习重点

1. 制作差旅费报销单
2. 制作往来账款表
3. 制作员工工资表
4. 制作企业总账表

重点实例展示

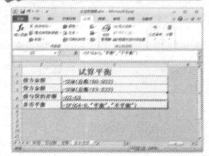

输入公式

本章视频链接

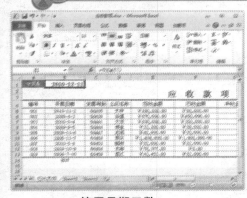

使用日期函数

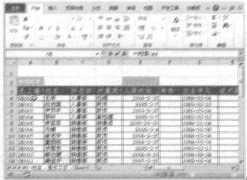

查找引用单元格

14.1 制作差旅费报销单

差旅费报销单是出差人员完成出差任务回来以后进行报销的一种专门用途的固定表格式单据，它记载了出差的路线起始地点、时间等情况，是统计出差期间发生的飞机、车、船等交通费用票据汇总表。下面将详细介绍如何制作差旅费报销单。

14.1.1 建立基本框架

首先要设计差旅报销单中包含的内容，如姓名、出差事由、起始点、报销金额等，并设计好各自的位置，具体操作方法如下：

Step 01 输入基本项目

新建工作簿并命名。设计好报销单中应包含的内容和位置，输入表格基本项目，注意跨列的项目要留出合并的单元格，如下图所示。

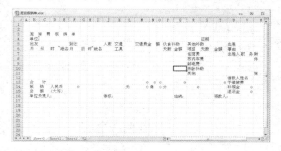

Step 02 合并单元格

选中要合并的单元格区域，单击"开始"选项卡"对齐方式"组中的"合并后居中"按钮，合并单元格，如下图所示。

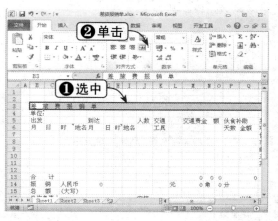

Step 03 使用格式刷

保持合并单元格的选中状态，双击"剪贴板"组中的"格式刷"按钮，如下图所示。

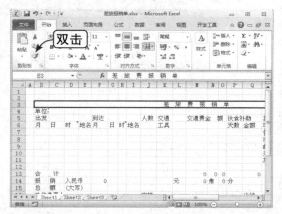

Step 04 合并其他单元格

拖动格式刷，合并其他单元格，如下图所示。

Step 05 选中"自动换行"复选框

选择整个表格,单击"开始"选项卡下"对齐方式"组中的对话框启动器按钮,在弹出的对话框中选中"自动换行"复选框,单击"确定"按钮,如下图所示。

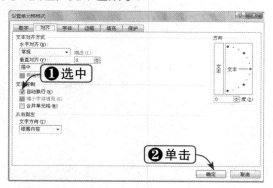

Step 06 查看合并效果

输入其他项目,并对其进行合并居中后,表格的大体框架就制作完成了,如下图所示。

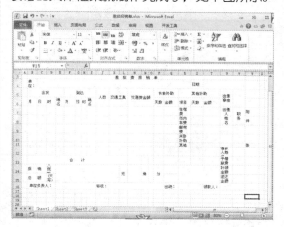

14.1.2 设置报销单格式

下面开始设置差旅费报销单的格式,使表格的外观更加美观,具体操作方法如下:

Step 01 设置标题格式

继续上一节进行操作,选择标题单元格,单击"开始"选项卡下"字体"组中的对话框启动器按钮,弹出"设置单元格格式"对话框,设置标题字体格式,单击"确定"按钮,如下图所示。

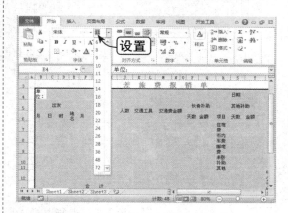

Step 02 设置项目字体

也可以在"字体"组中设置字体的格式,如下图所示。

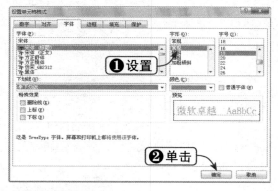

Step 03 调整行高和列宽

将鼠标指针移到行列标边界,用拖动鼠标的方法调整行高和列宽,如下图所示。

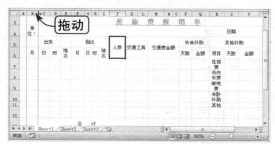

新手学Word/Excel文秘与行政应用宝典

Step 04 设置内外边框

选择 B5:V15 单元格区域，弹出"设置单元格格式"对话框，选择"边框"选项卡，设置边框格式，单击"确定"按钮，如下图所示。

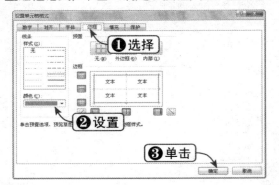

Step 05 设置单元格颜色

选择 M13，V12:V15 单元格区域，在"开始"选项卡下"字体"组中单击"填充"下拉按钮，为单元格选择一种颜色，如下图所示。

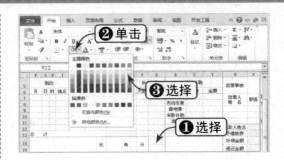

Step 06 查看表格效果

设置完成后，即可看到差旅费报销单表格的整体效果，如下图所示。

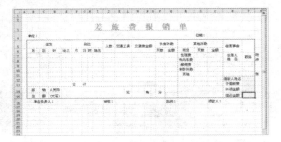

14.1.3 计算金额

用户可以为报销单中需要进行计算的单元格设置公式，填写数据后可以实现自动计算总金额，具体操作方法如下：

Step 01 计算补领金额

如果报销费用大于预借费用则需要补领，补领金额 = 报销费用 - 预借费用。在 V14 单元格中输入公式 "=IF(R14>V13,R14-V13,"")"，并按【Enter】键即可，如下图所示。

Step 02 计算退还金额

当预借额大于实际额时，应当退还。在 V15 中输入公式 "=IF(V13>R14,V13-R14,"")"，如下图所示。

Step 03 计算合计金额

在 M13 单元格中输入公式 "=IF(SUM(M7:O12)<>0,SUM(M7:O12),"")"，计算交通费合计金额，如下图所示。

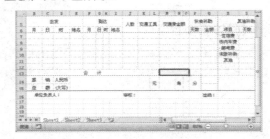

14.1.4　其他设置

前面已经基本完成了报销单的制作，下面对其做进一步的处理，具体操作方法如下：

Step 01 添加公司标志

继续上一节进行操作，将公司的徽标加到报销单中。选择"插入"选项卡，单击"插图"组中的"图片"按钮，如下图所示。

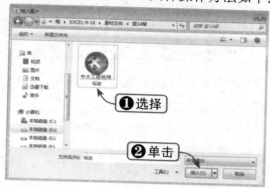

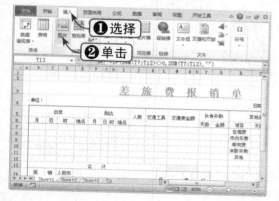

Step 02 选择标志图片

弹出"插入图片"对话框，选择图片，单击"插入"按钮，如下图所示。

Step 03 调整图片大小和位置

调整图片的大小和位置，效果如下图所示。

14.2　制作往来账款表

往来账款是企业间出于信用而进行的资金流动，企业间的往来账款是财务工作中的一个重要内容，它有许多种，主要可以分为应付账款和应收账款两大类。

14.2.1　建立表格

根据应收款的内容制作表格，并进行格式设置，具体操作方法如下：

Step 01 建立基本表格

新建工作簿并命名为"应收款项"，命名一张空白工作表为"应收款项"，输入需要记录的项目，如右图所示。

Step 02 设置格式并填写数据

对表格进行格式设置，并填写数据，结果如右图所示。

14.2.2 编辑公式

使用公式计算其他项目，实现数据的自动计算和更新，具体操作方法如下：

Step 01 使用日期函数

继续上一节进行操作，在表格中显示当前日期，以方便查看，在此使用日期函数。在B1单元格中输入公式"=TODAY()"，并按【Enter】键即可，如下图所示。

Step 02 计算未收金额

未收金额等于应收金额减去已收金额。在G5单元格中输入公式"=E5-F5"，并按【Enter】键即可，如下图所示。

Step 03 计算收款比例

在H5单元格中输入公式"=F5/E5"，并按【Enter】键即可，如下图所示。

Step 04 计算付款期

付款期是到期日减去开票日，在I5单元格中输入公式"=J5-B5"，并按【Enter】键即可，如下图所示。

Step 05 计算是否到期

在K5单元格中输入公式"=IF(J5<$B$1,"是","否")"，并按【Enter】键即可，如下图所示。

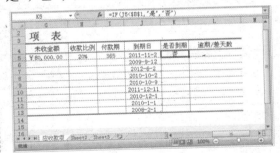

Step 06 计算逾期或还差多少天

在 L5 单元格中输入公式 "=IF($B$1-J5<0,CONCATENATE(" 还差 (",J5-$B$1,") 天 "),CONCATENATE(" 已过 (",$B$1-J5,") 天 "))",并按【Enter】键即可，如下图所示。

Step 07 填充公式计算结果

使用填充柄向下填充前面的公式，分别计算出结果，如下图所示。

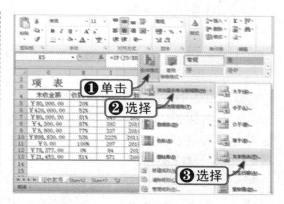

14.2.3 设置条件格式

条件格式根据单元格中的数据分配不同的图标或格式，它是一种直观的辅助查看方式，具体操作方法如下：

Step 01 设置收款比例条件格式

继续上一节进行操作，选中 H5:H13 单元格区域，选择"开始"选项卡，单击"样式"组中的"条件格式"下拉按钮，在弹出的下拉列表中选择"图标集"选项，在列表中选择一种图标，如下图所示。

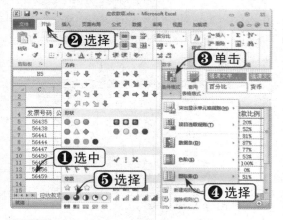

Step 02 选择"文本包含"选项

选中 K5:K13 单元格区域，在"条件格式"下拉列表中选择"突出显示单元格规则"|"文本包含"选项，如下图所示。

Step 03 选设置单元格格式

弹出"文本中包含"对话框，在第一个文本框中输入"是"，在"浅红填充色深红色文本"下拉列表框中选择一种格式，单击"确定"按钮，如下图所示。

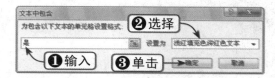

Step 04 查看设置效果

设置条件格式后，可以很直观地分辨数据，

结果如下图所示。

14.3 制作员工工资表

员工工资管理是财务工作中极其重要的内容，员工工资包含基本工资、奖励和扣除等部分。下面将详细介绍如何制作员工工资表。

14.3.1 制作基本工资表

基本工资包括基础工资、岗位工资和工龄工资等几部分，它们是每一个员工共同的工资组成部分。制作基本工资表的具体操作方法如下：

素材文件	光盘：素材文件\第14章\员工工资.xlsx

Step 01 建立工资表基本表格

打开"素材文件\第14章\员工工资.xlsx"，重新命名一张空白工作表为"基本工资"，输入基本工资表要包含的项目内容，如下图所示。

组来格式化表格，效果如下图所示。

Step 03 引用员工编号

在 A4 单元格输入"="，单击"档案"工作表标签，如下图所示。

Step 02 格式化设置

使用"设置单元格格式"对话框或"样式"

Step 04 查找引用单元格

切换到"档案"工作表，单击 A4 单元格，单击"输入"按钮，如下图所示。

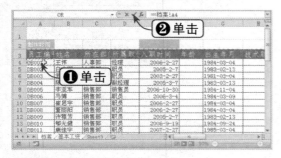

Step 05 填充员工基本信息

返回"基本工资"工作表，使用填充柄向右填充至 E 列，如下图所示。

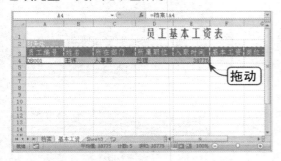

Step 06 向下填充员工基本信息

保持上一步选中状态，使用填充柄向下填充，如下图所示。

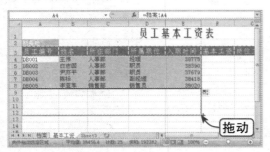

Step 07 设置日期格式

选择入职时间以下的时间单元格区域，单击"开始"选项卡下"数字"组中的"数字格式"下拉按钮，在弹出的下拉列表中选择"短日期"选项，如下图所示。

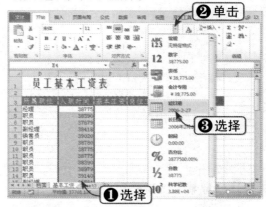

Step 08 查看日期转换效果

此时，可以看到前面的数字已经变成了日期，如下图所示。

Step 09 计算岗位工资

填写基本工资，岗位工资根据职位确定，如职员为 500，副经理为 800，经理为 1000。在 G4 单元格输入公式"=IF(D4=" 经理 ",1000,IF(D4=" 副经理 ",800,IF(OR(D4=" 职员 ",D4=" 销售员 "),500,"")))"，单击"输入"按钮，如下图所示。

Step 10 计算工龄工资

工龄工资随在职时间的增加而增加，如每年增加100元。在H4中输入公式"=(YEAR(TODAY())-YEAR(E4))*100"，单击编辑栏中的"输入"按钮，如显示为日期，则需要设置数字格式为常规，如下图所示。

Step 11 计算基本工资总和

在I4单元格中输入公式"=SUM(F4:H4)"，单击编辑栏中的"输入"按钮，如下图所示。

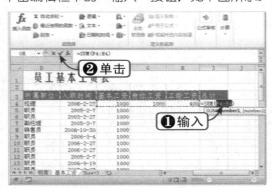

Step 12 填充数据

选择G4:I4单元格区域，使用填充柄向下填充数据，如下图所示。

Step 13 查看填充效果

填充完成后，即完成了基本工资表的制作，效果如下图所示。

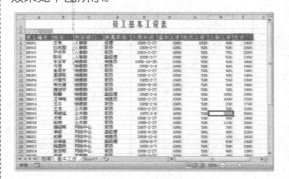

14.3.2 制作奖扣工资表

下面将制作奖扣工资表，其中包括对缺勤扣除、全勤奖励等项目，具体操作步骤如下：

Step 01 建立表格

继续上一节进行操作，命名空白工作表为"奖励扣除工资表"，输入标题和项目，如右图所示。

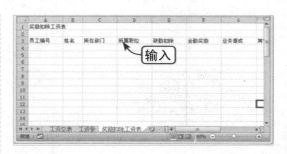

Step 02 格式化设置

使用格式刷复制其他工作表中的标题格式，如下图所示。

Step 03 生成员工基本信息

选择"基本工资"工作表中的员工编号、姓名、所在部门、职位等信息并按【Ctrl+C】组合键，切换到"奖励扣除工资表"，单击 A4 单元格，按【Ctrl+V】组合键粘贴，如下图所示。

Step 04 开始输入缺勤公式

打开"素材文件\第14章\缺勤统计.xlsx"，返回"员工工资"工作簿，在"奖励扣除工资表"工作表中单击 E4 单元格，输入"="，如下图所示。

Step 05 选择引用数据

保持编辑状态，切换到"缺勤统计"工作簿，单击"缺勤统计"工作表的 M3 单元格，修改公式中 $M$3 为 $M3，按【Enter】键确认公式，

如下图所示。

Step 06 输入全勤奖公式

在 F4 单元格中输入公式"=IF(E4=0,200,0)"，按【Enter】键确认公式，如下图所示。

Step 07 填写其他项目

如果有其他扣除或奖励则需要填写完整，如提成等，如下图所示。

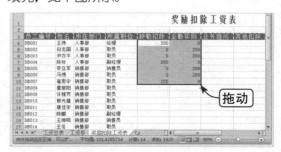

Step 08 填充公式

选择 E4:F4 单元格区域，使用填充柄向下填充，如下图所示。

Step 09 输入总计公式

在 L4 单元格输入公式"=F4+G4+J4-E4-H4",按【Enter】键确认公式,如下图所示。

Step 10 查看最终效果

使用填充柄填充总计列,即可完成表格的制作,最终效果如下图所示。

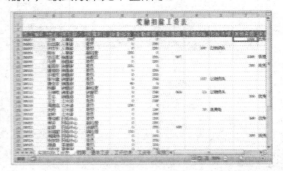

14.3.3 制作工资总表

下面制作一张表格,将员工的各项工资明细都详细列出来。工资总表也是生成工资条的依据,制作的具体方法如下:

Step 01 建立表格

继续上一节进行操作,新建工作表,命名新工作表为"工资总表",输入标题和项目,如下图所示。

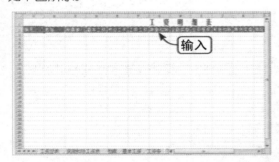

Step 02 复制基本信息

从"基本工资"工作表中复制编号、姓名、所属部门三列数据到当前工作表,可以看到复制的依然是单元格引用,如下图所示。

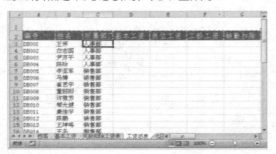

Step 03 输入基本工资

单击 D3 单元格,在编辑栏中输入"=",切换到"基本工资"工作表,单击 F4 单元格,单击"输入"按钮,如下图所示。

Step 04 向右填充工资项

选中 D3 单元格,将鼠标指针移至 D3 单元格右下角,变成十字填充柄后按住鼠标左键并向右拖动,填充基本工资项,如下图所示。

Step 05 向下填充数据

选中 D3:F3 单元格区域，使用填充柄向下填充，如下图所示。

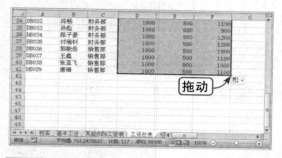

Step 06 生成其他工资部分

参照生成基本工资部分的方法，生成考勤、业务奖励等部分的工资数据，如下图所示。

Step 07 应发工资

有了基本工资、各种奖励项就可以求应发工资了。单击 N3 单元格，单击"公式"选项卡下"函数库"组中的"自动求和"按钮，如下图所示。

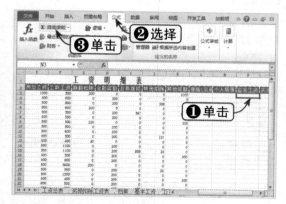

Step 08 选择数据

按住【Ctrl】键，分别单击 D3、E3、F3、H3、I3、K3 单元格，单击"输入"按钮，如下图所示。

Step 09 个人所得税扣除

个人所得税根据工资额收取，因此这里使用多层嵌套的 IF 语句实现。在 M3 单元格输入公式"=IF(N3<=500,ROUND((N3-1000)*0.05,2),IF(N3<=2000,ROUND(((N3-1000)*0.1-25),2),IF(N3<=5000,ROUND((N3-1000)*0.15-125,2),IF(N3<=20000,ROUND((N3-1000)*0.2-375,2),IF(N3<=40000,ROUND((N31000)*0.25-1375,2),ROUND((N3-1000)*0.3-3375,2))))))"，单击"输入"按钮，如下图所示。

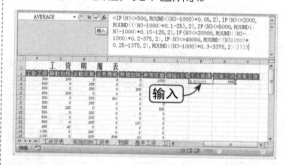

Step 10 保险公积金扣除

对基本工资项目分别乘以相应的扣除比例，医疗、养老等项目分别相加即可。在 L3 中输入公式"=(D3+E3+F3)*0.08+(D3+E3+F3)*0.02+(D3+E3+F3)*0.12"，单击"输入"按钮，如下图所示。

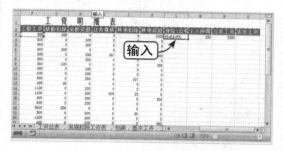

Step 11 输入实发工资公式

实发工资等于应发工资减去各项扣款，在 O3 中输入公式 "=N3-G3-J3-L3-M3"，单击 "输入" 按钮，如下图所示。

Step 12 填充公式

对保险、公积金扣款、个人所得税、应发工资、实发工资几项向下填充公式。选择 L3:O3 单元格区域，将鼠标指针移至右下角，拖动填充柄向下填充，如下图所示。

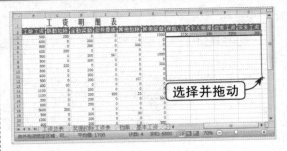

Step 13 查看最终结果

创建完成工资各项明细表，填充公式的单元格将自动计算数值，结果如下图所示。

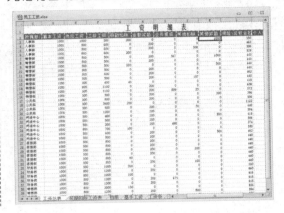

14.3.4 制作工资条

工资条是将工资明细做成小纸条发放给每个员工的形式，它包含的内容与工资明细表中的一样，不过要为每一位员工的数据加上标题。制作工资条的具体操作方法如下：

Step 01 输入工资条标题

继续上一节操作，新建工作表。复制或输入与工资总表相同的标题项目，如下图所示。

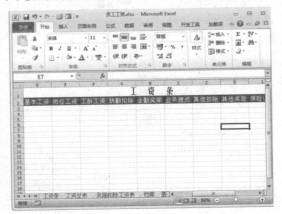

Step 02 选择"设置单元格格式"选项

选择 A2:O4 单元格区域并右击，在弹出的快捷菜单中选择"设置单元格格式"选项，如下图所示。

Step 03 设置裁剪线

弹出"设置单元格格式"对话框,选择"边框"选项卡,设置一种虚线格式,单击"确定"按钮,如下图所示。

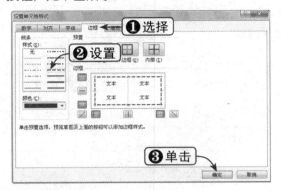

Step 04 设置工资条边框

参照上一步为工资条设置一种边框,如下图所示。

Step 05 查找第一个员工姓名

在 A3 单元格输入 DB001,在 B3 中输入公式"=VLOOKUP($A3,工资总表!$A$3:$O$41,COLUMN(B3),FALSE)",使用 VLOOKUP 从工资总表 A3:O41 区域中查找包含 A3 单元格值的列,效果如下图所示。

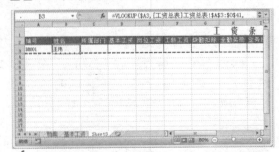

Step 06 生成第一个员工工资条

向右填充 B3 单元格到工资条尾部,自动填写对应的工资明细,如下图所示。

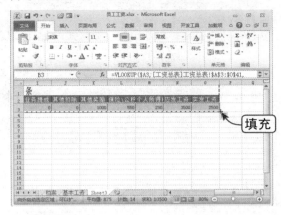

Step 07 批量生成工资条

选择 A1:O4 单元格区域,即第一个工资条,使用填充柄向下填充,如下图所示。

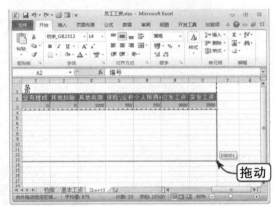

Step 08 查看最终效果

制作完成后命名该工作表为"工资条",最终效果如下图所示。

14.4 制作企业总账表

企业总账是对企业营业收入、成本、应收应付、年度利润和固定资产等企业各个方面的财务整理。下面将详细介绍如何制作企业总账表。

14.4.1 建立日记账

日记账是对日常账目的记录，也是账目的基础，下面将介绍日记账的具体制作方法。

素材文件	光盘：素材文件\第14章\企业总账表.xlsx

Step 01 建立表格并美化

打开"素材文件\第14章\企业总账表.xlsx"，命名空白工作表为"日记账"。建立日记账的项目，如时间、科目、借方金额和贷方金额等，并设置好表格格式，如下图所示。

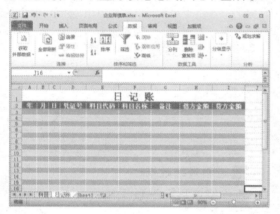

Step 02 填写科目名称

填写好数据，根据"科目"工作表自动填写科目名称。在F3中输入公式"=IF(E3="","",VLOOKUP(E3,科目!$A$1:$I$26,2,0))"，单击"输入"按钮，如下图所示。

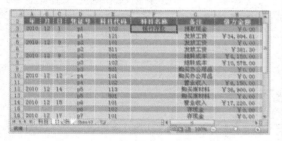

Step 03 填充公式

使用填充柄向下填充，结果如下图所示。

Step 04 借方总计

对借方的总金额作总和统计，在表中建立相应的单元格项目，在下方输入公式"=SUM(H:H)"，单击"输入"按钮，如下图所示。

Step 05 贷方总计

对贷方的总金额作总和统计，在表中建立相应单元格项目，在下方输入公式"=SUM(I:I)"，单击"输入"按钮，如下图所示。

14.4.2 建立总账表

总账表对日记账的各项进行总和，当然也可以使用分类汇总来实现类似的功能。下面将介绍使用公式建立总账表的方法。

Step 01 输入项目标题

继续上一节进行操作，将一张空白工作表命名为"总账"，并根据总账要列出的内容输入标题，如下图所示。

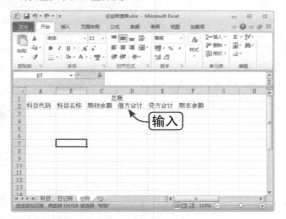

Step 02 使用相同标题格式

为了统一起见，可以使用相同的标题格式。切换到"日记账"工作表，选中标题单元格A1，单击"开始"选项卡下"剪贴板"组中的"格式刷"按钮，如下图所示。

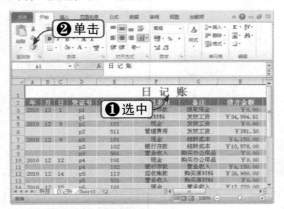

Step 03 使用格式刷设置格式

切换到"总账"工作表，单击A1单元格，可以在标题字间加上空格，使其更加美观。使用格式刷格式化总账表，如下图所示。

Step 04 生成科目名称

输入科目代码，然后对照日记账表中科目的生成方法，在总账表中生成科目名称，如下图所示。

Step 05 借方总计

输入期初余额，在D3单元格中输入"=SUMIF(日记账!E:E,总账!A3,日记账!H:H)"，并按【Enter】键即可，然后填充公式，如下图所示。

Step 06 贷方总计

与上一步类似，在E3单元格中输入公式"=SUMIF(日记账!E:E,总账!A3,日记账!I:I)"，计算贷方总额，填充后的结果如下图所示。

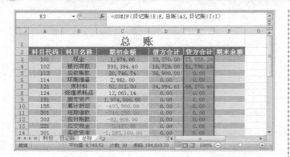

去贷方额。在 F3 单元格中输入公式"=C3+D3-E3",填充公式即可,如下图所示。

Step 07 期末余额

期末余额等于期初余额加借方额,再减

14.4.3 借贷差额计算

借贷差额等于借方金额减去贷方金额,其计算的具体操作方法如下:

Step 01 建立表格

继续上一节进行操作,新建工作表并命名为"借贷差额",建立表格并进行格式化,如下图所示。

Step 02 输入公式

分别在对应单元格中输入公式,调用总账表中的数据,计算借贷差额,并用 IF 函数判断是否平衡,如下图所示。

Step 03 查看计算结果

输入公式后,即可计算结果及判断是否处于平衡状态,如下图所示。

● **读书笔记**